中国工商银行软件开发中心"工软学院"荣誉出品

区块链
通俗读本

漆英 冯浩铭 / 著

电子工业出版社
Publishing House of Electronics Industry
北京·BEIJING

内 容 简 介

本书以区块链科普内容为主，同时兼顾专业级别的实战技能。

科普级别的内容旨在以妙趣横生的手法向公众普及区块链知识，包括公共账本的概念及记账机制、数据块的"指纹"与"指针"、解答谜题证明工作量、区块树被剪枝成树干（链）、公有链的社会条件、分蛋糕的"军备竞赛"、货币发行、账户与钱包、矿池与交易所、以太坊的机器人造"币"（Token）、联盟链的"减"与"加"，等等。

专业级别的内容旨在为区块链技术从业者提供必要的理论知识、操作实践和应用开发实例，包括密码学应用、共识算法、比特币闪电网络、以太坊工作原理、以太坊组网实践、Solidity语言、智能合约开发、以太坊DApp，以及如何将传统的数据库应用改造成区块链应用，等等。

本书在帮助读者构建区块链理论与实践框架的同时扩展了相关视野，既可作为大家了解与学习区块链知识的自学读物，又可作为相关或潜在的从业人员的学习参考资料，还可作为高等院校计算机软件、经济学及金融学等相关专业的教学参考材料。

未经许可，不得以任何方式复制或抄袭本书之部分或全部内容。
版权所有，侵权必究。

图书在版编目（CIP）数据

区块链通俗读本 / 漆英，冯浩铭著. —北京：电子工业出版社，2020.12
ISBN 978-7-121-39808-7

Ⅰ.①区… Ⅱ.①漆… ②冯… Ⅲ.①区块链技术－普及读物 Ⅳ.①TP311.135.9-49

中国版本图书馆 CIP 数据核字(2020)第 200069 号

责任编辑：孙学瑛
印　　刷：天津千鹤文化传播有限公司
装　　订：天津千鹤文化传播有限公司
出版发行：电子工业出版社
　　　　　北京市海淀区万寿路 173 信箱　邮编：100036
开　　本：720×1000　1/16　印张：24　字数：459.6 千字
版　　次：2020 年 12 月第 1 版
印　　次：2020 年 12 月第 1 次印刷
定　　价：99.00 元

凡所购买电子工业出版社图书有缺损问题，请向购买书店调换。若书店售缺，请与本社发行部联系，联系及邮购电话：(010) 88254888，88258888。

质量投诉请发邮件至 zlts@phei.com.cn，盗版侵权举报请发邮件至 dbqq@phei.com.cn。
本书咨询联系方式：010-51260888-819，faq@phei.com.cn。

献给有缘翻开此书的朋友

区块链的优势

数据共识：数据共享容易，把数据开放给大家就行。数据共识是在共享的基础上，社区成员都参与记账并达成共识的过程，记录的数据是达成共识的结果，并且社区成员都有一份共识数据的副本。

防篡改：如果说数据共识是"横向看"，社区成员的共识数据副本具有可靠性的话，那么，防篡改就是"纵向看"，历史数据也具有可靠性，即很容易判断出往年的数据是否被篡改，因为区块链具有防篡改机制。

去中心化：区块链技术可以在非常恶劣的环境中（没有管理机构）可靠地运行——这是区块链技术最神奇的地方。当然，这是指公有链，联盟链则没有这种"去中心化"特性，联盟管理模式被称为"弱中心化"。

区块链的劣势

速度慢：一方面，防篡改的数据结构制约了并行性；另一方面，达成共识是需要时间的（就像议事一样），共识的参与者越多则速度越慢。此外，还有故意限速的公有链（如比特币链），即，当社区算力增加时，通过增大挖矿（解谜题）难度令速度降下来。

浪费大：指公有链中由于矿工间恶性竞争而造成的极大浪费。一是构建区块时要解与记账无关的谜题（称为"挖矿"）；二是每轮竞争只有一个区块胜出，其余的成品和半成品区块均因竞争失败而被丢弃。社区成员间达成共识还需要额外的网络带宽和存储空间。

序：以书为链

1

在我国的强力推动和支持下，区块链技术的研发和应用必将迎来新的高潮。你不能、也无法置身事外。那么，问题来了：你对区块链的了解或理解有多少？

2

在区块链浪潮中，工商银行软件开发中心成立了相应的创新实验室，并于2018年年底正式发布了金融行业企业级区块链技术平台"工银玺链"。它在研发模式上以"自主可控研发"为主线，同时吸收业界技术精华，具备多模式跨链互联、分钟级集约化部署、灵活定制服务、高性能架构、安全保护、自适应智能运维等技术特点，是同行业中首批通过中国工业和信息化部的可信区块链权威认证、完成国家网信办备案的区块链平台，且应用场景不断增加。目前，工商银行软件开发中心已围绕服务民生、普惠金融、"一带一路"倡议、跨境贸易等多个领域，构建了区块链服务体系，如贵州脱贫攻坚投资基金区块链平台、"工银e信"网络融资金融服务平台、"中欧e单通"和"中非e链通"贸易金融区块链平台等。

学习的目的在于应用：审视我们周围的业务场景，是否有"工银玺链"或其他区块链适用的应用场景？或者换个视角来看：你或你的同事是否具有挖掘区块链应用场景的能力？答案在大多数情况下是：没有。因此，向大家普及区块链知识是当务之急。

3

回顾一下区块链发展中的一些社会"乱象"，也很有意思：

- 区块链很火的时候，卖菜的大妈都在议论比特币或山寨币，大有与股市争风头之势。
- 区块链很热的时候，仿佛是科技会议的标配，会议新闻通稿中必列"区块链"。
- 区块链又热又火的时候，名人站台、资本疯狂、项目跃进。

- 区块链不温不火的时候，哲学的、经济学的、金融学的、社会学的论战四起。

……

产生这些"乱象"的原因是多方面的，其中，重要的一点是向公众普及区块链知识不够。为写作此书，我们做了一个简单的市场调研，发现市面上区块链的书籍还真不少，其中科普类的书籍普遍写得"云里雾里"、夸夸其谈，甚至还有一些不当言论，如"去中心化的虚拟货币将颠覆金融"。因此，一本正本清源的区块链科普书，如这本书，是大家所希望的。

4

回归技术原理，让科学落地生根。本书生逢其时，它定会如你所愿。

如果你是"吃瓜看客"，它会从科普层面让你获得对区块链的全方位了解。例如：比特币与代币的区别是什么？盗币是如何发生的？"以太猫"好玩吗？"防篡改"是防谁呢？

如果你是普通大学生，它会让你在学习区块链的同时获得多项周边知识。例如：鸽笼原理与抗碰撞性；射箭打靶与"计算谜题"；哈希的指纹作用与指针特性；加入经济刺激因素，使社区公众的决策趋同，从而迂回地解决"一致性"的技术难题。

如果你是政府干部，它会为你的报告添加技术色彩，也会让你的演讲更有趣。例如：区块链有哪些特征？有哪些安全性需要考虑？为什么我国政府要取缔虚拟货币交易平台？为什么找不出"中本聪"却找出了个"澳本聪"？"去中心化"是原因还是结果？

如果你是区块链项目投资人（或潜在投资人），它会让你明白哪些是靠谱的、哪些是夸大的。例如：以太坊是如何众筹的？ICO 有哪些"陷阱"？联盟链有哪些特点？

如果你是区块链的从业者，那么，书中标星号的专业级别内容是专门为你而定制的。例如：共识算法有哪些？其技术特点各是什么？还会教你动手做一个小小的实验——发行个"币"玩玩（当然，该"币"没有什么经济价值，因为，它只是部署在几台计算机上的实验而已）。

5

我们不想当知识的搬运工，而要对知识进行"烹饪"。因此，让读者享受知识、享受学习，是本书的责任。本书力求"把别人没讲清楚的讲清楚，把别人讲清楚了的讲得更漂亮"。如是便有：以记账室的改革方案引入公共账本（区块链）的概念；将智能合约拟人化为"机器人"，解释以太坊若干疑团；农民工模型和两赌徒模型更是化繁为简地解析了神秘的闪电网络，等等。

通俗易懂的类比与趣谈，让普通读者共识于茶余饭后；深入浅出的理论知识，更让专业人士有了共同语言。

6

本书作为中国工商银行软件开发中心"工软学院"的重点教材之一，我们努力让它满足广大员工的实际需求：科普与提高相结合、理论与实践相结合，许多内容是在交流和课程进行的过程中不断打磨和完善的。以书为链，链接一份情意，感谢区块链实验室、"工软学院"教研室及作者所在的广州研发部的同事们！

写书难，难就难在它是一场脑力的马拉松，特别是利用业余时间写作，创作周期更是以年计（从笔者发表论文《区块链原理及应用》于《中国金融电脑》（2017年第6、7期）算起，也有两年多时间了）。像马拉松一样，它挑战着自我，考验着毅力与意志。在漫长的创作过程中，离不开领导和同事的加油、鼓劲。感谢工行软件开发中心副总经理吴绵顺、总经理助理苏恒等领导的大力支持！感谢同事、好友的鼓励与督促！

再者，业余写作意味着牺牲本应贡献给家庭的时间，因此，这里要特别感谢家人的理解与支持。在写作此书过程中，第二作者恰逢升级当爸爸，他说此书是献给儿子的礼物。是的，有此礼物他应当自豪。以书为链，链接着未来，当他儿子能读懂本书时，相信区块链的世界将是一番新天地。我们期待着。

7

创作本书就像创造一条信息共享的公有链：解一道道谜题，挖一个个矿藏，建一座座桥梁。把区块链故事讲好，是我们的共识；让区块链普及，是我们的初心。

我写你读，愿以书为链，链出一个缤纷的世界，链出一个美好的未来。

漆英

读者服务

微信扫码回复：39808

- 获取各种共享文档、线上直播、技术分享等免费资源
- 加入读者交流群，与更多读者互动
- 获取博文视点学院在线课程、电子书20元代金券

目 录

第1章 从这里开始 1
- 1.1 改革 1
- 1.2 共识机制 2
  - 1.2.1 记账员的工作 2
  - 1.2.2 审核员的工作 2
  - 1.2.3 权威发布 3
- 1.3 竞争机制 4
  - 1.3.1 记账与审核串行 4
  - 1.3.2 记账与审核并行 5
- 1.4 向"去中心化"迈进 6
  - 1.4.1 神奇的"缩放机" 6
  - 1.4.2 隐性投票 6
  - 1.4.3 改弦易辙 8
- 1.5 防篡改原理 8
- 1.6 去中心化 10
  - 1.6.1 自动发放奖金 10
  - 1.6.2 改革的"最后一公里" ... 10
- 1.7 行为艺术 11
- 1.8 小结 14

第2章 "请签名并按手印" 16
- 2.1 密码本 16
- 2.2 搅拌机 16
  - 2.2.1 ASCII 编码 17
  - 2.2.2 公开算法 17
  - 2.2.3 信息搅拌 18
  - 2.2.4 搅拌 16 次 18
  - 2.2.5 加密与解密 18
- 2.3 非对称密码体系 18
  - 2.3.1 快!来不及了 18
  - 2.3.2 RSA 三人首功 19
  - 2.3.3 椭圆曲线密码体系 20
  - 2.3.4 加密与解密 20
  - 2.3.5 数字签名 21
- 2.4 哈希函数 Hash 21
  - 2.4.1 消息摘要 21
  - 2.4.2 数字指纹 22
  - 2.4.3 数据块的指针 22
  - 2.4.4 基于 Hash 的数字签名 ... 23
- 2.5 小结 24
- 2.6* 附:闲话 Hash 24
  - 2.6.1 此哈希非彼哈希 24
  - 2.6.2 碰撞,别发生 26
  - 2.6.3 碰撞,不会发生 26
  - 2.6.4 妙用 Hash 27

说明:带星号*的内容为专业篇

第3章　下载那些事 ... 29

- 3.1　服务器瘫了 ... 29
- 3.2　计数器废了 ... 30
- 3.3　"缩放机"原理 ... 30
- 3.4　网上的"缩放机" ... 31
- 3.5*　过滤 ... 31
  - 3.5.1　降低一点儿标准 ... 32
  - 3.5.2　一个算法 ... 33
  - 3.5.3　对算法的优化 ... 33
  - 3.5.4　布隆过滤器 ... 34
  - 3.5.5　布隆过滤器效率优化 ... 35
  - 3.5.6　缺点及应对 ... 36
  - 3.5.7　应用举例 ... 36
- 3.6　公共账本的副本 ... 37
- 3.7　小结 ... 38

第4章　物竞天择 ... 39

- 4.1　运气 ... 39
  - 4.1.1　公平悖论 ... 39
  - 4.1.2　射箭比赛 ... 40
- 4.2　计算谜题 ... 40
  - 4.2.1　谜题（一） ... 40
  - 4.2.2　谜题（二） ... 41
  - 4.2.3　谜题（三） ... 41
- 4.3　长枝生存 ... 42
  - 4.3.1　挖矿 ... 43
  - 4.3.2　软分叉 ... 43
  - 4.3.3　剪枝成干 ... 44
  - 4.3.4　不被剪掉 ... 46
- 4.4　工作量证明 ... 47
- 4.5　小结 ... 48

第5章　良序社会 ... 50

- 5.1　社区假设 ... 50
- 5.2　守规矩的记账员 ... 53
  - 5.2.1　作为网络节点 ... 53
  - 5.2.2　作为审计员 ... 54
  - 5.2.3　作为记账员 ... 54
  - 5.2.4　作为矿工 ... 54
- 5.3　天下无恶 ... 55
  - 5.3.1　难度优先 ... 55
  - 5.3.2　恶者无利 ... 55
- 5.4　且慢，且慢 ... 56
  - 5.4.1　"双花" ... 56
  - 5.4.2　作恶的付款者 ... 57
  - 5.4.3　多次确认 ... 57
  - 5.4.4　何时发货 ... 58
  - 5.4.5　连锁交易 ... 59
  - 5.4.6　"双花"趣事 ... 60
- 5.5　布道者 ... 60
- 5.6　小结 ... 61

第6章　蛋糕之诱惑 ... 63

- 6.1　分蛋糕 ... 63
  - 6.1.1　固定大小的蛋糕 ... 63
  - 6.1.2　"备竞赛" ... 64
  - 6.1.3　宣传机器 ... 64
  - 6.1.4　偷懒验证与私自挖矿 ... 65
- 6.2　硬分叉 ... 66
  - 6.2.1　分裂 ... 66
  - 6.2.2　私有网络环境 ... 67
  - 6.2.3　比特币分叉大战 ... 69
- 6.3　"无限"发币 ... 71
  - 6.3.1　比特币溢出 ... 72
  - 6.3.2　美链溢出 ... 72
- 6.4　盗币 ... 72
  - 6.4.1　两种"币" ... 72
  - 6.4.2　分裂 ... 73
  - 6.4.3　攻击 ... 74

	6.4.4	分叉之战 75
	6.4.5	两难境地 76
6.5	小结 77
6.6*	附：溢出原理 77
6.7*	附：怪函数，隐问题 79

第7章 瘦身，瘦身 81

7.1	分体式区块 81
7.2	梅克尔树 82
	7.2.1	梅克尔树 82
	7.2.2	梅克尔树的防篡改功能 ... 83
	7.2.3	残梅克尔树 84
7.3	区块头 85
	7.3.1	区块头模板 85
	7.3.2	挖矿 86
7.4	全节点与轻量节点 87
	7.4.1	两种验证与两类节点 87
	7.4.2	全节点 87
	7.4.3	轻量节点 88
7.5	小结 89

第8章 账号与钱包 91

8.1	身份证明 91
8.2	账号太长 92
	8.2.1	用 Hash 函数压缩 92
	8.2.2	用大进制表示 92
8.3	地址 93
	8.3.1	Base58Check 93
	8.3.2	二维码地址 94
	8.3.3	要一个漂亮的账号 94
8.4	钱包 95
	8.4.1	钱包不存钱 95
	8.4.2	查询余额 96
	8.4.3	多个私钥与多个钱包 97
	8.4.4	私钥及其表示形式 97

8.5	跟踪与隐私 98
8.6	小结 99
8.7*	附：进制转换 100
8.8*	附：密钥树 101
	8.8.1	分裂 101
	8.8.2	关联 102
	8.8.3	公钥树（拓展公钥）.... 102
	8.8.4	加强（拓展私钥）........ 103
	8.8.5	订规范 104
	8.8.6	助记词 105

第9章 UTXO交易模型 107

9.1	交易新观念 107
	9.1.1	交易成链 107
	9.1.2	"产币"交易 109
	9.1.3	解锁与上锁 109
	9.1.4	IN 与 OUT 111
	9.1.5	脚本 112
9.2*	交易与签名 112
	9.2.1	原始交易 112
	9.2.2	签名交易 112
	9.2.3	合资交易 113
	9.2.4	多签交易 114
	9.2.5	两种地址 115
	9.2.6	交易类型 115
	9.2.7	共管账户 116
9.3	无块之链 116
	9.3.1	账本的体系结构 116
	9.3.2	交易链与区块链的区别...118
9.4	交易验证 118
	9.4.1	这笔交易是真的 118
	9.4.2	这笔资金未花 119
9.5	交易的跟踪与反跟踪 120
	9.5.1	熔旧与铸新 120
	9.5.2	隐身人 121

9.6 存下证据 121
    9.6.1 中本聪的嘲讽 121
    9.6.2 证据在某时点之前 122
    9.6.3 证据的精确时间 123
9.7 小结 124
9.8* 附：借助本地数据库 124
    9.8.1 区块的高度 124
    9.8.2 判断双重支付 125
9.9* 附：交易格式 127
    9.9.1 币基交易 127
    9.9.2 组合交易 128
9.10* 附：脚本体系 130

第10章 聚与散 132

10.1 核心 132
10.2* 矿池 133
    10.2.1 扩展"幸运数" 133
    10.2.2 矿池的控制中心 134
    10.2.3 算力合并的效果 134
10.3* 交易所 136
    10.3.1 关联 136
    10.3.2 隔离 138
    10.3.3 风险 140
10.4 小结 141

第11章 萤火与闪电 142

11.1 老板与农民工模型 142
    11.1.1 保证金 142
    11.1.2 链下交易系列 144
    11.1.3 预约交易 145
    11.1.4 损失风险 146
11.2 预约与撤销 146
    11.2.1 绝对时间 146
    11.2.2 相对时间 148
    11.2.3 阻止与撤销 150

11.3 两赌徒模型 151
    11.3.1 问题来了 152
    11.3.2 共同基金 152
    11.3.3 调整份额交易 152
    11.3.4 "萤火虫" 153
    11.3.5 开通与关闭通道 155
    11.3.6 损失风险 156
11.4 借道 156
    11.4.1 购"物" 157
    11.4.2 特殊的赌博 157
    11.4.3 三赌徒模型 158
    11.4.4 一串赌徒模型 159
11.5 小结 161
11.6* 附：预约与撤销（续） 162
    11.6.1 RSMC 交易及其阻止
        交易 162
    11.6.2 HTLC 交易及其阻止
        交易 165
    11.6.3 HTLC 与 RSMC 组合 .. 168
    11.6.4 组合交易的应用模型 ... 170

第12章 链上机器人 174

12.1 账户及状态 174
    12.1.1 账户余额 174
    12.1.2 世界状态（一） 175
12.2 智能合约机器人 175
    12.2.1 图灵两难 176
    12.2.2 "机器人" 176
    12.2.3 机器人的小世界 177
    12.2.4 世界状态（二） 178
    12.2.5 别让机器人累死 179
    12.2.6 人类指使机器人 180
    12.2.7 对机器人查账 181
    12.2.8 制造与安装机器人 182
12.3* 矿工的以太币 183

- 12.3.1 竞争协议 183
- 12.3.2 挖矿奖励 184
- 12.3.3 交易费 184
- 12.3.4 叔祖先区块 184
- 12.3.5 "助人奖"与"安抚奖" 185
- 12.4 以太坊交易 185
  - 12.4.1 交易发起人 185
  - 12.4.2 交易结构 186
- 12.5* 区块结构 187
  - 12.5.1 三棵树 187
  - 12.5.2 Storage 树 188
  - 12.5.3 区块头 188
  - 12.5.4 区块 189
- 12.6* 其他特色 190
  - 12.6.1 区块大小 190
  - 12.6.2 抵抗专用芯片 191
- 12.7 小结 191
- 12.8* 附：MPT 192
  - 12.8.1 简介 192
  - 12.8.2 先躺着 192
  - 12.8.3 查增删 193
  - 12.8.4 "站"起来 195
  - 12.8.5 防篡改 196
- 12.9* 附：RLP 198
  - 12.9.1 RLP 简介 198
  - 12.9.2 表达单个字符 198
  - 12.9.3 表达短字符串 198
  - 12.9.4 表达长字符串 199
  - 12.9.5 表达短列表 200
  - 12.9.6 表达长列表 201
  - 12.9.7 递归 202

第 13 章 公链上的"货币"发行...203

- 13.1 比特币的发行 203
  - 13.1.1 挖矿发行 203
  - 13.1.2 控制总量 203
  - 13.1.3 总量的耗损 205
- 13.2 利息发行 205
- 13.3 以太坊项目 206
  - 13.3.1 众筹比特币 206
  - 13.3.2 团队的证明 206
  - 13.3.3 出资者的证明 207
- 13.4 以太币 208
- 13.5 以太坊代币 209
  - 13.5.1 代币存在哪儿 209
  - 13.5.2 众筹发行 209
  - 13.5.3 代币的特征 210
  - 13.5.4 多重签名 210
- 13.6 ICO 211
- 13.7 链上动物园 212
  - 13.7.1 以太猫 212
  - 13.7.2 非同质代币 212
- 13.8 小结 213

第 14 章 联盟"恋"链 215

- 14.1 联盟链的特点 215
  - 14.1.1 联盟链的建立 215
  - 14.1.2 联盟链的特点 216
- 14.2 减法 217
  - 14.2.1 不需挖矿 217
  - 14.2.2 不需原生币 217
  - 14.2.3 没有分叉 218
  - 14.2.4 不需要特殊的虚拟机 ... 218
  - 14.2.5 节点很少 218
- 14.3 加法 219
  - 14.3.1 节点分工 219
  - 14.3.2 多通道与多链 219
  - 14.3.3 成员管理 220
  - 14.3.4 验证策略 220

14.3.5　配置区块.................................220
14.4* 变化...221
　　14.4.1　交易.................................221
　　14.4.2　区块.................................222
　　14.4.3　"树"再没必要.................222
14.5　交易过程...223
　　14.5.1　世界状态.........................223
　　14.5.2　"算"与"记"分开....223
　　14.5.3　找"认可人".................224
　　14.5.4　交易排序.........................225
　　14.5.5　批量记账.........................226
14.6　智能合约...226
　　14.6.1　智能合约的特征............226
　　14.6.2　智能合约接口.................227
　　14.6.3　链码部署.........................227
　　14.6.4　链码运行.........................228
14.7* 超级账本...229
　　14.7.1　设计理念.........................230
　　14.7.2　网络架构.........................230
　　14.7.3　证书管理.........................232
　　14.7.4　共识算法.........................232
　　14.7.5　数据存储.........................233
　　14.7.6　创建通道.........................234
　　14.7.7　创建区块.........................235
　　14.7.8　系统链码及系统链........236
　　14.7.9　"读"与"写"............237
14.8　小结...237
14.9* 附：交易结构.................................238
14.10　附：再谈速度.............................240
　　14.10.1　造块速度的限制..........241
　　14.10.2　公有链一定是一个
　　　　　　慢系统............................242
　　14.10.3　串行执行的限制..........242
14.11　附：再谈防篡改.........................243
　　14.11.1　三个阶段的防篡改.....243

14.11.2　防篡改与防伪............245
14.12　附：私有链.................................245

第 15 章　以太坊初级实践............247

15.1* 以太坊客户端简介.................247
　　15.1.1　客户端的种类.................247
　　15.1.2　Geth 客户端简介............247
　　15.1.3　Ethereum Wallet 客户端
　　　　　　简介.................................248
　　15.1.4　客户端操作方式............248
15.2* 参与以太坊公链.............................249
　　15.2.1　安装 Geth 客户端............249
　　15.2.2　安装 Ethereum Wallet
　　　　　　客户端............................250
　　15.2.3　创建账户.........................252
　　15.2.4　接收以太币.....................253
　　15.2.5　转账操作.........................254
　　15.2.6　挖矿.................................255
　　15.2.7　浏览公链网络状态......256
15.3* 搭建以太坊私有链.........................257
　　15.3.1　安装 Go 语言.................258
　　15.3.2　安装 Geth 客户端............258
　　15.3.3　初始化节点.....................259
　　15.3.4　启动节点.........................260
　　15.3.5　创建账户.........................261
　　15.3.6　挖矿.................................262
　　15.3.7　转账.................................263
　　15.3.8　组建网络.........................265
15.4　小结...268

第 16 章　以太坊智能合约原理......269

16.1* 以太坊中的智能合约.................269
　　16.1.1　智能合约生命流程......269
　　16.1.2　什么是 EVM 字节码....270
　　16.1.3　什么是 ABI.....................271
16.2* Solidity 语言.....................................273

- 16.2.1 语法结构 273
- 16.2.2 地址 275
- 16.2.3 状态变量和局部变量 ... 277
- 16.2.4 memory 和 storage 278
- 16.2.5 constant、view 和 pure 281
- 16.2.6 payable 函数 282
- 16.2.7 fallback 函数 283
- 16.2.8 可见性 284
- 16.2.9 内置的单位、变量和函数 284
- 16.2.10 事件 286
- 16.2.11 继承 287
- 16.2.12 库 288

16.3* EVM 290
- 16.3.1 EVM 结构 290
- 16.3.2 EVM 指令表 291
- 16.3.3 栈、内存、数据存储 ... 291
- 16.3.4 输入数据与 Gas 池 293
- 16.3.5 执行智能合约 293

16.4* 以太坊 DApp 294
- 16.4.1 以太坊 DApp 生态 295
- 16.4.2 以太坊 DApp 运行流程 296

16.5 小结 298

第 17 章 以太坊进阶实践 299

17.1* 开发以太坊智能合约 299
- 17.1.1 环境准备 299
- 17.1.2 编写合约 300
- 17.1.3 编译合约 301
- 17.1.4 调试合约 303
- 17.1.5 部署合约 304
- 17.1.6 调用合约 307

17.2* 开发以太坊 DApp 308
- 17.2.1 要做什么 308
- 17.2.2 环境准备 310
- 17.2.3 创建项目 310
- 17.2.4 初始化数据库 310
- 17.2.5 编写 DAO 311
- 17.2.6 编写 Service 312
- 17.2.7 编写 Controller 312
- 17.2.8 编写前端页面 312
- 17.2.9 先运行看看 313
- 17.2.10 如何改造成 DApp 316
- 17.2.11 增加区块链配置参数 .. 317
- 17.2.12 生成智能合约 Java Bean 320
- 17.2.13 改造 Service 322
- 17.2.14 增加调度分配以太币 .. 325
- 17.2.15 再运行看看 326
- 17.2.16 还可以怎么优化 330

17.3 小结 331

第 18 章 共识算法 332

18.1 什么是共识算法 332
- 18.1.1 状态机复制 332
- 18.1.2 分布式的问题 333

18.2* Paxos 算法 334
- 18.2.1 算法流程 334
- 18.2.2 算法要点 337
- 18.2.3 算法与区块链 338

18.3* RAFT 算法 339
- 18.3.1 节点状态 339
- 18.3.2 选举领导者 340
- 18.3.3 区块复制 344

18.4* PBFT 算法 347
- 18.4.1 拜占庭将军问题 347
- 18.4.2 算法简介 348
- 18.4.3 一致性协议 350

18.4.4　检查点协议 353
　　18.4.5　视图切换协议 355
18.5*　PoS 机制 357
　　18.5.1　PoW 的问题 357
　　18.5.2　PoS 机制简介 358
　　18.5.3　PoW+PoS 机制 359
　　18.5.4　纯 PoS 机制 360
　　18.5.5　新的挑战 362
18.6*　DPoS 机制 364

18.6.1　DPoS 机制简介 364
18.6.2　选举超级节点 365
18.6.3　生成区块 365
18.6.4　稳定运行 366
18.6.5　高吞吐量 367
18.7　各有千秋 367
　　18.7.1　CAP 定律 367
　　18.7.2　不可能三角 368
18.8　小结 369

第 1 章 从这里开始

作为本书的开篇，本章以一个虚拟故事引入区块链的相关概念和原理。初次接触这些概念和原理的读者"存疑"是很正常的，我们将会在后续章节中进一步深入讨论与澄清。

1.1 改革

某小镇是个独立王国，镇政府设有一间"记账室"，公民习惯于有重要的事情都来这里记一下，但近年来，账务混乱，记账室的信誉一日不如一日，公民对账务公开的呼声越来越高。这不，改革的机会来了：原室主任因利用职务之便挪用公款等犯罪行为而入狱。空降的新室主任姓聪，人称聪主任。聪主任上任伊始就着手调研，发现：记账室有十几个记账员，但工作量是一个人满负荷就能完成的。这些记账员都是镇上头头脑脑的七姑八姨，在这里就是混日子，除了会记账其余什么都不会干。

聪主任来时镇领导有交代，"不能开人，不再加活儿，只要能为镇政府争光，改革随你"。于是，摆在聪主任面前的任务：一是提升账务质量，把账本打造成"铁账"；二是让所有的记账员都忙起来，避免闲来动账务的歪心思。

就这样，聪主任拿出了他新官上任的"三板斧"。

一板斧：他请专家规范了账页及账本。账页为具有既定格式的、已印制好栏目的、可记录一定数量交易的活页。账本由账页不断添加而成，即记完一页装订一页。账页有编号，账页间通过账页开头的"承前页"栏目关联。"承前页"栏目记录前一页各项目的汇总数。

二板斧：他将流程分为两个异步的阶段。

- 交易提交阶段：这阶段的工作完全交给了客户，即大厅有许多自助设备，客户通过自助设备并行提交交易，提交后就回去，交易是否成功则等记账室的"权威发布"，即账本向公众公开。从公众的角度看，记账室向公众提供"两自助、一公开"服务，"两自助"为自助提交和自助查账，"一公开"为记账室"权威发布"的账本。
- 记账阶段：客户的交易形成交易池，所有的记账员都可以看到，即所有的记账员都对同一交易池中的所有交易进行记账。假定交易池中的交易未排序，若不进行管理，则有多少记账员就有多少不同的账本。

三板斧：他将记账室人员分为两组，一组为记账员，另一组为审核员，并将审核过程融入记账过程，确保账本内容正确。

1.2 共识机制

空白账页有编号，按编号逐页记账、逐页共识和逐页"权威发布"。账本封面作为账本的起点，编号为第 0 页，在新规则启动仪式上由聪主任签署并"权威发布"。

1.2.1 记账员的工作

记账员进行第 $k+1$ 页记账的前提条件是第 k 页账已"权威发布"，这是由每账页开头要填的"承前页"栏目决定的。这样一来，所有的记账员几乎是同时开始第 $k+1$ 页记账的，因为，他们同时获得第 k 页的"权威发布"。

每一页的记账工作恰似一场考试，例如，第 1001 页的记账，就是对记账员同学的第 1001 次考试，虽然所有记账员同时开始考试（即同时获得上一页的"权威发布"），但不要求同时交卷，而是要"争先交卷"。审核组不光要看答案的正确性，还要看答题的速度，因为，审核组的目标是尽快找一份"正确答案"来进行"权威发布"，而不是给大家的试卷打分，也就是说，后交的试卷将是一张废纸。

交完了第 1001 页，你要做的就是等待第 1001 页的"权威发布"，发布之后，立即开始第 1002 页的考试……就这样，聪主任让记账工作变成了一场接一场的考试。

为避免记账员串通做假，各记账员需独立记账，记账期间互不交互，即"考试时不准交头接耳"。

1.2.2 审核员的工作

记账员以账页为单位逐页向审核组提交账务，即记账员同学向审核组交卷。

当有记账员提交第 1001 页账页时，审核组就开始第 1001 页账页的遴选工作：可能有多个记账员完成了第 1001 页的记账，审核员将已提交的一份或多份账页依交卷次序进行审核，选出一个记账正确的账页作为共识页，即表示审核组成员达成了共识。例如，若收到的第一份账页没有获得半数以上审核员的同意，则审核第二份账页，若第二份账页获得半数以上审核员的同意（也可称为达成共识），则将这份账页选出作为共识账页，即第 1001 页的"权威发布"。此时，审核组不再对第三份及之后的账页进行审核，即后交卷的卷子直接被审核组视为废纸，看都不看一眼。

1.2.3　权威发布

一旦某页由审核组达成共识，则记账室"权威发布"该页，并在共识账本中增加该页，如上述例子就是在已有 1000 页的共识账本上增加第 1001 页。

各记账员将"权威发布"的第 1001 页复印件加入自己的账本，形成共识账本的副本，即使他自己的第 1001 页记账正确，也要撕毁而改用复印件。如果他自己的第 1001 页记账还未完成，就直接抛弃它（这是为了停止过时页的记账）。

之后，各记账员在已有第 1001 页共识账本副本的基础上，以新共识账本为基础，开始第 1002 页的记账，审核组则等待第 1002 页的提交……如此往复，不断产生新的共识页，使共识账本变厚。

于是，在记账过程和共识过程的"双重"推进下，形成了共识账本及其多份复印件，共识账本代表记账室的"权威发布"，每个记账员都有这个权威发布的副本，即复印件。这种公开的共识账本即"公共账本"，如图 1.1 所示。

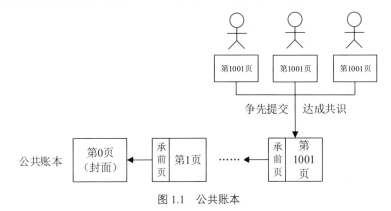

图 1.1　公共账本

1.3 竞争机制

上述流程改造提升了账务质量，记账室的信誉得到了恢复。一段时间后，大家的新鲜劲儿过去了，就暴露了"大锅饭"现象：反正有人提交，我就悠着点儿。

于是，聪主任制定了激励机制：为每个记账员开一个账户，记账员把自己的账号写到账页的背面，一旦账页入选就会给该记账员发奖金。为了公平，聪主任解散了审核组，使人员回归到记账员身份，审核的职责由大家共同承担，大家都是审核员，而审核的牵头工作由聪主任自己担任。这样，大家就因奖金而忙碌起来了。

1.3.1 记账与审核串行

我们通过一个工作片段来看看聪主任是如何让记账员忙起来的。

聪主任："我们现在确认了第1001页账页，这是它的复印件，请大家每人拿一份装订到自己的账本中，再以此为基础，各位独自记账，交易都在大屏幕上。请抓紧记，记完马上交给我。"

不一会儿，聪主任收到了若干份记完账的第1002页账页。这些账页是按交卷次序叠放的，体现了"先交优先"的原则。当然，有些记账员没有完成，聪主任也不等了，就打断了大家："现在大家停止记账，我们来投票确定第1002页账页"。

于是，聪主任将最上面的一页，即最先收到的那份账页，投影到表决屏幕上。各记账员验证该页后进行无声投票——不讨论，不吵闹，结果发现投票没超过半数，原来是该账页上有个交易记错了，验证未通过。但聪主任不知道错在哪儿，只知道投票没有通过，于是他把该页丢进了废纸篓子，再取下一页投影到表决屏幕上，让大家投票表决。还好，这次投票超过了半数。

聪主任："我们以'先交优先'的原则，选出了正确的第1002页账页，我将为提交这个账页的记账员发奖金。虽然你们不知道他是谁，但还是请为他鼓掌！"

聪主任将这页原件装订进自己的共识账本中，并将复印件发给大家，在此基础上，大家又开始了第1003页记账的竞争。

大家就这样——有趣地忙碌着。

聪主任的工作：

（1）组织投票，依"先交优先""超过半数"等民主的原则进行；

（2）发放奖金；

（3）管理共识账本，并进行"权威发布"。

记账员的工作：

（1）记账并提交结果，如果胜出，则获得奖金；

（2）验证别人提交的账页，包括交易、账页等正确与否；

（3）根据验证情况自觉地投票（投票意味着对该页的认可）。

"铁账"就这样炼成了，记账室的口碑也远播四方。有好事者将此事爆料给报社。在采访聪主任时，记者顺便问了些自己不理解的问题，并得到了满意的答案。

记者："有人记假账怎么办？"

聪主任："首先，记假账无法通过大家的验证，即投票通过不了。因为，我相信大多数的记账员是诚实的，他们在投票时不会违背良心。再者，做假账者由于无法通过投票而得不到奖金，白费力气，因此，下次他就不会做假账了，这样的公共账本就用不着再审计了。"

记者："奖金分配公平吗？"

聪主任："大家凭本事拿奖金，应该最公平，特别是大家的民主意识强，对投票结果很认同。另外，在这个机制中，大家都不知道账页与记账员的对应关系，以及在投票过程中不允许发声，这些都避免了将人际关系的好坏带进投票环节。"

记者："会不会有人得不到奖金？"

聪主任："记账过程中的计算具有一定的随机性，大家在粗心、疲劳、心情不好的时候可能会出错，大家在能力差不多的情况下，获得奖金的机会，或者说获得奖金的次数，是差不多的"。

记者："假如我的账页也是正确的，为什么要用复印件？"

聪主任："我不懂账务，不知道是否正确，但我相信大家的投票结果，所以我们不仅追求账页正确，还追求账页的'一致性'。例如，你的账页上写的是'8+5'，而复印件上的是'5+8'，从内容看，都正确，但因为复印件的内容是大家通过投票确认的，所以大家应以'共识'的复印件为准。这样做还有一个好处，就是共识账本有了多份复制（副本）。"

1.3.2 记账与审核并行

从流程的角度看，上述记账过程被共识过程打断了，显然有优化的空间，聪主任一直思考如何让记账员的记账和审核这两个功能并行。

（1）已提交第1002页的记账员，在等待第1002页的"权威发布"期间，可以进行第1003页的记账工作，前提是留好与第1002页的衔接部分，即留好承前页。

（2）聪主任及时将记账员提交的完成账页向所有记账员开放，审核投票，一旦某页的票数过半，聪主任就按原来的方式"权威发布"该页，并在公共账本中增加该页。而与该页有相同编号的其余账页（提交的成品和未提交的半成品）都自动作废。

（3）记账员可以不等聪主任的指令而提前"预判"哪一页会胜出，从而快速提交下一页账页。

如此一来，审核进程负责的共识机制与记账进程负责的竞争机制完美地结合起来，工作效率明显提高了，大家也就不用再加班了。

值得注意的是：虽然记账与审核是并行的，但这个并行是有限制的，那就是两个账页间有一个"承前页"的衔接。因此，从宏观角度来看是串行的，即提交第1001页→审核第1001页→提交第1002页。这里所说的"并行"体现在微观层面，即在审核第1001页的同时对第1002页进行记账处理。

1.4 向"去中心化"迈进

共识账本的原件在聪主任那里，记账员手中的是复印件。有趣的是，这份原件聪主任从来没有拿出来过，即使它被烧了也是不要紧的，因为它有多份副本。于是，聪主任也懒得对这些原件进行管理，而是花心思进一步优化流程。

1.4.1 神奇的"缩放机"

一日，聪主任买回了一批"全息缩放机"（注：现实中没有这种机器）。这种缩放机有两项神奇的功能，如图1.2所示。

（1）照相：为账页照一张全息小照片，可以理解为缩小功能；
（2）恢复：从小照片无损地还原成原来的账页，可以理解为放大功能。

图 1.2　照相与恢复

1.4.2 隐性投票

聪主任想了一套高超的"组合拳"：一是将原来账页"承前页"的位置改为"前页照片"；二是将原来向聪主任提交完成的账页环节改为由提交账页的记账员向其他记账员发布账页；三是将原来的投票环节改为记账员将自己同意的账页（该记账员"审核进程"投票的账页）通过"全息缩放机"照下来，"嵌入"自己的下一个工作账页的"前页照片"处。

例如，前述例子中对账本第1001页的投票环节：记账员将自己认可的第1001

页的照片嵌到自己的第1002页的"前页照片"处,以此作为自己对第1001页的投票。

记账员通过这种"隐性"投票,使得票数多的页自动成为公共账本的新增页。

如图1.3所示,A的第1002页投的是(1001,A),B的第1002页投的是(1001,B),C的第1002页投的也是(1001,B)。假定只有A、B、C三个记账员,则(1001,B)胜出。

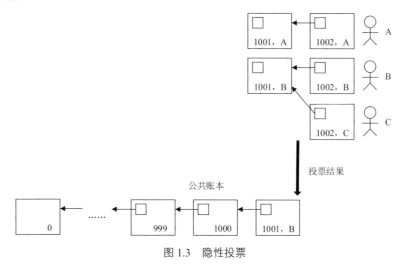

图1.3 隐性投票

在后面的章节我们将会看到,这种"隐性"的投票也会使得公共账本"隐性"地存在,即它并不存在某个地方,但我们在需要的任何时候都可以找到它。例如,你拿到一个最新的账页,如(1002,C),通过其中的"前页照片"找到(1001,B),再通过(1001,B)找到(1000,X)……

由此形成的链式结构称为区块链:[(0,聪),(1,X),…,(1000,X),(1001,B),(1002,C)],其中(0,聪)为聪主任定的账本首页(封面),被分发给所有记账员,作为记账的共同起点,即区块链的创世纪块。最右的(1002,C)显然没有经过投票,它是否会在公共账本中需要打个问号,被称为"未确认",而倒数第二的(1001,B)被第1002页所确认,称为"经过了一次确认",倒数第三的(1000,X)被第1001和1002页所确认,称为"经过了二次确认",依此类推。

由于所有记账员都在一个记账室里,能非常及时地看到别人发布的账页,没有网络延时,所以大家的"投票"几乎是同时进行的,在集中投票条件下,经过了一次确认的账页就被认为是"权威发布"。此时,图1.3中除最右侧编号为1002的账页未确认外,小于1002编号的账页均已有确认页。已确认页组成公共账本,它目前为[（0，聪），（1，X），…，（1000，X），（1001，B）]。

随着记账的不断进行，区块链不断向右生长，公共账本也不断加厚。

1.4.3 改弦易辙

将图 1.3 中的记账继续，新的页为第 1003 页，假设 A 在记录账页（1003，A）时，发现（1002，C）先于（1002，B）到达 A，虽然二者都正确，但根据优先原则，A 将依照自己的所见在（1003，A）中投票给（1002，C），即在（1003，A）的"前页照片"栏处嵌入（1002，C）的照片。

假设 A、B、C 对第 1002 页的投票结果如图 1.4 所示。

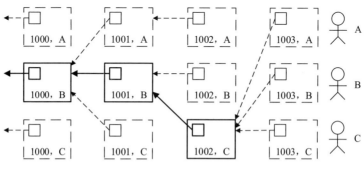

图 1.4 改弦易辙

A 投票给（1002，C），意味着 A 也认可它的"前页照片"，即认可（1001，B），而先前 A 并没有认可该页，在（1002，A）时，A 认可的是（1001，A）。也就是说，当 A 发现它认可的错误后，是有机会改正的。当 A 改弦易辙后，（1001，B）从原来的 2 票变为现在的 3 票，即全票通过。

图 1.4 中的"实线"账页即为共识账页，它们共同形成区块链的公共账本，"隐式"地存在于这些账页之间。

1.5 防篡改原理

聪主任被请到别的镇上传授经验，为解答听众关心的问题，他进行了总结。

（1）通过这种"投票"机制，公共账本如同"看不见的手"一样无形地存在：它存在于所有的记账员"之间"，即账本由上述共识的账页组成，若某记账员丢失了自己的账本，那他可以通过"缩放机"照一个最新的共识账页嵌入自己的工作账页中开始记账，在需要时可以通过"缩放机"的恢复功能找回以前的所有页。

（2）公共账本形成一个"链"，这个链是防篡改的。

如图 1.5 所示，若作恶的记账员篡改账本中的某页，如第 101 页，则得到该页的"伪页"，称为 101'。若他要使"伪页"生效，则要完成两个"高难度"动作。

①在长度上追上已有的区块链。显然，篡改"历史"越悠久的页，需要追赶的距离就越长，而对近期页的篡改则容易追上。

②让超过半数的记账员"改弦易辙"。篡改有两种情况：第一种情况，"伪页"是错误的页，验证通过不了，因为诚实者占多数，他们不会承认该账页；第二种情况，"伪页"是"正确"的页，即账页验证正确，如从源头上修改数据，将某个转账交易的收款人改为作案者，这时即使"伪页"所在的链足够长，如果记账员通过检验没有发现不对的地方，那么他们也会"改弦易辙"。

因动作②中有第二种情况，所以阻止篡改的重任就落在了动作阻止①上，就是要阻止"坏人"追上。为了使"坏人"无法追上"好人"，达到"邪不压正"的目的，就必须使"好人"的力量大于"坏人"的力量。后续章节将谈到如何利用算力阻止"坏人""作案"，即工作量证明（Proof of Work，PoW）。

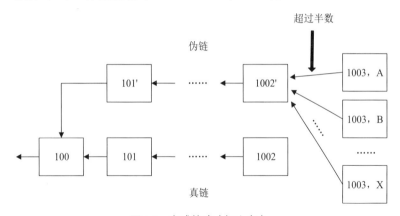

图 1.5 完成篡改（坏人多）

因此，这个作恶者要么弃恶从善，放弃自己的分支，选择共识链，要么继续作恶，使自己的分支越来越长，但其记账页在检验中得不到半数以上的票，不会被"权威发布"，也是白费劲儿。

有没有篡改成功的情况？假如长度追上后，作恶者联合大家"改弦易辙"，使"伪页"的得票数最多，而且一直保持这种状态，维护着这一分支链，就篡改成功了。这种情况会发生吗？不会。因为社会上的诚实者会超过半数，所以对"伪页"的投票不会是最多的。进一步考虑，当记账员偶尔出错或作恶者临时作恶时，由于账页与记账员的对应关系是保密的，投票时不许讨论，作恶者们因为各有自己的小算盘而达不到"一致"的投票，因此"伪页"就不会得到最多的票。由前一节知道，他们在奖金诱导下，会及时改正，调整到正确的链上来，即诚实者和作恶者共同维护着公共账本。

值得注意的是，这里没有直接对作恶者的惩罚机制。

1.6　去中心化

1.6.1　自动发放奖金

聪主任现在唯一的工作是数"投票"数、发奖金。能否把这项工作也交出去呢？聪主任日思夜想，终于想出了一个好办法。

他将在空白活页账页中预印他的"奖金"交易作为账页的第一笔交易：**因记本页账而奖给（　　）5 元整**。其中，括号中的内容由记账者填写，通常是填自己，当然也可以填其他受益人，填入的是账号，而账号与姓名之间的关系是不公开的，即填入的是"匿名"。这样，记账员提交的账页上都有一条记账"奖金"交易，但只有在前述"投票"中胜出的账页上的"奖金"交易才会生效，其他账页上的"奖金"交易与该账页一起，作为"投票"失败者而被抛弃。

怎么判断谁在"投票"中胜出？其实，这是容易做到的。例如，假定 1001 是较新的页号，任意抽查 100 个记账员的第 1001 页，若超过半数是一致的，则这个一致的页就是"胜出的"或者说"共识的"第 1001 页。当然，共识的这一页也就"共识"了这页中的"小照片"，即从可共识的第 1001 页开始，通过前述的"缩放机"，生成第 1000 页、第 999 页……直至第 1 页，均是共识页，它们联合形成共识链，即为区块链。

1.6.2　改革的"最后一公里"

就这样，聪主任革了自己的命：将自己的这个总控中心逐步废弃了。既然总控中心没有了，那么记账员聚在一起的必要性也就没有了。

为了完成改革的"最后一公里"，聪主任对系统进行了一番信息化改造：人们可以通过移动终端随时随地地向系统提交交易了，而记账员也可以在家上班。于是，聪主任向镇政府提交了一份报告，建议：撤销记账室，记账室的工作职能改由记账员组成的社区承担，记账员在家工作，薪酬通过记账"争奖金"的方式发放。

聪主任在报告中设想：记账社区化后，普通人通过购置设备、安装软件也可以入社成为记账员，而记账员可以随时退出记账社区，更可能的情况是允许记账员"三天打鱼，两天晒网"，将集中式记账改为分散式记账，让人们随时自由出入社区，从而完成改革的"最后一公里"。

镇政府批准了该报告，并将记账室改为"改革成果展列室"，以鼓励公民大胆改革。

聪主任给"改革成果展列室"写了一副对联，然后乐逍遥去了。对联是："去中心，选优抛劣达共识；争奖金，抑恶扬善防篡改"，横批："聪氏公共账本"。

一个人满负荷工作的工作量却让十多人，甚至更多的人忙得不可开交，只因同一编号的账页大家都要记录，但只保留一页，其余全被抛弃，这种机制的低功效输出也是让人诟病的。

1.7 行为艺术

聪主任创立的"聪氏公共账本"被学者理论化为"区块链"，得到了广泛的研究和推广应用。若干年后，聪氏族人推选聪主任为族长，于是聪主任就牵头新编修了聪氏族谱，如图1.6所示。

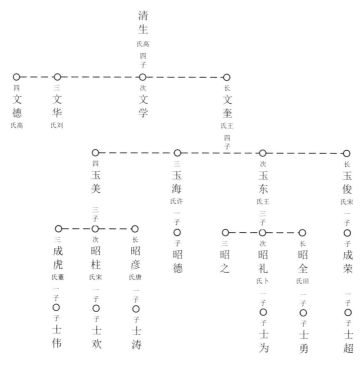

图1.6 聪氏族谱（从右往左读）

在修谱过程中，聪主任翻阅了若干版本的旧谱，发现追加了不少姓聪但与聪氏家族毫无关系的人历史名人，这说明族谱"有篡改"。

能否做个"防篡改"的"族谱"？

聪主任经过一番研究，豁然开朗：携带父辈 DNA 的肉身便是"区块"，家族树通过繁衍不断生长，只需要加一个"剪枝"机制就能产生一条区块链。于是他别出心裁地进行了两项设计：一是对家族的建筑进行了重新规划与改建，如图 1.7 所示；整个建筑被分为两部分，左侧是"链堂"（对应于原来的祠堂），右侧是庄园。二是立下了新的家族规矩。这两项设计的有机结合创造出了他心目中的区块链形象。

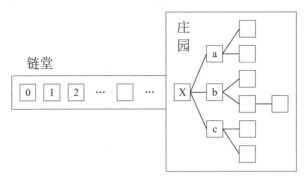

图 1.7 "聪氏区块链"

聪主任决定"从我做起"，他的葬礼就是一个隆重的"创世纪"仪式。

左侧的"链堂"其实是一个长廊，摆放着一排塑像（链）。塑像实际上由"肉身"包裹着一种特殊材质，经过艺术塑造，展现主人的音容笑貌。

（1）塑像按辈分大小从左至右排列，第一个塑像当然是聪主任，称为该链的始祖（创世纪块，编号为 0）；

（2）后续每个塑像都是前一个塑像的某个儿子。

右侧的庄园由高墙围起——毕竟资源有限，不可能让他的所有子孙都住在庄园里享受荣华富贵。于是他的家规对庄园的居住资格进行了约束：

（1）庄园里只有一个庄主，由辈份最长者担任；

（2）只有现任庄主及其子孙才有资格住在庄园里；

（3）庄主死后，塑像入驻"链堂"；

（4）庄主死后，由繁衍出最长分支的儿子继承庄主位，如果最长分支不止一个，就抽签决定。

如图 1.7 所示，当前庄主为 X，有三个儿子（a，b，c），若此时 X 死了，显然，儿子 b 的分支最长，故 b 应成新庄主，其余两个儿子（a 和 c）及其所在分支的成员就应搬出庄园，这称为剪枝。

聪主任制定的这些要求作为聪氏家族的"共识"，是经过仔细研究的。例如，若采用"长子继承"，当碰上个短命的或无生育能力的"长子"时，就会断了香火。改为"分支长度优先"的继承策略情况就好很多。

在这里，聪氏家族的男子即是区块，母亲们即是区块的制造者。母亲们不光要制造区块，还要验证区块（如检验孩子的 DNA，确认不是抱养的），这就是共识过程。

建筑的两部分刚好对应公有区块链的两部分：

（1）"链堂"，对应于区块链中已达成共识的部分；

（2）庄园，对应于区块链中处于软分叉、共识阶段的部分。

"聪氏家族区块链"是通过 DNA 链接的，即"每个儿子继承了父亲的 DNA"，它对应于：公共账本的"每个账页中含有前一个账页的照片"；区块链中"每个区块中含有前置区块的指纹"。

我们看看"聪氏家族区块链"是怎样"防篡改"的。

假定链中某个塑像被调包了（篡改了），我们从庄园中居住的任一男子开始，通过提取 DNA 验证父子关系是否成立。从链堂的最右侧向左验，一直验证到父子关系不成立时，则找到了被调包的塑像。若一直验证到聪主任的塑像（创世纪块）父子关系都成立，则说明整条链没有被篡改。

在区块链中，"防篡改"这一术语有如下意思。

（1）"防篡改"不是指篡改不了（不是把庄园锁起来），而是指容易验证篡改。

（2）通常通过"逆向追溯"来验证，即通过儿子找到唯一的父亲，一辈一辈往祖先找，直到始祖聪主任，而不是反过来找，因为父亲有多个儿子（将一个儿子调包成另一个儿子时，从父亲 DNA 的角度验证不了）。

（3）若前述"父子关系"一直验证到聪主任（创世纪块），则说明"聪氏区块链"没有被篡改。这里有一个公设：创世纪块"不能"被篡改。

（4）区块链要不断生长才能"防篡改"，即"逆向追溯"验证的起点是在竞争中的区块（右侧庄园中居住的男子）。停止了生长的区块链不能"防篡改"。例如，"聪氏区块链"若停止生长（断了香火后，庄园空了，只有"链堂"里有链），则可以这样篡改：仅保留创世纪块（聪主任的塑像），把其之后的塑像全部调包成聪主任的另一个儿子所繁衍的一个分支链。这样形成的链则验证不出来，因为区块链已停止了生长，从最右侧开始向左验证，全部符合父子 DNA 的要求。

这里可以看出"聪氏家族区块链"的几个关键要素：一个始祖、遗传 DNA、不断繁衍、剪枝规则等。这也是公有区块链的特征,其中剪枝规则换了一个说法,叫共识机制。

1.8 小结

我们将上述例子做适当抽象就得到了一个区块链系统及其使用环境。

(1)区块链系统可以为公众提供分布式公共账本服务,可将其视为一种公共服务设施,并以此向公众提供交易环境,其主要特点是:公众提交交易与平台记账是异步的。

公有区块链有如下四个基本要素:

①一个始祖(账本封面);

②遗传 DNA(除封面外的每页都含有前一页的"缩影"照片),形成"链"式结构;

③不断繁衍(链是不断生长的);

④剪枝规则(共识):长度优先。

(2)每个区块链系统都有自己的规矩,即如何达成共识,也就是共识算法。

这里的情形是:共识单位是"区块",即所有区块一起竞争,记账员凭算力和运气赢得该页的入选。一些书里说"争夺记账权"是不对的,实际上争夺的是自己的账页被"录用"——大家都在记账,都有记账权,区别在于只有先完成的才有效,其余的记账都会丢进废纸篓子。因此也可以认为是争夺记账的有效性。

需要一个机制来保证共识算法的运转。这个机制可以是外部的,如组建一个执行机构或者一个审核组;也可以是内部的,即自治的,如上述"隐式"投票并对胜出者有奖励。在区块中专门有一个交易用于奖励该区块的生产者,这种内部激励机制是去中心化的基石。

(3)区块链系统实现了防篡改,其逻辑是:若无篡改,那么,从共识的当前块,沿链逆向进行"亲子鉴定",可以直至"始祖"。若有篡改,则可以通过逆向来恢复正确块。防篡改可以总结成一句口诀:"信两端,溯中间"。即最左端是创世纪块(区块链的起点)最右端是正在进行共识的区块,在大家验证中,只要它正确(虽然它有可能因竞争失败而被剪枝),就可以从它开始向左追溯出中间的正确区块,一直到创世纪块。

(4)区块链系统以共识算法作为技术手段,以奖励机制作为经济手段,通过技术和经济相结合的方式,有效地实现了"去中心化",此时区块链系统由社区成员共同维护。

（5）"聪氏家族区块链"和"聪氏公共账本"作为理解区块链的工具，有趣、易记且易理解，用于向亲朋好友解释区块链原理。为便于后续的学习理解，这里建立一张术语对照表，见表 1.1。

表 1.1 术语对照

	公有区块链	聪氏公共账本	聪氏家族区块链
结构	把一个创世纪块作为起点；后续每个区块中含有前置区块的指纹	把一个封面作为起点；后续每个账页中含有前一账页的照片	把一个始祖作为起点；后续每个儿子继承了父亲的 DNA
造块	矿工挖矿	记账员记账	母亲生儿子
共识规则	长度优先	长度优先	繁衍分支长度优先
奖励	获得加密货币	获得工资	获得在庄园的居住权
剪枝	矿工根据所见做投票选择	记账员丢弃竞争失败的账页	竞争失败的分支搬出庄园

第 2 章 "请签名并按手印"

"请签名并按手印"是我们日常签署纸质合同等文件的场景。现在，我们看看在数字化的环境中如何实现之。

2.1 密码本

谍战片中经常会有让主角去找"密码本"的情节。这个"密码本"实际上体现了明文与密文之间的转换关系，简而言之就是一个对照表，如"520"查表得"我爱你"。为简单起见，我们不妨建立一个明文和密文的字母对照表。

但这种对照密码本的方式，会导致同一个明文单词在密文中的表达是一样的。因而发展出"公开密码本+密钥"的方式，即将使用密码本方式作为密钥，这样，明文与密文就不是简单的对照关系，而是需要通过算法进行加密和解密（在算法中要用到"密码本"和"密钥"）。

再用谍战片的情节作个类比：我方根据线索，寻找一本普通的书（密码本）和一个有纪念意义的日期（密钥），用于破译截获的电报（密文），最后获得情报（明文），最终大获全胜。

这就是古典密码方法，其算法基本上采用的是变换方式。

2.2 搅拌机

计算机技术的发展，加上数学家们的努力，让密码学有了算力的支持，算法也升级换代，从而使密码学从艺术过渡到了技术，产生了现代密码学：对称密码体制和非对称密码体制。

对称密码体制的核心为"置乱":

(1) 要求从密文中不能获得明文的统计特征,即满足扩散要求;

(2) 要求从密文中不能获得密钥的统计特征,即满足混淆要求。

我们不妨称之为信息"搅拌"。

2.2.1 ASCII 编码

ASCII 编码表明一个字母可以表达为 8 个 0、1 的串,为了使人们易于查看,又表示成两位十六进制数,见表 2.1。

表 2.1 ASCII 编码表示例

十进制数	十六进制数	释义	十进制数	十六进制数	释义	十进制数	十六进制数	释义	十进制数	十六进制数	释义
0	00	NUL	32	20		64	40	@	96	60	`
1	01	SOH	33	21	!	65	41	A	97	61	a
2	02	STX	34	22	"	66	42	B	98	62	b
3	03	ETX	35	23	#	67	43	C	99	63	c
4	04	EOT	36	24	$	68	44	D	100	64	d
5	05	ENQ	37	25	%	69	45	E	101	65	e
6	06	ACK	38	26	&	70	46	F	102	66	f
7	07	BEL	39	27	'	71	47	G	103	67	g
8	08	BS	40	28	(	72	48	H	104	68	h

不管明文是用何种文字书写的,都可以将"字"编码成一个二进制数。例如,把 A 打破变为 01000001,再打乱(运算)这个"数",这就是加密。

2.2.2 公开算法

以前,算法和密钥都是保密的。20 世纪 70 年代,美国国家标准局向公众征集加密算法,IBM 提交的算法胜出并作为 DES(Data Encryption Standard)向社会公布。这是密码史上第一次公开算法,目的有三:一是让公众评判算法的优劣,二是体现算法开发者的自信,三是希望该算法得到更广泛的应用。这次不光公开了算法,连密钥的长度也公开了:DES 的密钥长度为 64 位,实际为 56 位,另外 8 位为校验位。

2.2.3 信息搅拌

可以把 DES 当作一台信息搅拌机，对 64 位的数据组进行搅拌，搅拌时用到如下方法：

（1）基于二进制的置换表置换，如把第 58 位调到第 1 位，把第 50 位调到第 2 位……这就"打破"了字符的整体性；

（2）使用子密钥进行异或；

（3）扩展和压缩变换（使用 S 盒替换表）；

（4）打乱、重组（使用 P 盒置换表）。

2.2.4 搅拌 16 次

对 64 位密钥进行置换及位移，即通过"搅拌"生成一个 48 位子密钥，再通过"搅拌"生成第二个子密钥，如此，一共生成 16 个子密钥。

拿第 1 个子密钥对明文进行信息搅拌，再拿第 2 个子密钥对前述结果进行第 2 次信息搅拌，如此，直至完成 16 次信息搅拌。这就是对一组信息的搅拌过程。

2.2.5 加密与解密

按 64 位，即 8 个字符的密钥长度，对明文 M 进行分组，也就是 8 个字符一组，最后一组不足 8 个字符时用空格补齐。然后，对每组进行上述信息搅拌，得到密文。

当然，上述信息搅拌是有规律的，我们称之为算法。通过算法实现加密，再用相同的密钥进行逆过程，实现解密。

2.3 非对称密码体系

上述加密和解密是用同一个密码，称为对称密码。与之对应的是加密和解密用不同的密码，而这两个密码又是相关的，称为非对称密码。密码常被称为密钥（从形象上看有钥匙之功能）。

2.3.1 快！来不及了

加密的目的是防止敌方破解密文、获得明文。我们知道，密文是有有效期的，比如战场上的密文，有效期不会长于战争时间。基于有效期的观点，加密的目的可以修改为：在一定的时间里敌方不能破解密文。进一步地，在一定的时间或一定的范围内，敌方不能破解密文。

如果把敌方视作参加考试的学生，只要"数学难题"相当难，那么在规定的两个小时内，考生就解不出来，只有知道"提示"（密钥）的考生能解出来（解密），这就是将数学难题用于密码学的出发点。

数学家设计的用于密码学的"数学难题"必须符合"答案存在，验证容易，很难解答"，不知道答案的通常要暴力破解，但范围太大，在规定的时间内完成不了求解任务。这类"数学难题"通常被称为"单向陷门函数"，如图2.1所示，恰似交通的"单行道"（验证容易），逆行过"门"（密钥开锁），暴力开锁"来不及"（很难解答）。

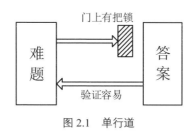

图2.1 单行道

比如，整数因子分解困难问题：假设已知一个大整数的数值，且为两个大素数之积，但不知道这两个大素数的具体数值，如何将这个大整数进行因数分解。

（1）你不妨试试，求17位整数48770428433377171的一个因子，答案在本章小结处。

（2）《科学美国人》杂志，1977年悬赏征求某个129位整数的素数因子分解。直到17年后的1994年，有人在互联网上用600台计算机协同工作8个月才解出。

2.3.2 RSA三人首功

1977年，麻省理工学院的三位学者用整数因子分解困难问题发明了一种非对称密钥系统，他们以三人名字的首字母将该密码系统命名为RSA。

（1）随机选取两个大素数 p 和 q；
（2）计算乘积 $n=p \times q$ 和欧拉函数 $\phi(n)=(p-1) \times (q-1)$；
（3）随机选取一整数 e，使其小于 $\phi(n)$ 且与 $\phi(n)$ 互素；
（4）求解 d 满足 $d \times e = 1 \bmod \phi(n)$；
（5）销毁 p 和 q，保密 e，公开 d 和 n；
则该算法以参数 n 生成了私钥 d 和公钥 e。

设消息为 M（依某种方式转换成了整数）需要生成密文 C，则有加密与解密公式如下：

加密公式：

$$C = M^e \bmod n$$

解密公式：

$$M = C^d \bmod n$$

在非对称密钥体系中，有两个密钥<公钥，私钥>，其中，私钥是秘密的，而公钥是公开的，从私钥可以算出公钥，但反之不行。非对称密钥体系有三个算法：公钥生成算法（私钥可视为随机数）、加密算法和解密算法。

2.3.3 椭圆曲线密码体系

上述非对称密钥属于公钥密码学，公钥密码算法总是基于一个数学难题而设计的，目前，广泛使用的 ECC（Elliptic Curve Cryptography，椭圆曲线密码）基于的是椭圆曲线离散对数问题：若已知椭圆曲线上的两个点 P 和 Q 满足关系 $Q=KP$，要求出整数 K。

椭圆曲线公钥体系的最大好处是密钥短，在同等安全强度下，RSA 与 ECC 的密钥长度的比值，随着长度的增加而增加，1024bit 的 RSA 对应 106bit 的 ECC，长度比值为 7：1；2048bit 的 RSA 对应 210bit 的 ECC，长度的比值为 10：1；21000bit 的 RSA 对应 600bit 的 ECC，长度的比值为 35：1。

ECC 将逐步取代 RSA，成为非对称密钥领域的主力军，我国在 2010 年颁布了我们自己的 ECC 算法标准《SM2 椭圆曲线公钥密码算法》。

2.3.4 加密与解密

在非对称密钥体系中，每个人都有自己的一对密钥，即<公钥，私钥>，保管好私钥，公开公钥。

如图 2.2 所示，A 向 B 发信息 M 时，A 用 B 的公钥加密，B 用自己的私钥解密，只要 B 保管好自己的私钥，那么别人就解不了密。

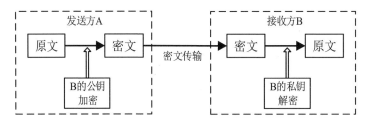

图 2.2 加密和解密

注意：A 是用 B 的公钥加密原文的，A 持有 B 的公钥以及自己的公钥与私钥。我们看看其他情况：

A 用自己的公钥加密，对方 B 无 A 的私钥，故此加密只有 A 能解密，因此，该方法不能用于数据传输，但可用于对数据的加密存储。

A 用自己的私钥加密，对方 B 用 A 的公钥解密，但其他人 C 也可用 A 的公钥解密，因此，该方法不能用于数据传输，但可用于对数据的数字签名。

2.3.5 数字签名

在 A 与 B 的关系中，A 拥有三把密钥：B 的公钥和自己的公钥、私钥。A 将它们作用于数据 M 上，分别用于数据传输、数据存储和数字签名。下面讨论数字签名。

A 将自己的私钥作用于 M 上，生成的密文可由 A 的公钥解密，而 A 的公钥是周知的，各方"能且只能"用 A 的公钥来解密，这一点可以确认该密文是 A 生成的，起了身份确认的作用，这就像我们日常生活中的手书签名的作用，因此，我们将 A 用自己的私钥作用于信息 M，称为 A 对 M 进行数字签名。

在商务活动中，需要当事人签名，现在法律层面也认可了数字签名，数字签名又叫电子签名。

比较一下，非对称加密和签名，详见表 2.2。

表 2.2 加密与签名

	加密	签名	
A加密	使用B的公钥加密	使用A的私钥签名	A签名
B解密	使用B的私钥解密	使用A的公钥验签	B验签

（1）解密与签名对应，都是用自己的私钥，反过来说，使用自己的私钥，要么是解密，要么是签名；

（2）加密与验证对应，都是用别人的公钥，反过来说，使用别人的公钥，要么是加密，要么是验证。

2.4 哈希函数 Hash

2.4.1 消息摘要

我们通过上节内容知道，数字签名就是用自己的私钥对文件 M 进行加密，而这个文件 M 通常来说会很大，使用非对称加密算法直接对文件 M 进行签名是非常慢的，因此不妨先对文件 M 进行压缩，并且希望这个"压缩"满足以下两个条件：

（1）结果可以"唯一"代表 M；

（2）具有固定长度。

这个"压缩"通常被称为 M 的消息摘要，又称单向加密，意即能通过"加密"但不能通过解密来恢复原文。

能生成 M 的消息摘要的函数被称为单向哈希函数，也被称为哈希函数、Hash 函数、杂凑函数或哈希函数。

构造哈希函数非常不容易。我国制定的哈希函数 Hash 标准为 SM3。

2.4.2　数字指纹

我们通过上节内容知道，M 被篡改后得到的消息摘要会不同，即消息摘要是消息的权威代表，可视为消息的指纹，称为数字指纹，用 h 表示。

一旦篡改了 M 则算出的数字指纹 h 也会变化，即通过数字指纹是否变化来判断原文是否被篡改，这就是防篡改的原理。

"请签名并按手印"是我们日常签署文件的场景，我们先在文件上签名，再按手印得到指纹。签名表示认可该文件，按手印表示签名是真实的。

而这里的情况完全不同，从次序看完全相反，对一个大文件先求出它的数字指纹，数字指纹是文件 M 的指纹，表示对文件的压缩和防篡改，再对指纹签名，表示对文件的确认，数字签名不能被模仿。

2.4.3　数据块的指针

如图 2.3 所示，数据 A 通过哈希算法产生了一串数字为数据 A 的数字指纹 a。反过来，数字指纹 a 能"索引"到数据 A，即指针，但不是空间定位索引。

图 2.3　数据和指纹

数据 A 对应的数字指针 a 具有双重意义：一是作为指纹，二是作为指针。由于是用哈希算法产生的，因此这类"指针"被称为哈希指针，如图 2.4 所示。

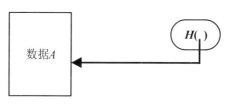

图 2.4 哈希指针

显然,哈希指针并不能直接实现"定位",就像通过犯罪嫌疑人的指纹并不能直接得到犯罪嫌疑人的门牌号码一样,并不是有些作者通常认为的"哈希指针指向数据的存储位置"。这个错误会误导大家。这是因为:

其一,是先有已存储在内存中的数据 A,再有哈希指针,没有必要在算出哈希指针后,将数据移到指针指示的位置;

其二,哈希指针值是很大的,一般为 256 位,远大于目前的 64 位寻址空间;

其三,即使有足够大的空间,那么移动数据到哈希指针所指示的位置,会不会与附近的数据块部分重叠?在 C 语言中,是先向系统申请分配内存用于存放数据,再将该内存的地址赋给指针的。

哈希指针可借助某种辅助手段实现某种定位,例如,将 (a, A) 视为 (Key, Value),以数据库的方式即可实现快速定位,说明数字指纹 a 确实可以看成是"指针",只不过它不是通常意义下的地址指针。

2.4.4 基于 Hash 的数字签名

我们知道,交易必须要防伪造和防抵赖,这在日常商务活动中靠签名和盖章来保证,在无纸化环境中使用密码或数字签名来保证。显然,数字签名优于密码,因为数字签名可以实现同交易的"绑定",即同一个人、不同的交易产生的数字签名不同。

数字签名的机制与作用与手写签名类似:

(1)我能方便地进行签名——用我的私钥进行数字签名;

(2)别人能方便地验证是不是我的签名——用我的公钥对我的签名进行验证,能通过即是我的签名,否则为仿冒;

(3)签名与特定的内容绑定,即不能篡改内容——内容参与签名的运算,即签名过程的输入是内容和私钥;

(4)签名要考虑效率,显然,手工对多页合同的每页都签名的效率不如先将内容压缩到一页再签名——我们知道 Hash 函数有压缩功能,可以对压缩结果,即消息摘要进行签名。这虽不是必需的,但很重要,因为,签名算法本身在时间上的花费与签名内容的长度成正比。数字签名通常就是指对数据的消息摘要即 Hash 值进行的数字签名。

数字签名，即电子签名的一个典型例子是证书，即公钥证书。它是对数字签名的申明，将公钥与特定使用者（如个人、设备或服务）进行绑定，向使用者提供公钥，用于加密等。重要网站通常会将自身证书颁发给客户端下载、安装或自动下载。例如，你运行命令行 certmgr.msc，就可以看到自己计算机中的证书列表，打开其中一个证书，就可以在"详细信息"中看到颁发者、有效期、公钥、指纹、各种算法等。

2.5 小结

密码学知识是区块链的基石之一。

（1）一个数据块通过哈希算法，能得到一个很短的固定长度的值，如 Hash256 得到的值为 256bit。此值有多个名称：哈希值、消息摘要、数字指纹、单向加密，在区块链环境中还有两个名称：指针和随机数。后续在数字谜题中会讲到随机数。

（2）非对称密码体系，有一对<公钥，私钥>，在通信环节中，使用收方的公钥进行加密，使用收方的私钥进行解密；在需要验明正身的环节中，则使用签名者的私钥签名，使用签名者的公钥验证签名。

（3）<公钥，私钥>是区块链中交易主体的替身，公众只知道公钥并用它来验证交易主体的身份，因此，公钥就是"人"的代表，类似于银行账户，在后续讲钱包时我们将进一步讨论这个话题。

（4）本章我们还简单了解了一些密码学基本知识，如各类密码学体系、实现信息的搅拌、避免碰撞等。

计算题答案：223092827。

2.6* 附：闲话 Hash

2.6.1 此哈希非彼哈希

前面，我们将数据 A 的哈希值 a 视为数据 A 的指纹，即数字指纹 a "唯一地"确定了数据 A，就像指纹证据能唯一确定罪犯一样。

对于哈希，我们不陌生，例如，有 5 台服务器，我们希望交易在这 5 台服务器上均匀地分布，即负载均衡。解决方案：规定交易的某种属性 x，如交易的序号、交易的账号、交易到达的时间等；规定服务器的某种属性 y，如服务器编号 0、1、2、3、4；构造一个哈希函数 $y = x \pmod 5$；定义分配策略，如将交易 x 分配到服务器 y 上。

哈希函数 $y = x \pmod 5$，在方案中起到了映射作用，如图 2.5 所示，将 7 号交易和 12 号交易都分配到 2 号服务器上处理，体现了哈希的单向性。

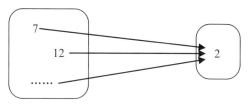

图 2.5　哈希映射（一）

显然，该哈希函数具有如下特性。

（1）单向：即由 7 能得到 2，而从 2 不能断定是 7；

（2）压缩：将成千上万的交易分配到 5 台服务器中，且均匀分布。

7 和 12 都对应于 2，我们说 7 和 12 产生了碰撞，负载均衡利用这种碰撞特性。只要有压缩就会产生碰撞，即使一丁点压缩。鸽笼原理是这样说的：$n+1$ 只鸽子飞向 n 只笼子，一定有一个笼子中有两只或两只以上的鸽子，即碰撞。这里说的是"一定"，可是当鸽子数小于笼子数时，就"不一定"了，但还是会以某种概率发生碰撞的，如 40 只鸽子飞向 365 只笼子的情况。

你可以做个测试：假定你小组有 40 人以上，猜测一下你小组成员是否会发生"生日碰撞"，即同一天过生日。小组不足 40 人？——把他女朋友算上。不想暴露生日？——那你不妨在纸上写上你的假生日。

利用碰撞进行负载均衡，但碰撞是指纹的死敌，试想若指纹有碰撞，那还能把它作为犯罪的证据吗？哈希函数的压缩特性说明哈希函数不具备防碰撞特性，但我们可以退一步，在一定的"应用范围"内，找具有"碰撞阻力"的哈希函数。这类哈希函数很神奇，虽然该哈希函数存在着碰撞，但如果在使用它的应用场景中碰不到它；故意找它难度大（至少在计算上是不可行的）。

既然是这样，那么在应用时，就可认为该类具有"碰撞阻力"的哈希函数是"无碰撞"的，其哈希值就可以作为"数字指纹"。大家熟知的 MD5 就是这样一个哈希函数。例如，MD5 常用来做版本或文件的数字指纹，通过对下载的文件验证其数字指纹是否为指定的值，来验证版本或文件是否被篡改或版本是不是最新的。但遗憾的是，MD5 强度不够，因为它是 128 位的。我国密码学家王小云找到了 MD5 产生碰撞的方法，打破了上述"故意找它难度大"的前提，直接导致了 MD5 逐渐被淘汰和弃用，被位数更多、强度更高的算法代替。

注意区分两类不同的哈希，本书后续提到的哈希，如无特殊说明均指"无碰撞哈希"。

2.6.2 碰撞，别发生

上节让大家做"生日碰撞"测试，不知大家感觉如何？反正一开始，我直觉上认为 40 人中撞生日的可能性很小，毕竟有 365 天。但事实上，40 人中撞生日的可能性或者说概率可达 89%，当人数达到 100 时，撞生日的可能性几乎是百分之百—— 99.9999%，只要人数达到 23 人，撞生日的可能性就超过 50% 了。

"撞生日"的反面是"不撞生日"，"撞生日"的概率等于 1 减"不撞生日"的概率，而"不撞生日"的概率易计算，假设有 k 个人，则他们不撞生日的概率为：

$$\frac{365 \times 364 \times 363 \times \cdots \times [(365-k)+1]}{365^k}$$

由此，我们可以得出一个结论：压缩函数一定会产生碰撞；即使减少"源"数量，发生碰撞的可能性还是很高的。那么该如何产生"碰撞阻力"呢？

2.6.3 碰撞，不会发生

我们回到上节的鸽笼例子上来，直观地理解一下产生"碰撞阻力"的方法，如图 2.6 所示。

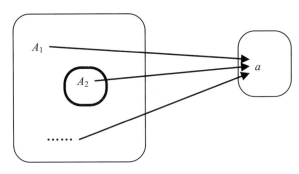

图 2.6 哈希映射（二）

首先，我们应扩大右边的目标集，即增加"笼子数"。

其次，我们应缩小左边的源集，即根据应用场景，使我们需要的图 2.6 粗线中的"有用子集"远小于右边的目标集。缩小方式有两个维度：一是空间，如我们的区块是有一定格式和编码要求的，这就排除了不合格的；二是时间，如一万年后的某交易与你现在的交易一毛钱关系没有，完全不用理会这种隔空发生的碰撞。

例如，一万只鸽子组成集合 A_1，其中有 100 只是有标记的鸽子集合 A_2，即应用的有用子集，鸽子飞向右边目标集中的一千只笼子，则可认为有标记的鸽子没有"碰撞"，也就是说，没有两只有标记的鸽子在同一只笼子中。

实际上，还是有两只有标记的鸽子飞进了同一只笼子，经查原来它们俩是夫妻，这就要重新修订飞的规则。

第三，从算法上构造办法，让鸽子的飞行相互独立，如一只一只地放飞，它不知道笼子中的情况。

有了上述三点，情形变为：

鸽子数 ＞＞ 笼子数 ＞＞ 有标记的鸽子数；分散的飞行算法。

"＞＞"表示远远大于，第一个"＞＞"会产生经常性的碰撞，如鸽笼原理，第二个"＞＞"会产生偶尔碰撞，如生日碰撞，再加上算法，产生"碰撞阻力"。

这样，鸽子就难以"碰撞"，符合抗碰撞性，即具有碰撞阻力。这就是对"避免碰撞"的简易理解。

更严格地讲，作为指纹的 Hash 函数应具有以下性质：

①压缩性：输入可以为任意长度的消息，而输出为固定长度的二进制串，如 128bit 或 256bit；

②不可逆性：已知输入 x，计算其 Hash 值 $h(x)$ 容易，但已知 Hash 值 h，要找到对应的 x 在计算上是不可行的；

③抗弱碰撞性：对任意的输入 x，找到且满足 $h(x) = h(y)$ 的 y 在计算上是不可行的；

④抗碰撞性：找到任意满足 $h(x) = h(y)$ 的偶对 (x,y) 在计算上是不可行的。

回到区块链中的区块指纹，它选用的是 Hash-256，是符合上述性质的 256 位 Hash 函数。据说要破解它需要等到量子计算机之类的超强机器出现。

总结一下：基于鸽笼原理的碰撞一定存在，若应用中都是某种"特殊"鸽子，则碰撞不会发生，故意去碰撞也很难，因为算法具有抗碰撞性。

2.6.4 妙用 Hash

有了上述"抗碰撞性"，我们可以认为数据 A 和它的 Hash 值 a 是一一对应的，它是区块链的理论基石之一。如图 2.7 所示，哈希值在区块链中有以下两个作用：

（1）作为指纹，用于防篡改；

（2）作为指针，用于查询。

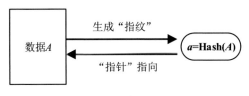

图 2.7　数据和哈希

第 3 章 下载那些事

从区块链的大厦向外看,它就坐落在互联网的世界里。在互联网的世界里,我们经常下载好多好玩的东西,在这里我们就讨论下如电影、电视剧等大型文件下载的那些事。

3.1 服务器瘫了

制片商制作了一部电影,人们欣赏电影的途径主要有两种:一是"人去",去影院观看;二是"影来",包括通过电视、计算机、手机等屏幕观看。后一种途径涉及下载。

图 3.1 是服务器/客户端模式,简称 S/C 模式。

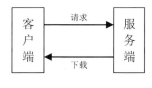

图 3.1　S/C 模式

下载的商业模式已从付费模式转换到了免费模式,影片发行方通过广告赢利,而广告合同通常依下载量计价,这就要设置一个下载量的计数器。

对下载量的追求,迫使发行方对公众进行大量的影片宣传,有时宣传用力过猛,导致大量用户同时下载,结果:要么是搞垮了服务器,要么是服务器的保护措施拒绝大量的下载请求,而用户端的感觉是服务器瘫了。

3.2 计数器废了

在服务器瘫了的情况下，你很想看这部影片，怎么办？你会在万能的群中问一声："谁有这部影片？"于是若干个网友给你回复，你为了尽快地下载这部影片，从这个网友那儿下载这一段，同时，从另一个网友那儿下载另一段，由于并行作业，所以你很快就获得了整部影片，悠哉地去欣赏热片去了。可是网友并没有把你的下载行为报告给下载量"计数器"，他们才不管这些呢。

现在，你也有这部影片了，后续你也有责任向其他网友提供服务，分享已下载的影片。

这里简述一下其技术原理：

（1）技术大神建一个群，就叫"迅雷"吧，你只要下载并安装了"迅雷"，就算入群了，之后就可以在群中分享资源，践行"人人为我，我为人人"的理念。

（2）要回答上述"谁有这部影片？"的问题，需要一个表，叫资源表，记载"片名、谁有"，这个表应该在群里的一些人手里。你下载了那部影片后，就要增加一条记录，表示你有了这部影片，并尽可能地告知其他人，让资源表中有这条记录。

（3）这个群与一般群不同的是，它没有一个公共的聊天场所来询问"谁有这部影片？"，需要靠"口口相传"。它是要订一个查询协议：收到询问的群友，查询自己的资源表，如果自己没有或不知道谁有，则把询问转发给邻居；可能有多个人有，如果知道谁有，则告知询问的人，不再转发询问消息。

（4）当知道哪个群友有你要找的影片时，你同他取得联系，你们俩进入"点对点 P2P"的影片数据下载阶段。

（5）一个影片可以分解成若干部分，把每部分视为一个"小电影"，即可按上述方式下载。

3.3 "缩放机"原理

回到第 1 章，我们在构造区块链时，要求有一台"全息缩放机"，它有两项神奇的功能：

（1）照相（缩小）：通过它能将区块照出一个全息小照片，将其嵌入下一个区块中，将区块"链"起来；

（2）恢复（放大）：从小照片无损地还原成原来的区块，就可以从当前区块开始，用嵌入它的小照片恢复前一区块，即追溯到前一区块，这样追溯下去，可以直至最初的创世纪区块。

显然，在现实生活中没有这样的"全息缩放机"。为了满足我们的需要，我们在数字世界中"造"一台具有这样功能的"机器"。

（1）将你的计算机装上 <K, V> 型数据库，K 指 Key，V 指 Value，K 与 V 是一一对应的，即通过 K 能找到唯一的 V，当然，一般的关系型数据库都满足这个要求，只需要设置 K 字段为主键即可。

（2）将数据块视为 V，将 V 的数字指纹视为 K，从第 2 章我们知道 K 是 V 的唯一的且具有非常短（相对于数据块而言）的固定长度的值，如 K 为 256bit。

（3）使用 <K, V> 数据库即可实现"全息缩放机"所需的功能。

①照相（缩小）：将区块 V 的数字指纹 K 视为全息小照片即可。

②恢复（放大）：有了小照片 K，查询数据库能无损地得到对应的区块 V。

3.4　网上的"缩放机"

上述"全息缩放机"是在计算机本地环境下的，那么，在网络环境下又如何？

（1）照相（缩小）：你有了区块 V，显然可以直接计算数字指纹 K，再在数据库中加入一条<K, V>记录即可。

（2）恢复（放大）：你有了网络传来的小照片 K，在本地数据库中可能查不到对应的 V，因为 <K, V> 记录可能在别人的数据库中。因此，先找到 V，再下载到本地。

依已有的 K 找对应的数据 V，是不是像上述根据影片的"种子"来下载影片？这类问题在点对点 P2P 网络中就不是问题了。

综上，在网络环境下，"全息缩放机"可以这样"造"：点对点网络 + <K, V> 数据库，它的功能可以用图 3.2 表述。

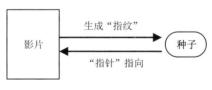

图 3.2　影片和种子

3.5* 过滤

在点对点 P2P 网络中，由于没有中心控制，一方面区块或交易在网络上自由传输，那么，传过来的数据我这里有没有？若已有，则没有必要重复接受；该数据我转发过没有？若已转发，则没有必要重复转发。为了避免反复传输和接收相同的数据，点对点网络中各节点都应设置过滤器。另一方面别人问你"有没有这个K的V"或"V在内存中还是在磁盘上"等等，也需要一个判断算法。

由此，抽象出的问题是：判断元素 x 在不在一个集合 S 中。

如果要判断一个元素是不是在一个集合里，一般想到的是将集合中所有元素保存起来，然后通过比较来确定。链表、树、哈希表（又叫哈希表，Hash Table）等数据结构都是这种思路。

但在数据量比较大的情况下，我们需要一个时间和空间消耗都比较小的数据结构和算法。Bloom Filter 就是一种解决方案。

3.5.1　降低一点儿标准

设网络节点接收网络传来的数据存于本地数据库，需要判断新传来的数据 X 需不需要保存下来，即需要一个过滤算法"判断元素 x 在不在一个集合 S 中"，这个算法返回的结果一定为如下两者之一：

（1）算法说：x "在"一个集合 S 中；

（2）算法说：x "不在"一个集合 S 中。

借用医学检验的说法，上述对应为检验结果：

（1）x 呈阳性；

（2）x 呈阴性。

如果检验绝对正确，则如下命题成立：

x 在一个集合 S 中的充分必要条件是 x 呈阳性。等价命题为：x 不在一个集合 S 中的充分必要条件是 x 呈阴性。

逻辑学告诉我们，它可转化为两个命题：

（1）若 x 呈阳性，则 x 在一个集合 S 中；

（2）若 x 呈阴性，则 x 不在一个集合 S 中。

显然，很难有检验手段同时满足上述命题，所以我们退而求其次，即考虑弱化它们。从医学检验的需求来看，首先，必须保证"有此病，则检验必呈阳性"，即若 x 在一个集合 S 中，则 x 呈阳性。改为其逆否命题即为（2），也就是说：我们必须保证（2）成立，那降低要求的重担就落在（1）上了，将（1）改为"若 x 呈阳性，则 x **很可能**在一个集合 S 中"。

也就是允许（1）有一定的误判率，即平时说的呈假阳性。

综上，我们可以稍微降低对检验的要求，即要求检验满足：

（1）允许少量的假阳性，即允许"若 x 呈阳性，则 x 在一个集合 S 中"有误报率；

（2）不允许有假阴性，即"若 x 呈阴性，则 x 不在一个集合 S 中"不漏判，即百分百准确。

将检验改为针对算法，则对应的说法为：

A. 算法说"在"，极大可能"在"，即"极少"误报；

B. 算法说"不在"，一定"不在"。

3.5.2 一个算法

我们先找到一个满足条件 B 的过滤算法。

设集合 S 中有 $|S|$ 个元素，选取一个 k，做初始值为 0 的 k 个格子，格子有编号 0 到 $k-1$，$|S|$ 远远大于 k。

对 S 中的每个元素 y，按 k 的模映射到格子中，即 $i=y\%k$，对编号为 i 的格子将其值由 0 改为 1，若已为 1 则保持不变。这就相当于把 S 中的元素 y 作为子弹，向一块划分为 k 个格子的板子扫射，瞄准规则为 $i=y\%k$，若编号为 i 的格子被打穿，则格子的值为 1。

对需要判断的元素 x，也计算 $j=x\%k$。算法就是看编号为 j 的格子的情况：

（1）若编号为 j 的格子未被子弹打穿，则格子的值仍为 0——算法说"不在"，则可以肯定 x 不在 S 中，因为 x 对应的格子没有被 S 中的元素击中，即算法说"不在"，一定"不在"。满足条件 B 的要求。

（2）若编号为 j 的格子被子弹打穿，则格子的值为 1——算法说"在"，则 x 可能是 S 的元素，还有可能是这种情况：x 变换的结果与 S 中元素变换结果"撞车"，如变换结果"撞车"13%10=3%10，即算法说"在"，不一定"在"。不一定满足 A 的"极少"误报的要求。

综上，这个算法满足前述降低标准的要求。

3.5.3 对算法的优化

切换个视角：将上述带孔的板子视为一个筛子，用它来筛 x，若 x 没有掉下去，算法说"不在"，则 x 不在 S 中（满足 B 的要求）。

A 中要求"极少"误报，如何实现"极少"？

板子是用 S 中的元素打孔的，从孔中掉下去的 x，算法给出的检验结果是"在"。

模具有很大的压缩性，如 $S=\{21, 33, 23\}$，$k=10$ 时，对 S 中的元素按 10 求模

得到的筛子为 $\begin{bmatrix} 编号:0,1,2,3,4,5,6,7,8,9 \\ 打孔:0,1,0,1,0,0,0,0,0,0 \end{bmatrix}$，打孔了的格子标记为 1，板子上有两个孔。

显然，$x=61$ 不在 S 中，但 x 从孔中掉下去了，因为 61%10=1，对应于编号为 1 的格子。所以，从孔中掉下去的 x 既可能为 S 中的元素（如 21），也可能不是 S 中的元素（如 61）。

可再做一个筛子，如取 $k=6$，筛子为 $\begin{bmatrix} 编号:0,1,2,3,4,5 \\ 打孔:0,0,0,1,0,1 \end{bmatrix}$，则 61%6=1 说明 61 不会被这个筛子漏下去。

也就是说，通过多加筛子，层层筛选，能掉下去的元素就会越来越少，"最终掉下来的 x，在一个集合 S 中"的误报率很小，如图 3.3 所示。

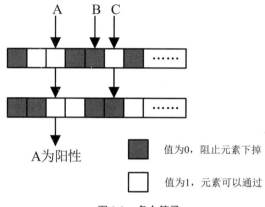

图 3.3 多个筛子

在我们的生活中也有这方面的例子：体检发现某指标为阳性，怎么办？一是再对该指标进行复检，这是怀疑检测的技术；二是再对其他相关指标进行检验，这才是再加一层筛子。

优化后，算法满足前述 A 的"极少"误报的要求。

上述多层筛子在使用时，可以"贴在一起"，形成一个筛子。

元素从筛子中"筛下去"、"呈阳性"和"在集合 S 中"是同一个意思，只是站在不同角度进行表述。

3.5.4 布隆过滤器

上述多个筛子的大小可能不一样，如何使得筛子的大小一样呢？

现有多块大小一样的板子，每个板子有 k 个格子，将它们做成多块大小一样但不同的筛子。做筛子的方法还是用 k 取模，要做不同的筛子，那还得从"子弹"的角度去思考：对集合中的元素进行不同的"变换"，得到不同批次的"子弹"，就可以做出不同的筛子。

对"变换"的要求就是变换后能"代表"原来的元素，此处请回忆"指纹"的知识。

Hash 函数能满足这一要求。选取 m 个 Hash 函数：$h_1, h_2, \cdots h_m$。

对 S 中的每个元素 y，先用 h_1 作用后再按 k 的模映射到格子中，即 $i = h_1(y)\%k$ 时，对编号为 i 的格子将其值由 0 改为 1，若已为 1 则保持不变，形成第一个筛子。

对 $h_2, \cdots, h_m$ 如法炮制，就得到了 m 个筛子。这里要重新定义元素 x "筛下去"的含义，它是指：$h_1(x), h_2(x), \cdots, h_m(x)$ 分别能从这 m 个筛子中"筛下去"。若有一个 $h_i(x)$ 被第 i 个筛子挡住，则元素 x 就没有被"筛下去"，说明 x 不在集合 S 中。

更进一步，将这 m 个筛子的孔全部集中到一个筛子上，再用这个新筛子去筛元素 x 的 $h_1(x), h_2(x), \cdots, h_m(x)$，若都能"筛下去"，则称 x 能"筛下去"。显然，新筛子比原来任何一个筛子的孔都多，故稍提高了 x "筛下去"的可能性，即稍增加了些"假阳性"，但换来的好处是：只需要一个筛子，节省了空间。这个新筛子就是布隆过滤器（Bloom Filter）。

另外，按给定 A 中的误报率要求（通常是万分之几），以及元素数据量评估，就可能确定 Hash 函数个数 m 及筛子大小 k，公式略。

3.5.5 布隆过滤器效率优化

上述布隆过滤器算法对集合 S 中的元素需要计算 m 次 Hash 值，而 Hash 值的计算是需要耗费大量机器时间的，因此有人提出一个技巧，可以用 2 个哈希函数来模拟 m 个哈希函数，即

$H_i(x) = h_1(x) + i \times h_2(x)$，　　其中 $0 \leq i \leq m-1$

进一步地：

（1）该公式可以看作每次累加 h_2，即 $H_{i+1}(x) = H_i(x) + h_2(x)$，$H_1(x) = h_1(x)$。

（2）而 $h_1(x)$ 与 $h_2(x)$ 又可以用一个 Hash 函数值的左半部分和右半部分来分别模拟。

这样就将 m 个 Hash 函数的计算转化为了一个 Hash 函数的计算，大大提升了效率。

例如，Guava 中布隆过滤器算法的实现是对元素通过 MurmurHash3 计算 16 字节的 Hash 值，将得到的 Hash 值取高 8 个字节，以及低 8 个字节分别作为 $h_1(x)$ 与 $h_2(x)$。

3.5.6 缺点及应对

布隆过滤器（Bloom Filter）是 1970 年由布隆提出的。它实际上是一个很长的二进制向量和一系列随机映射函数。布隆过滤器可以用于检索一个元素是否在一个集合中。它的优点是空间效率和查询时间都远远超过一般的算法。它之所以能做到在时间和空间上的高效率，是因为牺牲了判断的准确率和删除的便利性。

（1）存在误判。它是单向误判的，即 B 不会误判，A 有很小的误判，故在一般情况下是没有问题的，如重复去取数据。但有时可能是不能容忍的，如 S 为黑名单，"在黑名单中"的误报是不能容忍的，因为不能误伤，这时就不能用这个方法了，或者将不能伤害的加入"白名单"。

（2）删除困难。能从集合 S 中删除一个元素，但能将筛子中由这个元素产生的孔填上吗？不能。例如，在前面的例子中，S={21,33,23}，取 $k=6$，筛子为 $\begin{bmatrix} 编号:0,1,2,3,4,5 \\ 打孔:0,0,0,1,0,1 \end{bmatrix}$，当删除 33 时，就不能将它对应的孔填上，即不能把编号为 3 的孔的值从 1 改为 0，因为，该孔也是另一个元素 21 打的孔。程序员很容易处理这种情况，当多个元素打同一个孔时，将打孔标志改为格子被打孔计数器，删除一个元素，对应的格子的被打次数减 1，当减到 0 时，该孔相当于被填上了，这就是所谓的计数布隆过滤器（Counting Bloom Filter）。

3.5.7 应用举例

布隆过滤器的特点是：

- 算法说"在"，极大可能"在"，即"极少"误报；
- 算法说"不在"，一定"不在"。

由此，我们可以找到适合的应用，举例如下。

（1）Google 著名的分布式数据库 BigTable 及 HBase 都使用布隆过滤器来查找不存在的行或列，以减少磁盘查找的 I/O 次数。

（2）文档存储检查系统也采用布隆过滤器来检测是不是先前存储的数据。

（3）Google Chrome 浏览器使用布隆过滤器加速安全浏览服务。

（4）垃圾邮件地址的过滤。

（5）爬虫工具中 URL 地址的去重。

（6）解决缓存穿透问题：指查询一个一定不存在的数据，先查缓冲有没有，再查存储层有没有，这将导致这些不存在的数据每次请求都要到存储层去查询，失去了缓存的意义。当流量较大，特别是被攻击时，出现一直请求访问数据库的情况，很容易导致服务器"挂掉"。采用布隆过滤器，将存储层所有数据映射到一个足够大的 BitMap 中，即依前述原理，建一个叠加筛子，使不存在的数据被这个 BitMap 拦截，这时查询机制从"先查缓冲，再查存储层"改为"先查缓冲，再过滤，再查存储层"，从而避免了对底层存储系统的查询压力。

（7）区块链中的应用，后面章节将会涉及。

3.6 公共账本的副本

点对点 P2P 网络环境组成一个网络社区，若每个网络节点为一个记账员，则按照第 1 章论述的原理，网络社区维护着一本公共账本。

假定你是新加入这个网络社区的一员，在网络环境中，你不知道"最新"的区块，因为它可能在路上，但你可以拿到"较新"的一个区块，可根据上述"缩放机"原理，从这个区块开始，用嵌入它的数字指纹恢复前一区块，即追溯到前一区块，再基于这个区块继续追溯，直至最初的创世纪区块。将追溯到的区块存于本地，你就得到了公共账本的一个副本。这说明，每一个（即使是新来的）网络节点都可以得到该公共账本的副本，并且只维护这个副本，即以此为基础进行记账。然而，公共账本的"正本"只存在于各个"副本"之间，因为这个社区是平等的、无中心的，谁也不能宣称自己的账本是正本。那如何找到正本？对副本进行抽样，统计意义上的公共部分就是正本。因此，并不需要在一个地方存放正本，在需要的时候做个统计抽样就能得到。当然，你得到的是正本的一个副本。

在第 1 章中我们已描述了，一个伪造的副本是得不到大家的承认的，因而，公众就不会基于它进行交易，这样，该伪造的副本就没有生命力了。如何确认一个副本的真实性呢？因为不同的账页是由不同的记账员通过竞争机制记下的，并且在社区中记账员是匿名的，所以确认一个副本的真实性的方法是选举法。

选举法，即检查投票情况，这是一个概率问题。例如，要确认第 1000 号区块是否正确，你可以随机抽查社区中的 10 个记账员，若都一致，就能肯定它是正确的。若还有两个与这个不一致，你就会有点不放心，就会扩大抽查数，如抽查 100 个。这里有个条件假设：随机抽样达到一定数量时，诚实的记账员就会超过半数。当然，这件事通常交给点对点 P2P 网络去做，即你去查询某个指定的区块，点对点 P2P 网络按类似的选举办法返回给你一个正确的区块。一旦确定了这个区块是正确的，那么，可以由此区块追溯到全部区块，即此区块与创世纪区块间的所有区块。为什么呢？请回忆防篡改原理。

点对点 P2P 网络形成的网络社区具有自愿加入和自愿退出的原则。根据这一原则，我们再去看第 1 章所述的记账员，他们原来是一个团体，就像记账室的记账员，回家办公后，形成一个固定的社区。办公系统经过"点对点 P2P 网络"改造，由于进出自由，固定社区变为了动态社区：可能原来的记账员全退出了，可能社区人数大大多于以前了，可能社区人员的地域分布范围更广了。

3.7 小结

点对点 P2P 网络是区块链的另一个基石，中本聪发明比特币的论文就是《比特币：一种点对点的电子现金系统》。

在传统互联网的基础上，根据自愿加入和自愿退出的原则组建一个子网，即点对点 P2P 网络，这个网络是"去中心"的，也就是说，你在别人那儿下载资源的同时，也给别人分享资源，可以视为一个"人人为我，我为人人"的网络社区。

每个区块链系统都要组建自己的点对点 P2P 网络，区块链系统中的区块、交易等数据在这个特定的点对点网络中广播，对于外部的区块查询能提供正确的区块。交易和区块在网络上自由传输，为了避免反复传输和接收相同的数据，点对点网络中的各节点都设置了过滤器。

区块链社区共同维护公共账本，而每一个网络节点，不管是全功能的记账节点还是验证节点，都只能有该公共账本的副本。然而，公共账本的正本在哪儿呢？它像信仰一样，在节点们的"心"中。那如何找到正本？连接一批节点，把它们的副本取过来，则统计意义上的公共部分就是正本。

本章还介绍了在大数据环境下广泛使用的布隆数据过滤器。它实现了：
- 算法说"在"，极大可能"在"，即"极少"误报；
- 算法说"不在"，一定"不在"。

第 4 章 物竞天择

在日常生活中,记账员记账是否正确,是靠事后的检查、核对与审计。在第 1 章所述的公共账本情况下,是不可能这样实现的,因为记账员与各自的账本是分散在不同的地域的,也没有唯一的权威审计人,否则他就是个"中心"。在第 1 章的处理办法是记账与审计同时进行并且是大家都参与的。在记账正确的前提下,若干个同一编号的账页该选择谁?这也是第 1 章的重要话题,那里采用的是竞争机制,其要素是:努力工作+运气。

本章我们继续讨论"选择谁"的话题:"秀"出你的工作量,赢者有奖,同时,与第 1 章呼应,进一步探索由共识机制形成的共识账本。

4.1 运气

在第 1 章的记账员的人工竞赛中,假定竞赛者实力相当,在连续的"接力"比赛中,以记账员身心状态的随机性来保证竞赛的公平性,即实力相当的选手获得的奖金差不多。

那么,将记账工作交给记账员的计算机之后,如何保证公平性?

4.1.1 公平悖论

假定在家办公的记账员都配了同一型号的计算机,工作都交给了计算机,计算机开启了记账和审核双进程。于是,问题来了:先胜的,由于不用拿别人的账页,即不用接收网络传输来的新账页,不用验证他人的新账页,能快速进入下一页的记账,比别人的计算机少做很多事,而大家的计算机性能是一样的,当然在下一记账页的竞争中必定胜出,如此竞争下去,就会造成"胜者恒胜"的不公平。这就产生了悖论:由公平(大家使用同一型号的计算机)导致了不公平(胜者恒胜)。

手工记账时以记账员身心状态的随机性来保证竞赛的公平性,现在如何来保证?

这就必须加上某种"运气",即需要针对计算机设计出一种随机性,于是"谜题"应运而生:题目一样,只是临场发挥的"运气"(即初始状态)是随机的,这样,就能避免"胜者恒胜",实现公平竞争。

4.1.2 射箭比赛

为了设计随机性,我们设计了具有随机性的射箭比赛:

方法一,靶子的随机性,如靶子忽隐忽现、停留的时间随机;

方法二,靶子固定,射手端的随机性:如让射手抽签到不同的站位(有的近、有的远、有的正、有的偏)。

这样,连续比赛下来,能保证水平差不多的射手获得的胜率差不多。

4.2　计算谜题

4.2.1　谜题(一)

设计师从靶场得到灵感,开始设计"运气"。

(1)射手应该是计算机程序,计算机擅长"计算",箭就是一个"计算结果"。

(2)"射中"即为在某个范围内的"计算结果"。

(3)可以用第二个设计靶场的方法来设计"运气",涉及计算的"运气"当然是随机数。

(4)计算机一样,算法一样,总得有一个地方不一样才能产生不一样的随机数。还好,每个人记账的账页内容不一样,交易的排序可能不一样,也可能一样,但至少有一个交易不一样,即奖金交易的账号不一样。

(5)由第2章可知,对刚记完账的当前账页求哈希值,由于账页内容不一样,哈希值就会不一样,这就能得到满足要求的"运气"了。

有了上述分析,就可以这样设计"运气":对于当前的编号,使用同一个哈希函数,账页内容的哈希值小者胜。

4.2.2 谜题（二）

有个记账员为获得更多奖金，让程序员丈夫帮忙破解谜题。程序员通过一番研究，终于找到了提升"运气"的方法：

（1）在账页中留一个空格，分别试填 1、2、3、…、100，计算出该账页的 100 个哈希值；

（2）在这 100 个哈希值中找出最小的，并把对应的"试填值"正式填入空格中；

（3）提交这个账页。

显然，他提交的这个账页获胜的概率大得多，他将这个"试填值"称为"幸运数"。

俗话说得好："魔高一尺、道高一丈"。设计师为了应对这种情况，调整了"谜题"：

（1）数据范围的表示，通常我们以后面有多少个 0 来表示数据范围，如小于 100，但有个问题是长度不固定，如，小于 100 是三位，小于 1000 是四位，小于 10000 是五位……如果要求长度固定，怎么办？可用前面多少个 0 来表示，如十进制，固定长度是六位，则可选 000099 作为范围，表示不超过 99，类似的十六进制 00…00FFF…FFF 也是一个范围表示，前面 0 的个数称为"难度系数"，0 的个数越多，范围就越小。

（2）计算数据块的 Hash 值（指纹）即为打靶，靶子大小固定为上述的一个数据范围，范围越小，命中的难度就越大。

（3）将获胜规则，由"哈希值最小"改为"最先中靶"，符合公平射箭比赛的方法二。这里有两层意思：一是要"中靶"，不管是 9 环还是 10 环，中了就行；二是要"最先"，大家都以自己"看到的最先"进行投票，这等价于采用"多数人认为的最先"（越先出现，越有更多人看到）。这往往对后续区块的投票产生影响，即第 1 章所说的"改弦易辙"。

接下来解决如何"射中"的问题：

在程序员丈夫所做的账页中加上一个"调节钮"，即通过 for（从 0 起至机器表示的最大整数）去找"幸运数"Nonce，使计算的 Hash 值到达范围。

思考题：Hash 值是逐步变小的吗？

4.2.3 谜题（三）

在上述情况下，统一型号的计算机、固定的靶子、产生账页的速度，从平均意义上讲是匀速的，设为 $V1$。

假定统一升级了，使其性能更高，那么产生账页的速度就会加快，但从平均意义上讲仍是匀速的，设为 $V2$。

有时，希望产生账页的速度是匀速的，至少在平均意义上是匀速的。例如，发行货币时要控制发币速度，即每页每天以固定的速度发行一定数量的货币。

设计思路：当速度变快时，提高难度，"难度系数"加大，即范围中前面 0 的个数加多，反之，则降低难度。就像射击场的经营者经常对靶子的大小进行调整一样，货币的发行者也要控制发币的速度，以控制奖金的发放速度。

（1）在账页中加上时间戳，以便计算产生账页的速度；

（2）若 $V2 > V1$，则提高"难度系数"，反之，则降低"难度系数"。

有两种调整"难度系数"的方式，一是及时调整，即每次产生账页时都去计算要不要调整，二是在一定的时间周期内调整一次，"时间周期"通常以账页的个数来表示，例如，比特币链的理想速度为每 10 分钟产生一块，调整的时间周期为两周，对应 2016 块，即每 2016 块后调节一次。一般用第二种方式，第一种实际上是第二种的特例。

每个时间周期内的平均速度为：$V1, V2, V3, V4, \ldots$，虽然它们不相等，表现为上下波动，但是从平均意义上讲，是匀速前进的，如一年大约产生多少个账页。

上面是从原理角度来说明的，实际上，公有链并不追求平均速度，一方面，它只是根据前一个周期内的平均速度（而不是整个历史的平均速度）来计算下一个周期的难度系数；另一方面，速度对应难度系数（由前面 0 的个数来表示），但二者之间并不是线性关系。

以谜题难度来控制记账速度，说明公有链天生就不是追求速度的。

谜题变为：求出一个"幸运数"，使得账页的 Hash 值满足当时"难度系数"的要求。

求解谜题非常困难，几乎得用暴力破解，而验证谜题却非常简单，就像平时你猜谜语，猜时很难，但当你看到答案时，会发出"啊"的一声。

4.3 长枝生存

区块链是公共账本的展开形式，直观上看，它有两种表示：（1）竖立模型，以创世纪块为起点朝上生长，类似建楼房，故有"高度"的概念；（2）横向模型，以创世纪块为起点朝右生长。

本节我们讨论区块链是如何生长的。

4.3.1 挖矿

在第 1 章中我们提到,记账员都在记账并维护自己的账页,对于当前账页,谁先提交正确的账页,谁就胜出,即绝大多数记账员承认他的账页并以他的账页为基础,开展下一页的记账工作,而由于每个账页中含有一笔支付给该账页记账员的奖励交易,故他获得了奖金。

由于他的账页中含有谜题的解,故除了第 1 章所要求的账务正确、含前一页的缩微等验证,还应验证谜题的解是否正确,好在谜题的验证非常容易。

因此,要想获得奖金,必须提交谜题的正确解,而解谜题是个拼算力的苦力活儿,类似于挖矿,故记账员摇身一变成了"矿工",而他的本职工作记账倒是花费很少的时间与精力了。账页中那笔奖励交易可以视为挖矿收入,故可称为"挖矿"交易。

这样,第 1 章的公共账本,现在每页多了一个"谜题的解",它体现该页的"挖矿"工作量。每一编号的账页,按"提交优先"的原则选择一个,即大家只承认最先提交者的工作,只有他的账页作为共享账本的页面,并且他因此获得了"挖矿"收入。

4.3.2 软分叉

在上述机制下,每个账页含有前一个账页的"缩微",把这种关联关系视为"链接",就形成了链,即公共账本。如果把这种关系视为"父子"关系,则形成一个家族链,只是每代都是"独子"。哈哈,如果不是独子,我们就取"长子",类似于在古代皇帝选皇太子。

我们再看看在非常大的广域网络环境中,上述"提交优先"的原则碰到的问题:矿工竞争挖矿,完成当前页后,迅速提交各自完成的账页,由于网络传输的影响,你看到的"最先提交"和他看到的"最先提交"很可能不同。你以自己看到的"最先提交"为基础进行挖矿,他也以自己看到的"最先提交"为基础进行挖矿,这样就产生了分叉。

例如,你可能在片刻的时间内,同时收到了 A、B、C 广播的"当前块",它们都是正确的区块,谜题的解也正确。A 一定在产生 A 块的那个矿工的链上,B 一定在产生 B 块的那个矿工的链上,C 一定在产生 C 块的那个矿工的链上,将这三个矿工的链都拿过来,将三条链中重复的部分重叠在一起,因为三条链都是从同一个创世纪区块开始的,即使再短的链,至少创世纪区块是一致的,所以会出现分叉。但这种分叉是"暂时"的,因此称为"软分叉",就像你看到的新生的树枝,如图 4.1 所示。

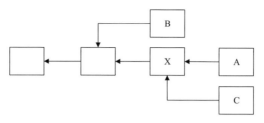

图 4.1 软分叉

4.3.3 剪枝成干

假定你也是矿工，你在上述"软分叉"的情形下，选取三条链中的哪一条？即选择 A、B、C 中的哪一块作为自己生产新区块的前置区块？

假定你收到的次序为"B、C、A"，此时，你"认可"A、B、C 中的哪一个？程序给出了一个"认可"的规则，当然是在区块正确的前提下，包含不合格交易的区块将被抛弃：第一优先权（长度优先），也就是说，能使区块链更长的区块具有优先权。又因区块链的长度也被称为高度，故也称为高度优先。显然，图 4.1 中的 B 不满足此条件。

如图 4.2 所示，C 与 A 处的高度是一样的，假定你先收到 C，故你选定 C 为"当前块"，你将以它为基础去创造下一个区块（此时你心目中当前"认可"的区块链为 C 所在的链）。你选择 C，可能别人选择 A，这样就分叉了，两叉均向前成长，如图 4.3 所示，一旦后续你先收到 A 的后代 E，再收到 C 的后代 F，E 与 F 处于同一高度，在收到 E 还未收到 F 时，你按长度优先原则马上选择了 E。由于 E 的父亲为 A，这样，就表示你调整了分支，从 C 所在的分支调整到了 A 所在的分支，也就是说，你原来投 C 的票改为投 A 了。

图 4.2 选择分支

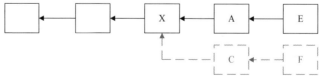

图 4.3 调整分支

每个矿工都有一条心目中"当前认可"的区块链，之所以说"当前"是因为由于长度优先原则可能会使得你后续调整，如C分支没竞争过A分支，则你会抛弃C所在的链转而选择A所在的链，因为你希望基于正确的链去创造新的区块以获得奖金。这种情况称C被剪枝。

假定矿工都"守规矩"，矿工各自遵循上述规则，从"创世纪"区块出发，逐步"PK"并"成长"出一条区块链。这相当于矿工对区块进行投票，而矿工对区块链的每一高度都只有一票，如上述你可以先投区块C一票，再撤销这一票，改投区块A。

假定我们能将所有矿工的链都拿过来，将相同的区块叠加，由于所有矿工都以创世纪区块为起点，所以叠加结果如图 4.4 所示。在这里以区块颜色的深度表示叠加的数量，颜色越深，叠加的区块越多，即以投票的多少表示达成共识的程度，该区块链成为共识链。

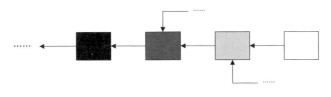

图 4.4 共识链

请比较图 4.4 和图 1.7，它们都是修树成链，一个是统计意义下的链（区块链），一个是绝对确定意义下的链（链堂）。既然是统计意义下的链，那么，要获得正确的区块就不能只从一个网络节点取数据，而应该从多个节点取数据，再以"计票"统计来确定（横向验证）。好在这种功能在 P2P 网络中很容易实现。

其实，我们只要对点对点 P2P 网络进行统计抽样，仍然能得到上述共识链。从区块链不断向右生长的角度看，最右端新区块还没有完全达到共识，左端越老的区块共识度越高，而一定时间前的区块是完全共识的，即在各矿工那里的老账页副本完全一样，这就是区块链作为分布式数据库而言的"最终一致性"，但实际上是滞后一致性。

在自然界，我们也能看到如水杉、白杨树等向上生长的过程中，顶端是分叉的，虽有许多小枝，但树干是唯一的，这实际上也是竞争形成的：一方面顶端各小枝向上争夺阳光；另一方面底下向上输送物质，物质与阳光合成养分，采取"高度"优先的原则，使得顶端"高度"占优的枝茁壮成长，它们在生长过程中又分出小枝，而其他枝则不再生长，甚至脱落，即剪枝。

在"长度优先"的基础上,还可以增加其他次级优先权,如下所示。

第二优先权(交易数量):包含较多交易的区块优先;

第三优先权(区块的时间):区块中时间戳越早,代表产生的区块越早,则越优先,但时间戳是矿工填入的,需要存疑,所以,只有时间戳合乎一定要求的区块才是合格的。

4.3.4 不被剪掉

如图4.5所示,站在区块链上的某区块处(区块链以竖立模型理解)。

(1)向下看(向左看),从创世纪块开始到这个区块为止,区块的个数为该区块的"高度"。

(2)向上看(向右看),从该区块到该分支的末端(最右端)的区块个数为该区块的"深度"。区块深度也称为该区块被确认的次数。

图4.5 区块的"高度"与"深度"

上述剪枝过程使得区块链与树类似,它们的底部(左侧)是固化的,随着时间的推移,固化段越来越长,它在向上(向右)生长的过程中,向上(向右)逐步变成"树干",即区块链从创世纪块开始,向上(向右)逐步成为永久的主干,即公共账本,只是在顶端(或最右)枝繁叶茂。

从上述剪枝过程分析,我们知道越在顶端的区块越容易被剪掉,即区块被剪掉的可能性与它与顶端的距离成"反比"关系,因此,区块深度可以用来度量区块不被剪掉的程度。

分支不同而高度相同的两个区块A与B,A的深度为5,B的深度为3,显然,A所在的分支比B所在的分支更长,故A被剪掉的可能性低于B,即区块被剪掉的概率与区块深度成反比:区块被确认的次数越多,意味着它所在的分支链越长,该区块被剪掉的可能性越低。

这个原理也可以看作通过算力保护该区块不被剪掉,深度越深,保护得越牢。区块深度代表区块被算力保护的程度。

我们再看看通过算力来防篡改:对区块的恶意修改可以从修改的节点开始,形成一个新的分支，相对于原分支而言，由于作恶者算力不足，新分支的长度没有追赶上原分支，因而在"长度优先"的比较中，在统计意义上，新分支将被剪掉，原分支将被保留，从而达到防篡改的目的。

防剪掉强于防篡改，因为：①篡改一定会产生新的分支，新分支在竞争中一定会被剪掉，而保留未被篡改的；②发生软分叉时的两个分支，链上数据可能都完全正确，在竞争中短枝会被剪掉，长枝会被保留。

通过上述方法在所有矿工中达成共识，专业术语叫作区块"最终一致性"，即滞后一致性：

（1）某一高度的区块经一定的确认次数，矿工们达成了一致；

（2）达到一定深度的区块已在"主干"上，不可能被剪掉。

"最终"实际上是指"滞后"，是用确认次数（即深度）来表示的。比特币区块链的"最终"为至少"6次确认"，即如果某区块被确认了6次以上，到达了"最终"时刻，则可以认为矿工们对该区块达成了共识，这时，该区块中的交易就是算数的。而对于新产生的区块，还没有达到6次确认，其区块中的交易是否算数还需要等待。

"在所有矿工中达成共识"中的"所有"不是绝对的，而是统计学意义上的共识，即指"任意"抽取一定数量的矿工，"都能"实现"多数"矿工是一致的。

4.4 工作量证明

矿工为什么接受别的矿工提交的区块？工作量证明的"法律"要求大家接受最先提交含有谜题正解的区块，即他展示了"工作量"，而谜题的解就是证明。

一个区块包含的工作量是多少？当然，该区块上谜题的解就是工作量，但它只是很小的一部分，因为该区块包含前置区块的"缩微"（见第3章），因此，该区块的工作量就包含了它前置区块的谜题解的工作量，即产生该区块需要先产生前置区块，依此类推。由此可知：一个区块所包含的工作量是从创世纪块开始到这个区块为止所有区块的谜题解的工作量之和。因此，工作量证明的"法律"要求大家接受"最长的链"，它包含的区块数最多，当然这条链上累积的工作量就是最多的。

也就是说，一个区块所包含的工作量是这个区块高度的谜题解的工作量累积。工作量证明，即工作量多者优先，等价于"长度优先"，是指矿工总是选取当前"见到"的最长的分支，之后，如果发现另一分支长得更长，则立即选取新"见到"的最长的分支，从而对先前的选择做出调整，所以，对所有矿工而言，他们见到的"最长链"只有右端几节可能有差异，即前述的软分叉，而左侧是一致的，即达成了共识。

综上，工作量证明有如下要求。

（1）你作为一个诚实的矿工，必须在正确性被验证的前提下，基于"最长优先"原则，选取最长的链，即选取你所"见到"的最高区块作为"挖矿"基础，将最高区块作为自己产生下一区块的父区块。

（2）一旦你"挖矿"成功，即求出了谜题的解，应立即向网络提交你的新区块，参与"最长优先"的竞争，竞争成功则会获得奖励。

（3）在你"挖矿"的过程中，一旦发现正在挖的区块已被别人挖出，或者发现高度更高的新区块，应立即停止当前的"挖矿"，而以最高区块为基础进行新的"挖矿"，以便在下一轮竞争中获得机会。

（4）当前区块的谜题难度系数是由其前置区块中填入的值决定的。这个值在一个调整周期内是固定的，并在到达调整周期后进行计算调整（比特币每2016块为一个调整周期），即系统设定了一个区块链生长的速度，再用一个周期内的实际生长速度与设定的速度比较，调整下一个周期的难度系数，以此控制区块链的生长速度。需要注意的是，难度系数是针对区块的，而不是针对矿工的，不要认为算力小的矿工的难度系数就小。

其中，上述（1）是原则要求，（2）和（3）是理性选择，即你知道有（1）的原则要求，又知道胜者有奖励，若想争取奖励，就必须按（1）去做，因此在实际操作中理性的人就会按（2）和（3）去做。（4）体现工作量，即解开了该难度的谜题，被认为完成了该区块所需要的工作量。

个体行为导致集体行为结果的一致性，即最终一致性，因此，工作量证明是一种共识算法。

4.5 小结

本章重点讨论了工作量证明算法的设计。

（1）谜题的设计。你解答了谜题，找到了"幸运数"，说明你完成了所需的工作量。你若最先完成，则你胜出，获得奖励，区块中的第一个交易即为奖励交易。在采用工作量证明作为共识机制时，计算谜题的过程被形象地称为"挖矿"，记账员被称为"矿工"，奖励交易相应地被称为"挖矿交易"。

（2）工作量证明有如下特点：

①矿工基于自己所见到的，进行"最长优先"选择（投票），只有正确的投票者才有机会在下一轮竞争中胜出；

②胜出者获得奖励（胜出的区块不被剪掉，而区块中含有奖励交易）；

③工作量体现在解答了有一定难度系数的谜题上,该难度系数是针对区块而言的,而不是因矿工不同而不同。

(3)算力的保护机制:深度越深,保护得越好,即不容易被剪掉或篡改,通常认为比特币区块链中区块深度达到 6 就不会被剪掉。

公有链基本上是采用工作量证明作为共识算法的。整个区块链系统在"程序"的协调下按工作量证明的"法律"工作,进而成为一个"去中心化"系统、一个"共享的分布式"系统、一个"容错、容灾"系统。

第 5 章 良序社会

在前一章，我们讨论了矿工遵循"长度优先"原则，实现了账务的"最终一致性"。本章将充分讨论公有链环境中矿工的"群众基础"及其他基础：一切都是有条件的，关键在于这些条件是否容易实现。正是有了这些基础，技术才能发挥作用。

5.1 社区假设

以工作量证明为基础的公有链是中本聪的伟大发明，它有效解决了公众如何达成共识的问题。

程序员通过程序对社区"立法"，将程序发布到网络上，从而发起公有链社区建设。当社区达到一定规模后，它就可以自动运转，并脱离程序员的控制，实现"去中心化"。社区的成员称为"矿工"，他们共同维护着公共账本。公共账本具有防篡改的特征，由此作为信任基础，向公众（包括非社区成员）提供可信服务，如转账交易。

区块链核心程序员发布创世纪区块和核心程序，进行创块、验证和挖矿，启动区块链生长；公众通过下载创世纪区块和核心程序并运行，成为社区的记账员。停机或下网则表示退出社区。创世纪区块可以被认为是安全的"根"这个一致性的起点，而核心程序则可以被认为是社区的"法"。

公有链之所以为"公"，是因为它在互联网上组建社区，在全社区上运行，因此，它的第一个前提条件为：形成有足够社员的社区，即应有足够的记账员矿工，以便查询时能得到统计意义上的多数。可以把这个社区视为一个群，即它有一些群规约束，如承认该链的章程：创世纪区块和核心程序。从网络的角度看，参与"挖矿"

的网络节点就是群友，这个群没有管理员，群友既不能拉人入群，也不能被别人踢出群，即网络节点随时可加入和退出社区，但这个动态的网络节点组成的社区应有足够多的节点，以保证它能向公众提供可靠的服务。

记账员中可能有作恶者或不作为者，但为了维护"投票"的正确性，公有链中守规矩的记账员的有效算力应大于50%，即常说的占51%（以整数表述）及以上。这就是第二个前提条件。

一个极端情况——全是"坏人"组成的社区能否实现一个公有链？不能，因为，若大家都不认可别人的数据，都去修改数据，甚至连一个区块的共识都达成不了，就谈不上形成链了。

守规矩的记账员（即"好人"）的有效算力应大于50%是个比较强的条件，也是一个比较容易实现的条件，因为现实社会就是"好人"占大多数。

当个体的算力差异不是很大时，我们可以去谈"合力"，这时，守规矩记账员的算力的合力不必达到51%，因为守规矩记账员能形成合力，而不守规矩的记账员却各怀鬼胎，即篡改的地方不一致，产生不同的分支，形成不了合力。

这里要解释一下"有效算力"。假定区块链社区只有100个记账员，他们都是"好人"且每个人的算力只有1F，那么，他们的"有效算力"为100F吗？实际上，每个区块的产生都只需要一个人的算力，因此，他们的"有效算力"为1F，即这100个人产生区块的效率等价于1个人产生区块的效率。假定现在有一个"恶者"加入了社区，他的算力为2F，现在社区共101个记账员，我们看看会发生什么情况。

创建区块的速度=算力/难度，在一定期间内，创造区块的"难度"是不变的，视为常量。如果现在"坏人"创建区块的速度为"好人"的两倍，那么"坏人"就可以修改一个区块，建一个新分支，新分支的成长速度是旧分支的两倍，很容易追上旧分支，这就实现了篡改。

好在这种情况不会发生，因为，既然"坏人"能弄到2F的设备，那"好人"应该也容易弄到2F的设备，这世界还是"好人"多。后续提到算力都是指"有效算力"。

区块链矿工组成的社区，社区成员来自五湖四海，但一定有"一个共同的目标"，即挖矿获利，由此实现了第二个前提条件："好人"占大多数。

如果说"走到一起"的是一群"好人"，那么，会不会走着走着都变成了"坏人"？这就需要第三个前提条件：记账员都是"明白人"，即他们知道当前大多数记账员是"好人"，且"好人有好报"，只有遵循规矩才能有获得奖励的机会。后面我们会谈到"恶者"变善。若不是"明白人"，则该激励措施无效。

第四个前提条件：区块链要有足够多的用户，以便有足够多的交易，为记账员提供奖励资金，如比特币发完一定额度的币后，其奖励资金完全来自交易的手续费（后续称为交易费），或者记账员有这个前景预期，否则，无人挖矿，区块链就停止生长。这个前提条件直接换为另一种表述：区块链应不断生长。

第五个前提条件：区块链网络要保持足够的"互联"，即大多数网络节点能够保证与整个网络互联。在现在的互联网条件下，这是容易保证的。为便于理解，我们考虑一种不会发生的情况：假定跨洋海底电缆全部断了，整个互联网分为两个子网，于是，区块链在各自的子网上继续生长，形成两条区块链，即"Y"型，如图5.1所示，分叉的两条区块链相安无事。过了好长一段时间，海底电缆修好了，这时，这两条分支都很长，与交易相关的贸易合同都已履行，那如何选择？所以，要以不发生这种情况作为前提。

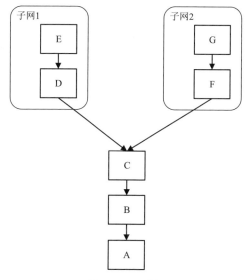

图5.1 Y型链

以上五大前提条件是区块链环境必须保证的，因此，我们将其称为社区假设。将"人性"作为技术参数，是区块链的魅力之一。

有了上述公有区块链生存环境的前提条件，还需要区块链的"种子"才能长出区块链来，即需要共同的基础。

（1）创世纪区块，由发布的核心程序来保证。一旦改了就是另一条链的起点。

（2）区块结构，由发布的核心程序来保证。一旦改了就是另一条链或原链的硬分叉。

（3）公共时钟，区块中要含有时间戳。在存证应用时，时间戳很有用。区块共识时需要检验时间戳是否在合理的时间窗口内。如果大家采用的计时时钟不一致，则达不成共识。

（4）核心程序就是区块链的"种子"。虽然既有了"种子"又有了好的"生存环境"，但是要让"种子"开花结果，"农夫"的心态也很重要。

（5）相信自己，即每个网络节点可以不相信别的节点，但一定要相信自己，否则无法达成共识，也无法使用本地数据。这就要保证自己的安全性，如防止病毒暗中破坏数据。除相信自己的数据、自己的计算外，还要相信自己所见。例如，你辛苦地挖出一个区块，却发现网络传来一个"编号"更大的区块，这时你就要相信自己所见：自己挖出的那个区块被这个新区块击败，即被剪枝。

（6）相信当下，即当下新产生的区块最可信，虽然它可能会被剪掉，但是被剪掉不意味着它不正确，只是在竞争中失败了而已。新区块中嵌入了前置区块的指纹，该指纹凝聚了先前区块由共识算法达成的可信性，或者说从递归角度，它凝聚了从创世纪区块开始至此的可信性，因为"过去"是曾经的"当下"，而"过去"又通过指纹嵌入"当下"。要达到"相信当下"这一点，就要保证所选用共识算法的数学原理是正确、实现该算法的程序是正确的。

上述的"相信"不仅由芯片、存储设备等计算机硬件、网络设施及软件的可靠性来保证的，还由软件所表达的共识算法和数学原理来保证。

一个不断生长的区块链的"当下"区块就是最右端处于共识竞争的区块。由（1）和（4）可知，区块链中的最左端和最右端是可信区块，中间的可能被篡改。从最右端开始，通过验证嵌入的指纹是不是前置区块的来确定前置区块是否被篡改。若直到最左端仍未发现被篡改，则说明无篡改。

注意：验证区块是否被篡改就是验证指纹是否相配，而不是验证交易的正确性。

5.2 守规矩的记账员

显然，区块链的正确性和成长性是由守规矩的记账员保证的。守规矩的记账员的工作是多方面的，身兼数职，这也是我们常以不同的身份来指代他的原因。下面以他的不同身份来描述其职责。

5.2.1 作为网络节点

我们知道，区块链是建立在专门的点对点 P2P 网络上的，所以，首先要保证该基础设施正常，作为网络节点的记账员将负责数据的及时同步。

（1）维护网络上的数据传输正确，如响应或转发其他节点的数据请求，分享本节点的数据，包括交易和区块；

（2）维护本节点的数据，同步区块和交易，形成本地最新的区块链和交易池。

5.2.2 作为审计员

账务是否正确需要通过相关的审计工作来保证。在第1章，我们就知道，在区块链的世界中，记账和审计是同时进行的。这里的审计就是验证区块。

（1）对区块的验证：区块组装是否正确；

（2）对区块中的交易进行验证：语法格式、交易数据、交易脚本，以及是否双花（双花即多重支付，后面会谈到）；

（3）对区块头的验证：格式是否符合要求，谜题解答是否正确。

5.2.3 作为记账员

记账是区块链存在的价值所在。我们知道，记账员是独立记账的，他将公众提交到交易池中的交易组装成区块并放入链中（"放入链中"是指区块头连接）。

（1）对收到的新交易进行验证，包括语法格式、交易数据、交易脚本，以及是否双花；

（2）维护本节点的交易池，交易池中有已验证但还未纳入区块的交易，若收到了新区块并验证认可，则要将该区块涉及的交易从交易池中剔除；

（3）从交易池中选择若干数量的交易组装成区块，形成账页；

（4）该账页即为"待定区块（半成品）"，交由矿工处理。

5.2.4 作为矿工

在矿工之间，通过"工作量证明"算法实现区块的"最终一致性"，即大家的副本"最终"是一致的，这是第4章论述的结论。

（1）选取最长的链的顶端区块作为挖矿基础，即将其视为前置区块，将其Hash值作为该区块的"缩微"置入"待定区块"；

（2）对"待定区块"进行挖矿，求解谜题。一旦解出，则将"幸运数"填入"待定区块"；

（3）向网络提交该"待定区块"，参与"最长优先"的竞争；

（4）在挖矿过程中，一旦收到了该高度或更高高度的区块，应立即终止本高度区块的挖矿，因为别人已经挖出了，之后开启在新的基础上的挖矿。

5.3 天下无恶

5.3.1 难度优先

前面我们谈到区块链应"不断成长",否则,一旦停止生长,则作恶者就能很容易地追赶上,从而实现篡改的目的。

在"不断成长"的前提下,可以从另一个角度来看工作量证明:在数据正确、谜题解答正确的条件下,根据"长度优先",就能推导出"难度优先",因为,最长的分支上凝结了更多的算力,即投入了更多的工作量。

若作恶者要篡改数据,则要完成相应的算力,而"长链凝结了最多算力"这一特点,使得作恶者无能为力,这就是依靠算力来保护区块链,实现防篡改原因所在。作恶者要篡改区块链中的数据,就必须完成相应的工作量。而没有足够的算力是实现不了的,特别是在更改较久的历史数据时,必须从更改处开始计算各区块的谜题,而正确的区块链仍在不断生长。因此,必须计算存量区块的谜题和增量区块的谜题,也就是说,这个追赶动作更是要与守规矩的节点拼算力了。

5.3.2 恶者无利

作恶者为了某种利益,伪造、篡改交易或制造双重支付交易,将这些交易装入区块,并希望通过共识算法,将该区块混进区块链中。

一直说"作恶者"修改交易或区块,那怎么才能够使修改成功?首先,他修改的内容必须"正确",否则,通过不了别人的验证。其次,他修改一个区块后,只有沿此区块长出新的分支,且新分支战胜旧分支,才能使修改成功。

那他到底能修改什么?其实,在比特币的世界里,他能修改的内容非常有限。

(1)他不能修改别人的交易,因为,有别人的签名,他修改的交易通过不了其他矿工的验证;对自己的交易,他能修改的也非常有限,因为有验证且金额要有来源,所以他不能使金额变大。他只能改变收款人,如原来给张三的资金,现在改为给李四,但张三的货已发给了付款方。

(2)如果区块没有满的话,他可以在区块中增加交易,该交易如果正确,则不是坏事,一旦不正确,如交易的资金已经被先前的交易花出去了,则验证不会通过。

(3)他可以删除一个交易,这种情况才是他"作恶"的主要原因:该交易曾作为付款,他收到了货物,当他删除了该交易后,即作废了原来的付款交易,原来的付款资金又回到了他的手中,他又可以使用这笔资金了。

虽然他的修改内容有限,但若得逞,则会摧毁区块链"防篡改"的招牌。

可以说，公有链对不守规矩者采取完全放任的态度。那么，如何保证区块链的正常运作？实际上，它是基于前述的这样一个公理：绝大多数人是"好人"，即把"守规矩的记账员的算力大于50%"作为公有区块链的前提。

在此前提条件下，作恶者产生的含"修改区块"的新分支一定过不了守规矩者的关，即一定会被剪掉，因为"坏人"的算力不足，新分支追不上旧分支。由此可见，作恶者无利可图。

算法并没有惩罚作恶者，而是奖励守规矩者。在激励政策下，作恶者会放弃作恶，因为他的区块达不成共识，无利可图，反而浪费了自己的算力成本。但若他不作恶，提供的区块是合格的，则有可能在竞争中获胜，从而获得奖金。所以，在技术和资金的双重作用下，作恶者"弃恶从善"了。

5.4 且慢，且慢

矿工运行共识算法时，要判断是否被修改的单元是区块，而不是交易。当然，交易的修改也体现在区块的修改上，对区块的保护也就是对交易的保护。区块链的使用者关心的是交易是否被修改、交易是否有效，等等。本节我们从使用者的角度来讨论。

5.4.1 "双花"

付款者当然希望"一个钱变两个钱花"，这就是所谓的"双花"，也叫双重支付、多重支付。希望归希望，在现实世界中应该设法避免。

在实物货币场景中，花掉的钱被转移到别人手中，你就不可能再花一次了。当然，如果你的"复印"技术高超，就可以实现"双花"了。在数字货币场景中，"复印"即复制，可以一模一样。那么，该如何避免"双花"呢？

我们对"双花"分两种情况考虑。

（1）显性"双花"：区块链上有两个交易花同一笔钱。

（2）隐性"双花"：区块链上没有两个交易花同一笔钱，但从贸易角度确实有"双花"现象，如其中一人收到的款项后来作废了，相当于在实物货币下，发货后才发现是假钞。

为下面讨论方便，我们先定义一对"双花"交易。

交易1：将冠字号为xyz的"数字钞"，从A账户划转到B账户。

交易2：将冠字号为xyz的"数字钞"，从A账户划转到C账户。

注：这里假定能以某种方式区分不同的"数字钞"（如本书 UTXO 模型中的 OUT），不妨视为"冠字号"（类似于现实中纸币上的冠字号（人民币上的编号）），设 A 有一张"数字钞"，其冠字号为 xyz，则单独从上述两笔交易看，都是正常交易，但放在一起看就是有冲突的"双花"交易。

5.4.2 作恶的付款者

假设付款者客户 A 是个作恶者，他可以向区块链系统提交上述两"双花"交易，之后，交易由记账员入账，即打包放入区块链中，但守规矩的记账员在打包时保证"自己"的区块符合以下要求（"双花"交易提交容易、入账难）。

（1）同一区块中无双重支付问题。

上述两冲突交易（交易 1 和交易 2）不会在同一区块中，这是由打包该区块的守规矩记账员的操守所决定的。这两笔交易中只能有一笔被记账员"认可"。守规矩的记账员各自独立地保证"自己"的区块正确，但相互间呢？例如，有记账员选交易 1 记账，包在区块 1 中，另有记账员选交易 2 记账，包在区块 2 中。在这种情况下两个冲突交易可能会位于不同的区块中。

（2）区块间无双重支付问题。

上述交易 1 和交易 2 可能各自在不同的区块中（分别被不同的记账员所打包，例如分别在区块 1 和区块 2 中），假定区块 1 和区块 2 都被广播，则区块 1 和区块 2 因为有冲突交易而只能在链的不同"叉"上，再经共识机制的剪枝，一段时间 T 后，交易 1 和交易 2 只能有一个被保留在区块链的"长长的树干"中，另一个则成为"垃圾交易"而被抛弃。

"垃圾交易"包括两类：一是交易本身不合格；二是交易本身合格但在竞争中失去了资格，如上述情况。在网络中剔除"垃圾交易"也是需要考虑的，否则会导致"垃圾交易"泛滥，如可以设定时间上限 TimeOut，当交易的发生时间超过这个上限，则认为交易"老死"了，记账员不用理它，甚至在本地删除它即可。另外，由于区块的容量和产生区块的频度限制，在交易火爆期会有大量交易积压，造成大量非"垃圾交易""老死"而不能被记账。

这就是比特币区块链避免"双花"的原理，即由于守规矩记账员的上述努力，**区块链上不可能存在显性"双花"**。

5.4.3 多次确认

在第 4 章中，我们知道"长度优先"原则和类似于"猜对有奖"的奖励机制，可以避免记账员"坚持已见",让记账员及时调整自己的错误选择,这里的错误不是指记账或计算错误,而是指选择错误。因网络延迟等而使这类错误在所难免,因此,共识链上的分叉只发生在记账员还没有发现自己选择错误时。但因发现错误只是个时间问题,故共识链上的分叉只发生在最右边几个区块上,并且从右向左看发生分叉的概率逐渐减少。

因此,共识问题变成了一个概率问题:一个交易 T 被打包进入了一个区块,创造这个区块时,该区块就在某分支链的最右端,即该区块和所包含的交易被第 1 次确认。由于该区块有可能被抛弃,该交易还不能算数,一段时间后,该区块要么被抛弃,要么向右长出一个新区块,这样就会使得 T 所在的区块被剪掉的可能性大大降低,称为该区块和所包含的交易被第 2 次确认。如此下去,长出一定块数后,如比特币实践检验数据为 6 个区块,当 T 所在的区块被剪掉的概率接近 0 时,全网记账员"认可"这一区块,即达成了共识,这就是所谓的比特币交易需要 6 次确认的原理。

在第 4 章中提到过,区块的被确认次数为该区块的深度。在这里我们定义"交易被确认的次数"为该交易所在的区块的被确认次数,如图 5.2 所示,交易 T 被确认了三次。

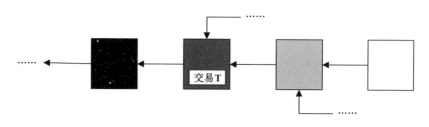

图 5.2 交易确认次数

5.4.4 何时发货

B 收到来自 A 的一个通知,A 声称他已经汇款给 B,因要货急,让 B 尽早发货。在去中心方式下,没有任何人能证明 A 的可靠。接到这一通知,B 该何时发货呢?

上述已谈到"双花"交易最终只有一个体现在区块链中,即它俩是竞争入链的,竞争过程正如民主选举过程,某方可能出现暂时领先而结果失败的情况。

假定在"双花"交易的竞争过程中,B 在区块链上看到交易 1 已被记载,即被确认了(注意:确认的次数还不够),若 B 在 A 的催促下发货了,最后交易 1 竞争失败了,则交易 1 成为"垃圾交易"而被抛弃,即 B 受到了损失。但对 A 来说,实现了"双花":A 收到了 B 的货,还将会收到交易 2 的收款方 C 的货。这就是隐性

"双花"，**区块链不能避免隐性"双花"**。因此，区块链的使用者要知道这种情况，要预防风险，像在现金交易中小心收假钱一样。

综上，B 应等到"足够时间"后才发货，而"足够时间"在区块链中就是"足够的确认次数"。此处的"足够的确认次数"是指"交易"所在区块应到达"树干"（再不会被剪掉），比特币认为这个数为 6，而且比特币产生区块的频度均值为 10 分钟，故通常认为 B 在 1 小时后发货才安全，而这 1 小时就是"足够时间"。

上述的 1 小时只是估计的，因为产生区块的速度在短期看是很不均匀的，而且在交易量大时，会有交易积压，故需要一个较精确的办法确定何时发货。

B 应通过自己的客户端软件对该交易进行简单的支付验证，如在使用比特币的情形下，只有 SPV 返回的确认数超过 6 次才可发货。关于 SPV，参见后面章节。

当然，对于小额支付，则没有必要等待那么多次确认，因为即便损失也是少量的资金，而方便是第一位的，就像口渴了就要去喝水，而谁也不愿等一小时再喝。

5.4.5 连锁交易

类比传统交易，这个时间可以被看成交易的"在途时间"，真是"近在咫尺"，却"远在天涯"。"近"是指在 P2P 网已全网广播了该交易，它就在你身边；"远"是指在需要足够的时间到达共识状态。

当然，当交易 1"在途"，即交易 1 已在某区块中，而区块已在某分支上，但确认次数不够的时候，B 可以提交一个交易 x，将该资金转给 C，提交是可以成功的，但应设法让记账不成功。

交易资金流向的先后关系不能违背它们在区块链中的先后关系。

在交易 x 能在交易 1 还是"在途"时提交的前提下，要求记账员在对交易 x 和其前置交易，即交易 1 打包时，两交易所在区块的次序应符合交易次序，即含有交易 x 的区块在含有交易 1 的区块的右边。

实际上，从程序的角度可将上述前提修改得更严格：交易 x 只能在交易 1 已经在"长长的树干"上时才能提交。更进一步，资金"在途"不可见：付款方交易直到确认到"长长的树干"上时，收款方才能"看到"，如交易 1 经过了 6 次确认，即 1 小时后，B 才能在其"钱包"软件中使用他的收款。通常"钱包"软件在查询收款项时，返回结果有该款项当前已被确认的次数，因此可以设参数控制，如只有达到一定确认次数的款项才可以使用。这样，既能避免收款方提前发货的风险，又能避免收款方提前使用该款项失败的麻烦。当前，"钱包"软件安在客户端，客户完全可以修改或重写，故记账员的检查责任还是必不可少的。

总之，对收款方而言，资金的到达有一个"在途"时间，客户不能"急着"启动后续动作，如发货或转出该资金，也就是说，公有区块链不支持强实时性应用。

5.4.6 "双花"趣事

上述我们看到，交易者 A 同时提交同一款项的两个交易后，由于这两个交易可能"双花"，在软分叉阶段，所以这两个交易在区块链的不同分支上，体现为临时的显性"双花"，而通过剪枝就避免了显性"双花"。若收款人 B 在这个软分叉的显性"双花"阶段就发货了，但付款给他的交易被剪掉了，则 A 就实现了隐性"双花"。

回到图 5.1，在海底电缆断开期间，若 A 在"Y"的底部有一笔款项，则可以在他的子网上花掉这笔钱，如在"Y"的右侧分支花掉这笔钱。之后，坐飞机到"Y"的左侧分支所在的大陆，在那里记账员因看不到"Y"的右侧分支上的交易而认为 A 仍有这笔款项在"Y"的底部，因此，A 可以再以一个交易来花掉这笔款项，这样，A 就实现了永久的显性"双花"，永久的前提是两子网不再连接。之所以有此现象，是由于这里违背了区块链的前提条件之五：区块链网络要保持足够的"互联"。

若海底电缆修好了，则"Y"面临着剪掉一个分支的情况，而且剪的并不是软分叉情形下的短枝。剪枝后，区块链上的显性"双花"消失，A 的显性"双花"变成了隐性"双花"（因为两个交易合同都履行了，但有一个人的收款变成了"假钞"，即被剪掉了）。

5.5 布道者

比特币区块链因拥有许多记账员和大量的用户而成为各类虚拟币的"龙头"。那么，这一切是如何发生的呢？

2008 年 10 月 31 日，一个化名为中本聪的人发布了一份标题为《比特币：一个点对点电子现金系统》(*Bitcoin: A Peer-to-Peer Electronic Cash System*) 的白皮书。2009 年 1 月 3 日，中本聪提交了"创世区块"（Genesis Block）并在此基础上进行链的生长，标志着比特币区块链网络的诞生。

在比特币区块链网络上，比特币以一个确定的但不断衰减的速率被挖出来，大约每 10 分钟产生一个新区块，每个新区块都发行一定数量的比特币作为奖励，直至衰减到最小单位；每开采 210000 个区块，其奖励就会减半，这个周期大约是 4 年，从比特币被发明的 2009 年 50 个比特币/区块到 2016 年后的 12.5 个比特币/区块，并会在 2140 年达到总数接近 2100 万个比特币时终止发行，在那之后新的区块不再包含比特币的发行奖励，矿工的区块奖励将全部来自交易费。

显然，比特币区块链网络是一个去中心化的数字货币发行及支付系统。从应用层面上讲，它包括两大部分：一是货币发行，就是通过作为矿工的奖励金将一定数量的比特币发行出去；二是转账支付，就是通过交易将比特币从 A 转移给 B。

在比特币诞生的最初两年，一方面系统还不太完善，另一方面它还不被公众认知，故仅停留在"中本聪"们的小圈子里，因此"中本聪"们通过挖矿积累了大量的比特币。2010 年 5 月 22 日，比特币在真实世界里的第一次交易发生了：程序员汉耶茨花了 1 万枚比特币，从网友那里买了两份价值约 25 美元的大号比萨。

2010 年 12 月 12 日，中本聪在比特币论坛上发表了最后一篇文章，随后"退隐江湖"，不再露面。2015 年，加州大学洛杉矶分校教授巴格万•乔杜里（Bhagwan Chowdhry）为中本聪争取诺贝尔经济学奖提名。但瑞典皇家科学院表示，只有公开姓名，才能获此殊荣。中本聪入选 2018Worth，跻身全球 100 位顶级金融领袖之列，排名第 44 位。

与比特币相关的各种故事或传奇不断引起人们的兴趣，通过媒体宣传和网络传播使得比特币逐渐被公众了解，其信徒越来越多，比特币与现实世界中法币的关联系统——交易所，也被建立起来了。交易所随着投机客涌入，炒作与操纵升级，并冲击着现有的金融体系，引起了各国监管机构的注意。2017 年，我国已关闭了所有相关的交易所或其他交易平台，断开了私人数字货币与法币的关联，即不允许开展人民币与虚拟货币之间的兑换业务。

5.6　小结

在公有链的区块链世界里，"代码即法律"。核心程序员是"法律"的制定者，记账员或者说矿工是"法律"的执行者，用户是"法律"的使用者。核心程序员、记账员及用户三者形成一个良性的社会。其中，记账员是区块链的创建者、维护者。

基于公有链环境，本章从"人"的角度详细分析和讨论了如下内容。

（1）公有链社区是有前提的：社区应有足够多的记账员，他们中的"好人"占大多数；即使"坏人"也是"明白人"。显然，这些前提条件，在现实社会中是容易满足的。还有一个前提条件就是，公共账本需要大量的用户，以便其交易费能为记账员提供奖励资金。

（2）守规矩的记账员在公有链社群中承担多个角色，如记账员、审计员、P2P 网络节点、矿工等，不同的角色有不同的职责。

（3）在技术和奖金的双重作用下，作恶者往往会"弃恶从善"。

（4）从使用者的角度来看，交易需要一定的确认次数，才能算数。因此，付款者和收款者之间应了解这一要求，才能避免相关风险。

（5）避免显性"双花"是记账员的责任，避免隐性"双花"是用户的责任。在满足区块链社区假设的前提下，不可能出现显性"双花"。

基于上述容易满足的前提条件，中本聪建立了一种去中心化的自发共识机制，它实际上是一套组合拳，各记账员基于规则独立打这套组合拳。

（1）一组规则，即守规矩的记账员应完成的上述职责，虽然可以由编码实现，但不能违反规则，否则就是不守规矩。

（2）依"长度优先"或"累计工作量最多"原则，竞争性地选择链条。选取后将结果应用于新生成的下一个区块，即区块链是如何生长的。

（3）区块被链接，即区块通过其前置区块指针将区块逆向链接起来，直到创世纪块。

（4）工作量证明，既作为一种共识算法，又作为奖励的凭证，这是公有链的核心算法，即解出本区块的谜题，向网络提交合格区块。当区块竞争胜出时，矿工的奖励交易生效。

第 6 章

蛋糕之诱惑

前一章我们讨论了公有区块链系统的基石是良序社会，现实社会很容易满足其前提条件，因此，成就了公有区块链产业。

但是，在这个良序社会中，由于利益的驱使，以及软件的漏洞，也会结出恶果。本章通过分析一些尖锐的问题，说明区块链并非像某些宣传文稿中说的那样"百利而无一害"，以期引起读者的注意，从而避免"入坑"。

6.1 分蛋糕

我们知道区块链防篡改的前提条件之一是区块链不断生长，在公有链中这是通过激励机制实现的。有激励必有竞争，因此竞争是维护公共账本的必要手段。竞争的过程实际上是一个分蛋糕的过程。

6.1.1 固定大小的蛋糕

我们知道，比特币系统每 10 分钟产生一个区块，即平均每小时产生 6 个，而每个区块含有一定的奖金，也就是说，不管矿工有多少，不管矿工的算力如何，从整体上看，每一个区块的奖金是一个固定数，目前为 12.5 个比特币，对比特币而言这个固定数是每 4 年减半，直至为 0。因此，实际上矿工们每天挖矿就是在"分蛋糕"，分的依据就是各自的算力。

每天的蛋糕是固定的，分一个固定的蛋糕通常会产生恶性竞争，这是常识。

算力不断增加，但不会产生更多的蛋糕，只不过是调整蛋糕的分配比例而已。而矿工为了得到更多的份额，又加大了设备的投入，其他矿工又立马跟进，最后又成了拼财力，产生"军备竞赛"式的恶性循环。

6.1.2 "军备竞赛"

竞争的途径就是拼算力，在硬件上就是设备升级换代，在软件上就是优化算法。

中本聪最初设计比特币是希望使用计算机 CPU 进行挖矿，他本人就是用计算机 CPU 挖出了世界上第一批比特币。在比特币发展初期挖矿难度较小，主要依靠计算机 CPU 挖矿。这就是第一代矿机。

由于挖矿主要利用 Hash 计算，而用于图像处理的显卡 GPU 具有超强的计算能力，故正好符合这一需求。于是矿工们将显卡抢断了货。这是第二代矿机。

借用显卡 GPU 的计算能力之后，人们研制了专门针对挖矿（Hash 计算）的专用芯片 ASIC（Application Specific Integrated Circuits），即集成专业矿机，又称 ASIC 矿机。这就是第三代矿机。注：在此之前还有 FPGA 矿机，但它存在时期特别短，我们就不把它称为"代"了。

挖矿算法是计算密集型算法，一开始用 CPU 挖矿，接着用 GPU，转而用 FPGA，再转而用 ASIC，从而使得算力变得非常集中。

为了控制产生区块的速度即挖矿的速度，在算力上升的条件下，必然加大挖矿难度，这时，单个矿工就很难挖到矿了，于是"矿池"这个神奇的东西就出现了。矿池就是集中大家的算力，对外是一个矿工，对内是一个群体：从设备上讲是一个庞大的集群，可能是一群人集资组建的，也可能是提供给大家租赁的云服务，还有一种情况，物理设备是具体到人的，如 1 号机是张三的，2 号机是李四的，不同的情况有不同的分润协议。分润就是利润的分配，这就用到了经济规律。这是第四代矿机，实际上是矿池。矿池是硬件、软件、经济的结合体。

6.1.3 宣传机器

显然，在上述的"军备竞赛"下，为了获得投资回报，必须使币值升值，为此，就得动用宣传机器，让更多的资金去标的和炒作比特币，币值上升又反过来促进了"军备竞赛"，这就是第二种恶性循环，两种恶性循环共同推动"军备竞赛"升级。在此过程中，淘汰了小散矿工，即小散矿工退出竞争，要么不再挖矿，要么加入矿池，比特币公链经历三个阶段：创世纪阶段（中心）→推广阶段（大量平民矿工加入，逐步去中心化）→矿池集中算力阶段（走向中心），形成矿池寡头有违"去中心化"的理念。

庞大的算力需要巨大的能源支撑，包括运算的能耗和冷却的能耗，因此，为节省成本,矿池通常选在天气寒冷的电厂附近。比特币挖矿的耗电量有多大?从2018年年初的文章《比特币"挖矿"年耗电量已超越伊拉克,逼近新加坡》的标题就可以有一个直观的感受。

既然这么大的能耗,那么它处理的数据量又如何呢?已知:10分钟一个区块,每个区块大小1MB,平均每个交易大小为250byte,求得每10分钟处理4000个交易,折合成7TPS,即每秒7笔交易。

能源浪费主要表现在如下方面。

(1)系统的有效工作量,即记账工作量,并不是各矿工间相互合作的累加,而是相互间重复劳动,即再多的矿工干的活儿每一轮只有一个矿工的有效。其实,在第1章我们就知道,从账务角度来看,所有记账员的有效工作量等于一个记账员的工作量,增加再多的记账员,记账工作量仍是一个记账员的。那么,这么多记账员的工作量用来做什么呢?主要用于给账务提供安全性、可信性的保障。举一个例子,一份考试试卷,答完它是一个考生的工作量。假定新来的体育老师要获得这套数学试卷的正确解,他就让全班同学做,选择"多数投票"作为试题的正确解。即使让全校同学做,其有效工作量仍是一个考生的。人多只是更能保证答案的正确性和可信度。

(2)系统的有效工作量并不随矿工算力的增加而增加。算力增加又会使难题变得更难。恶性循环使得矿工的算力主要用于计算谜题,在高难度谜题下,用于记账的算力是微乎其微的。

(3)运算会使芯片发热,因此必须为解谜题的大量运算提供冷却系统。

6.1.4 偷懒验证与私自挖矿

即使是不作恶的矿工,也会有一些做"小动作"的机会,举例如下。

(1)偷懒验证的记账员。他只顾自己挖矿,不去检验收到的区块和交易的合理性,从而节省了大量算谜题的算力。虽然他对共识毫无贡献,但他能得到好处是:他的区块若被采用,则他能得到挖矿奖金。但随着谜题难度的增加,验证所需的算力比重下降,逐步变为一种"顺便"的工作,花费的算力可以忽略不计。

(2)私自挖矿的记账员。在某次挖矿中他非常幸运,很快挖到了矿,即生成了高度为T的区块,简称区块T,可以肯定他在这局中获胜:

①若他立即发布,则大家都在区块T上挖矿,即他与大家几乎同时开始挖下一区块(T+1);

②若他不立即发布,而是在此区块T上继续挖矿,让别人挖了一会儿,再发布

他的区块 T，那样就会浪费别人更多算力，而他已先开始了下一区块（$T+1$）的挖矿。由于他先开始，所以很可能又优先挖出区块（$T+1$），而他又不立即发布，如法炮制。

有人论证了：在其他矿工不采用私自挖矿策略的前提下，一旦一个矿工或矿池掌握了30%的算力，采用私自挖矿策略就可以控制区块链，即算力超过30%的矿工按此策略能明显获得高于他的算力占比的奖励，这时其他矿工就会理性地转移到他的矿池中来，最终他的算力就会超过整体的50%；一旦他作恶，就破坏了公有区块链的前提条件。

6.2 硬分叉

我们曾讨论过当网络分裂成两个子网时产生的分叉问题，已假设那种情况不会发生。这里我们再看看一定会发生的情况：由矿工分裂而导致的硬分叉。

6.2.1 分裂

我们知道，区块链的核心程序是区块链之法律。假如由于某种需要，你要修改法律，你的新法与旧法可能有冲突，即新法产生的区块在旧法中验证无法通过，如区块大小变更，因新法承认以前按旧法生成的区块，而新的区块按新法生成，则基于新法的区块链就可以"长"在旧区块链上。但由于矿工是非中心化的，不一定听统一指挥，无法达到统一的版本升级，若理念冲突，则矿工就会分裂为两部分：一部分仍使用旧版本，他们产生的区块仍在旧链上成长；另一部分使用新版本，他们产生的区块却在新链上成长，由于其兼容性，新链只认某个旧区块及以前的，这就产生了区块链的新、旧分叉，区块链的树主干形成"Y"型结构，这种分叉与软分叉不同，它是有"法"理根据的，是不可被剪枝的。为了区别，将这种分叉称为"硬分叉"，而"软分叉"是树的顶端的分叉，且会通过共识机制被剪枝。例如，在对程序的版本升级中，若新版本使得区块数据结构改变，就会产生"硬分叉"，所以，在版本升级时要避免这种情况。

与网络分裂导致的硬分叉一样，"硬分叉"使树的主干呈"Y"字形，这实际上形成了两条区块链，即"Y"的左链和右链，两链的下半部分是公共的。这时会发生一个有趣的现象：当你有一笔资金在"Y"的下半节，即硬分叉前未使用，那么，硬分叉后，这笔资金可以在左链上和右链上各使用一次，也就是说，你的该笔资金"一变二"了。当然，后续如果再硬分叉，则再翻倍。

6.2.2 私有网络环境

在第 5.1 节中我们讨论了互联网分裂成两个子网的情况（参见图 5.1），本小节我们看看"人为"地分裂子网的情况。这里为了表述的对称性，我们把互联网称作公网，把不与互联网直接连接的局域网称作私网。

某矿工将自己的矿机与互联网断开。这样，他就形成了一个自己可以控制的私有子网，他在自己的私网上挖矿不会受到公网上其他矿工的冲击，即可以不受干扰地挖矿。

（1）如果他的算力强大到产生区块链分支"偶尔"领先公网的分支，他就可以将这种算力加运气的"偶尔"优势变为长期优势。例如，假设当前公网上链的长度为第 1000 号区块，而他私有子网上链的长度已经到达第 1002 号区块，则他的策略为：密切关注公网，估计有人快做出第 1001 号区块时，立即向公网释放自己的第 1001 号区块，使得公网上所有第 1001 号半成品区块被废弃，如法炮制，逐一抛出后续区块，这就是第 6.1.4 节所讨论的私自挖矿。

（2）如果他的算力不够强大，那么，他在私有子网上产生的区块链分支长度会不会长于公网上的区块链分支？

①难度系数是由共识算法写在区块中的，即难度系数是控制整个子网的。开始断开公网时，两个子网的挖矿难度系数相等，都为分叉处区块中所记载的难度系数。因为私网的算力不够强大，故他的分支生长速度慢于公网的分支，这是明显的。

②难度系数是可以周期性调整的。在开始的周期内，私网的算力与难度系数不匹配，即私网挖矿的速度没有达到设定的要求，故下一个周期私网的难度系数会调小。从足够长的时间来看，公网和私网各自不断调整难度系数来适配各自子网的算力，假定算力不增加也不减少，则最终分支的生长速度在设定的速度附近上下浮动。这里有以下两种情况。

A. 若调节难度系数的参考数据是从创世纪块到目前的平均速度，则在足够长的时期内，整条分支链的生长速度在平均的意义下趋于设定的匀速。常识告诉我们：两辆平均速度相等、出发点和出发时间均相同的汽车是可以互超的。因此，在这种情况下，在足够长的时间之后，强大的公网和弱小的私网两者的区块链分支长度是不分胜负的。

B. 若调节难度系数的参考数据是前一个周期内的平均速度，则在足够长的时期内，私网分支链的生长速度会调整到设定的速度附近，但其生长速度在平均的意义下并不趋于设定的匀速，这是由于在分叉之初，私网的难度系数继承了公网上分叉处区块中的设定，即这一周期的速度很慢，但又不会被后续的速度"平均"掉。

因此，在这种情况下，两辆汽车的平均速度并不相等，即强大的公网战胜了弱小的私网。

既然难度系数是控制分支生长速度的，那么矿工是不是可以在自己控制的私网上调整难度系数？当然可以，矿工在自己的私网上爱怎么玩就怎么玩。例如，矿工可以通过修改程序将难度系数设定为一个常数，这样，他增加了设备也不会增加挖矿难度，由此，他的区块链分支就可以大大长于公网上的分支。但他挖矿所得到的币只能在私网上转账，这是没有价值的，要使币在社会上有价值，就必须把区块放到公网上去，而一旦放到公网上，其他矿工用未修改的共识程序对他的区块进行检验，就会发现此区块不满足难度系数规则的要求，从而不被公网所接受，即他挖矿产生的分支链仅仅是自娱自乐罢了。

另外，公有链在创世纪区块中设定的初始挖矿难度系数都很小，这个难度系数通常是针对 PC 算力确定的，使之能达到设定的挖矿速度。利用这一点，我们可在私网中很方便地自娱自乐地挖矿。

在私网中安装某公有链（如以太坊）环境并启动，系统就初始化了一个创世纪块，之后，私网中通过按创世纪区块的初始挖矿难度系数进行挖矿，因为私网的算力可以远高于 PC 的算力，这就使得区块链能快速地不断生长，直至一个周期后，系统调整难度系数。

那么这个区块链与公网上对应的区块链有关系吗？没有关系，因为两个创世纪块的时间戳不同。

若想两者具有分叉关系，可以将私网的机器时钟调到等于公网上该区块链初期某个区块的时间戳，然后在这个区块进行分叉。这样，在分叉初期，私网的区块链分支的生长速度就可以高于公网分支当初的速度。那么，私网的区块链分支的长度是否可以追上公网上分支的长度？当然不会。因为，该情况等价于两辆汽车的平均速度相等、出发点相同，但出发时间不同，所以后出发的汽车追不上先出发的汽车。

这种自娱自乐私网的特点是挖矿速度快，不受其他矿工的冲击，可用来作为区块链应用的开发测试环境，以太坊应用的开发就是如此，参见第 17 章。

（3）如果算力不够强大，使用私自时钟，那么情况会如何？

在第 5.1 节我们谈到"公共时钟"是一个基本假设，下面我们分析一下打破这个假设的情况。

设该矿工在自己的私网上使用的是"私自时钟"，它比"公共时钟"快 n 倍，用等式表示为：1"公小时"=n"私小时"。又假定区块链生长速度为 D，即每小时长出 D 个区块，根据前述讨论可知：足够长的时间后，私网上分支链的生长速度达到

D（附近）。然而，在私网中，小时的计量单位是"私小时"，即每"私小时"长出 D 个区块，利用上述转换式，则：每"公小时"长出 $n×D$ 个区块，即私网上分支链的生长速度是公网上分支链的 n 倍，这样，弱小的私网就打败了强大的公网。这种方式可以称为长度优先规则的"时钟攻击"。目前，常见的公有链采用累计难度（链上每区块谜题难度累计和）优先规则，而不是长度优先规则，从而有效地避免了这种"时钟攻击"。当然，在统一时钟条件下，二者是等价的。

6.2.3 比特币分叉大战

简单回顾一下比特币的扩容之路，还是很有意思的（本节故事源于对互联网相关报道的整理）。

比特币的区块大小限制为 1MB，早在 2010 年 10 月，早期开发者 Jeff Garzik 就提出按照每分钟 1400 笔交易的目标（即 23TPS）扩容到 7.1MB。反对者认为这要求所有的软件必须升级，容易造成混乱。中本聪赞同暂不升级，但提出应该预先做好准备，如在更新软件时在代码中写入在某个区块高度（也就是某个时间）后，区块限制提高。此后中本聪隐退，开发工作由 Gavin Andresen 牵头，再后来，由 Core 核心开发组进行开发。

比特币初期，由于交易量少，区块常常是空荡荡的，扩容并不急迫。2015 年 5 月，比特币的平均区块大小达到了 400KB，并且在快速增长，Gavin 提出应当在 2016 年 3 月 1 日将区块限制扩大到 20MB。从此，扩容问题被提上了 Core 核心开发组的议事日程。

此后，Jeff Garzik 提出 BIP100（BIP 指比特币改进建议，按提出顺序进行编号）建议在 75%算力同意的情况下即可扩容。Gavin Andresen 和 Mike Hearn 提出 BIP101，主张先扩到 2MB，然后每两年翻倍。

此时，在挖矿领域中，中国的几家矿池占据了主要的份额，他们由于担心网速劣势，区块过大、传输慢，会影响挖矿收益，因此联合拒绝 Gavin 的 20MB 扩容建议，但接受 BIP100 扩容到 8MB。此时，比特币的开发由 Core 核心开发组主导，尽管 Gavin 仍然是 Core 核心开发组的关键成员，但其他多名成员反对改变 1MB 上限，主张：①通过隔离见证方案（SegWit）优化交易和区块链结构，在 1MB 区块限制不变的情况下，扩大交易容量到原来的 1.7 倍左右；②在主链之外，发展第二层支付通道（如闪电网络、侧链、树链等）来解决容量不足的问题。

Core 核心开发组内主张扩容的 Gavin 处于较为孤立的状态。为了推进扩容，Gavin 重新组织了一个开发团队。2016 年 2 月终于形成一个 90%以上算力同意的情况下从 1MB 扩容到 2MB 的共识。但在 Core 核心开发组的坚持下，社区普遍反对 Gavin 组织的开发团队，并且接受了 Core 核心开发组的隔离见证方案。其中关键一点是中国矿业与 Core 核心开发组在中国香港达成共识：先实施隔离见证，然后硬分叉扩容至 2MB。这个共识实质上否定了 Gavin 的主张。

在扩容争论的关键时刻，澳大利亚人 Craig Wright 宣称自己是中本聪，并且得到 Gavin 的支持。但最终 Craig 没能拿出充足的证据，被当作冒充中本聪的众多骗子之一，最后他本人也放弃了，但却得到了"澳洲中本聪"（澳本聪）的称号。这也使得 Gavin 名誉扫地，被迫退出了 Core 核心开发组。

随着交易量的上升，2016 年 7 月，比特币的 1MB 区块被填满了，更多交易无法及时记入区块。为了使自己的交易能够更快地记入区块，人们不得不支付更高的交易费"贿赂"矿工优先打包自己的交易。然而，比特币系统的拥堵并未动摇 Core 核心开发组坚持 1MB 区块大小的决心，甚至强调比特币系统本来就不应当是被廉价使用的，而应当是全球重要的金融结算网络，普通的支付需求应当交给第二层支付去满足。

2017 年，加密货币市场快速发展，用户和交易需求快速增长，比特币系统的拥堵越来越严重。在高峰期，积压未能打包确认的交易一度达到 20 万笔，正常确认所需要的交易费超过 300 元，重要的交易需要额外向矿池支付几百元到几千元不等的"加速费"。这使得比特币支持者无法继续宣扬其快速、价格低廉的支付功能。

更严重的是，由于比特币的拥堵，高涨的市场需求使得以太币、莱特币、瑞波币等竞争币快速涌入，比特币的市场份额从 90%以上迅速跌落到 50%以下。

而此时，Core 核心开发组之前承诺的 2MB 扩容并未推进，而隔离见证对比特币系统的改动很大。为此，越来越多的人怀疑 Core 核心开发组并不打算扩容至 2MB，一旦隔离见证部署，交易和区块结构改变，扩容会比以前复杂困难很多，从而客观上无法扩容，并且使开发更加依赖于 Core 核心开发组。为此，一些比特币企业和个人开始组织或资助新的开发团队（脱离 Core 核心开发组），开发扩容的比特币软件。

2017 年 7 月，开发团队 BitcoinABC 开发完成了从 1MB 扩容到 8MB 的新软件系统，并做了应对攻击的防范措施，经多方测试较为稳定。但是由于整个社区仍然认为 Core 核心开发组代表了比特币开发的主要力量，也由于对比特币系统分裂的恐惧，比特币的绝大部分支持者最终选择支持 Core 核心开发组和隔离见证。

只有部分人对 Core 核心开发组失去信任和信心，他们选择支持 BitcoinABC 的新软件，并在 2017 年 8 月 1 日正式开始运行新软件（即在比特币区块高度 478599 开始运行）。之后，世界上就有了两种比特币系统软件，分别记录 1MB 限制的区块和 8MB 限制的区块。由于参数不同，两个系统软件都不承认对方的新区块，因此就出现了两条区块链或两个账本，即在 478599 区块之前两个账本完全一样，但之后各自系统发生的交易，各自记账，互不承认。这样就相当于有了两个不同的比特币。为了区分，将 8MB 区块系统中记录的比特币称为"比特币现金"（BCH），而原比特币仍称为 BTC。在 478599 区块前就存在的比特币会在比特币现金系统中有等量的 BCH。

2018 年 11 月，比特币现金社区又迎来了一轮硬分叉，就是由澳本聪（即上述冒充中本聪的那位）发起的，与比特大陆 CEO 吴忌寒之间的 BCH 社区内部的撕裂战。当日凌晨 2 时 16 分，BCH 硬分叉大战落下帷幕，BCH 分裂成了 ABC 和 BSV。这次 BCH 硬分叉事件的起因是比特大陆投资的 ABC 开发团队认为 BCH 应该往基础建设公链方向发展，像以太坊一样开拓出更多应用场景，而以 CSW 主导的 SV 社群阵营，则希望 BCH 仍像当年中本聪的论文描述的那样，对操作码严格限制，专注在转账交易本身，并希望将区块最终扩容为 128MB。这是分歧的导火索，背后是深刻的利益之争。

上述是比特币"官方"的硬分叉故事，而实际上，"非官方"比特币上的分叉几乎和 ICO[①]一样普遍，据说在 2017 年就有 19 个比特币分叉。其中一个重要原因是投资者希望借用市场熟悉的比特币名称来实现投资兑现。

从上述硬分叉故事中还可以看出，随着算力的集中，话语权已经掌握在少数人手里。这与去中心化的理念背道而驰。

6.3 "无限"发币

软件出现 Bug 是在所难免的，在中心化的环境下，能有效地进行管控，而在去中心化的环境下，则会产生无法挽回的损失。本节我们重点看看"溢出"问题，以提醒程序员和测试人员小心、再小心。

计算机的数值表达有最大值，超过该值则会发生溢出。黑客利用溢出漏洞使他的账户达到最大值，然后再开一个账户，再让其达到最大值，如此往复，就实现了"无限"发币。

[①] 注：ICO 的英文全称为 Initial Coin Offering，即首次公开募币，是以初始产生的数字加密货币作为回报的一种筹措资金的方式。

6.3.1 比特币溢出

2010 年 8 月,比特币开发者 Jeff Garzik 在比特币论坛上轻描淡写地说:"我们这里遇到了一个问题,这个区块的输出非常奇怪,里面包含了 920 亿个比特币,比比特币的总数要多得多(按照中本聪的设计,比特币总数是 2100 万个)。"也就是说,他发现了一个溢出漏洞。该漏洞是核心代码的溢出错误所引起的,这导致 920 亿个比特币被"伪造"。

幸运的是,在 Garzik 发现该问题之后的 5 个小时,核心代码被及时修复了,同时,伪造的比特币也被"销毁"。更幸运的是,由于该漏洞事件发生在 2010 年,当时比特币还只是极客手中的"玩具",因此"溢出漏洞"事件对比特币几乎没有影响。假设该事件发生在今天,毫无疑问,将会对比特币乃至加密货币整个行业造成致命打击。

6.3.2 美链溢出

我们来看 2018 年 4 月的一则网络新闻:"……在 4 月 22 日发生了。美链 Bug 被人利用了,可以无限制发行美链币,一下子提走 57896044618658100000000000000000000000000000000000000.792003956564819968 个币。没错,就是比 5 后边跟 58 个 0 还大。于是,美链被迫一下清零……"

同样是溢出,为何比特币无事,而美链顶不住?原因在于前者当时是处于小圈子中,还处于"中心化"阶段,而后者发生在"去中心化"环境中,要修复它,除了修正软件,还必须进行"硬分叉"和"硬剪枝",而后一步需要矿工们的配合。

6.4 盗币

说到盗币,不得不说区块链历史上最臭名昭著的"The DAO"事件。因解释起来也比较麻烦,所以我们分几个小节详细分析。

6.4.1 两种"币"

"DAO"是"Decentralized Autonomous Organization"(分布式自治组织)的简称。DAO 本质上是一个风险投资基金,可理解为完全由计算机代码控制运作的类似公司的实体,通过以太坊筹集到的资金被锁定在智能合约中,每个参与众筹的人按照出资数额,获得相应的 DAO 代币,具有审查项目和投票表决的权利。投资议案由全体代币持有人投票表决,每个代币代表一票。如果议案得到规定的票数支持,相应的款项会划给该投资项目。投资项目的收益会按照一定规则回馈众筹参与人。

"The DAO"是一个特定的DAO，它由德国初创公司Slock.it背后的团队构想创建，是一个基于以太坊区块链平台的众筹项目。其目的是让持有The DAO代币的参与者通过投票的方式共同决定被投资项目，整个社区完全自治，并且通过代码编写的智能合约来实现。该项目于2016年5月28日完成众筹，共募集1150万个以太币，在当时价值达到1.49亿美元。

这里涉及两种"币"：

（1）ETC（Ethereum Classic，以太经典即旧版以太币），它是以太坊平台发行的数字货币，是其原生币；

（2）DAO代币（DAO Token）可以由DAO项目的参与者用以太币兑换得到，拥有Token的参与者通过使用DAO Token，可对DAO项目中发表的提案进行投票与投资，因此，也被称为权证，是通过ICO发行的。

这两种币是不同性质的币，前者是该区块链中的"法币"，在该区块链中是唯一的；而后者是通过募集前者而发行的"股权"，是启动一个项目就可以发行的一种币。

该项目的众筹就是卖出"股权"（DAO 代币）而募集"法币"（ETC），故这种众筹（从ETC角度）也称为众销（从DAO角度），如图6.1所示。

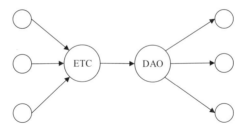

图6.1 DAO的ICO

6.4.2 分裂

The DAO的编写者针对"多数人暴力"开发了一个功能，即"分裂"，就是一言不合你就可以拉上少数派另立山头，称为子DAO（Child DAO）。

Child DAO的设计是为了保护在DAO投票期间即投资决策阶段，意见处于弱势地位的Token持有者"以脚投票"，通过创建Child DAO给予他们一个小规模的可提议、投票，以及投资收益分红的新的DAO环境。注：通常是对某提议投票同意或不同意，不同意者中的部分人采取"以脚投票"的方式，从而产生一个Child DAO。

可见，"持不同政见"的Token持有者通过调用DAO中的分裂函数split，可以创建一个小型的DAO环境。在创建过程中，分裂者在原有DAO中的Token被销毁，而存储在原 DAO 中对应的 ETC 被转移到新的 Child DAO 中。如图 6.2 所示。

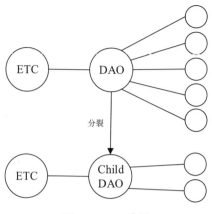

图 6.2　DAO 分裂

分裂函数 split 的逻辑大致如下：

```
function splitDAO(…):
    查到自己在 DAO 中的 Token——（1）
    在 Child DAO 中增加自己的 Token——（2）
    将自己在 DAO 中对应的 ETC 转到 Child DAO 中——（3）
    在 DAO 中总 Token 减去自己的 Token——（4）
    在 DAO 中对自己的 Token 清零——（5）
```

显然，该函数中隐含着一个缺陷：对于 Token 应该是"先减后增"，即（4）和（5）应该同（2）的位置交换，次序变为（1）（4）（5）（3）（2）。

当然，这个缺陷对于中央系统是致命的，因为，如果系统运行到（3）后中断，则在没有扣款的情况下，将款项转给别人了。但对于公有链而言，因为有大量节点，而这些节点中的大部分是正常节点，即运行到（3）处中断的节点是少数，少数节点不会影响结果，所以这个缺陷不会影响公有链。

6.4.3　攻击

攻击者分析了 DAO 的智能合约，注意到其中的 splitDAO 函数不够严谨，可以利用"递归发送"进行攻击。

首先，攻击者用上述方法重入，展开攻击，攻击者的一个 Token 用于反复转移其对应的 ETC，即攻击者从 DAO 向 Child DAO 多倍地转移 ETC，构造了一个"递归发送"，见 6.7 节"附：怪函数，隐问题"。

其次，攻击者可以通过正常途径恢复他在 DAO 中的 Token 份额，再以此份额发起下一轮重入攻击，如此往复。

在此次 The DAO 事件中，黑客利用 The DAO 中 split 函数的漏洞，在 The DAO Token 被销毁前，多次转移 ETC 到 Child DAO 中，从而大规模盗取原 The DAO 中的 ETC。

6.4.4　分叉之战

修复攻击的方法也很简单，如调整代码顺序，先通过用户余额等信息计算出可提取额度，之后立即清空用户余额，再进行划转，即对 Token 应该是"先减后增"，将（4）和（5）同（2）的位置交换。

但已经造成的损失，如何挽回？好在盗来的 ETC 仍在 Child DAO 中，还没有到黑客个人账户中（相当于处于初始融资期，有控制），还有挽回的余地。但区块链具有不可篡改性，所以只有分叉才能解决。

分叉有两种。

（1）软分叉（Softfork），这里的软分叉与前面讲的软分叉不同，那里是因竞争和网络延迟造成的，而这里是通过修改区块链中的共识协议等核心程序，"硬生生地"产生分叉，但要求旧协议对新协议兼容，而不是反过来，如旧协议要求区块小于 4MB，那么新协议就改为小于 3MB。这样更新协议的新节点产生的区块会被所有节点认可，而未更新协议的旧节点产生的区块则不一定被所有节点认可。将分叉点选在被黑客攻击之前的区块，已做软件升级的节点只在新枝上工作，而未升级的节点并不排斥新枝，随着软件升级的节点越来越多、算力越来越强，新生的分枝将超过旧枝，最终旧枝被剪掉，这也倒逼未升级软件的节点升级，使区块链社区融合。通过软分叉将被黑客攻击的部分剪掉，但旧枝上分叉点之后的正常应用也会被剪掉。

（2）硬分叉（Hardfork），对上述通过修改区块链中的核心程序"硬生生地"产生分叉的情况，取消旧协议对新协议兼容的要求，就会像前述比特币分叉那样，产生不被剪掉的硬分叉。同样将分叉点选在被黑客攻击之前的区块，分出两条链后，一条链（旧链延伸）上有黑客的攻击成果，一条链（新链）是未受到黑客攻击的。硬分叉后有一变二的效应：一是原来的应用一变二，The DAO 就要在应用层面选择新链，而旧链上的 DAO 被废弃；二是分叉后处于 Y 下部的已发行的以太币一变二，如果只取一条链则相当于货币贬值了，可能需要补偿，因此可以将旧链上 The DAO 控制的 ETC 退还给出资人作为弥补。当然，除非某种干预，否则旧链上由黑客控制的 Child DAO 仍能按游戏规则进行，即其控制的 ETC 仍有效。

事件发生后，既有软分叉提议，又有硬分叉提议，如在区块链共识算法中加个

"黑名单"就可以冻结该项非法所得，这显然是个软分叉方案，但"黑名单"的维护又需要一个中心化的机构，这与公有链的"去中心化"的宗旨不符，即软分叉的强制手段往往需要"中心化"的干预。而硬分叉反而柔和得多，更容易让矿工们接受：升级版本或不升级版本是矿工的自由。一个最简单的硬分叉办法就是为新枝创建一个"创世纪块"，并将该"创世纪块"中本应为空的前置区块指针，指向被黑客攻击之前的区块的这个分叉点即可。

由于 The DAO 是当时以太坊上最大的融资项目，万般无奈之下，为了挽救 The DAO 投资者的损失，以太坊团队在 2016 年 7 月 20 日进行了硬分叉，让 The DAO 恢复到事件发生之前的状态，废弃发生攻击后的区块，DAO 的硬分叉事件已经导致了以太坊社区分裂，直接撕裂成了 ETH（以太坊）和 ETC（以太经典，即旧版以太币）。因 The DAO 而废弃的原链就是现在的以太经典。

6.4.5 两难境地

The DAO 的主页宣称其"主旨"是：The DAO 创建于不可伪造、不可虚构、不可篡改的程序代码并完全由其成员自由支配，自主运行，流通的 DAO 代币是用以太币兑换而来的。

The DAO 的"三大不可"原则实际上是想让人类的错误及误差没有可乘之机，人类的预期和意愿不作为一个输入变量，除非这些预期和意愿被准确无误地编译成代码。

前面的"黑客盗取了资金"的说法其实违背了 The DAO 的初衷。因为"被黑"或"被盗"这些字眼本身包含了对 The DAO 使用者意图的假设。但是代码本身是不以使用者的意图为转移的，代码不可能"被黑"，只是被"使用"。最形象的类比是有人把这个"被黑事件"称为代码套利行为。

如果真的告到法院，其实很难判断会有怎样的结果。有一种可能：法院会认定"黑客"是正常地操作程序，按照代码执行，而试图改变 The DAO 原有智能合同的代码、保护投资者的举动反而是违规的。

任何以分叉作为解决方案的，都表明由机器执行的智能合同会被撤销、推翻或回滚——比纸质合同没有好到哪里去，不是说好了"不可篡改"么？这对以太坊的声誉的破坏会是深远的。但是若什么也不做，严格遵从有问题的智能合同，则虽然可以避免被指责，保护了 DAO 的宗旨，可视大多数投资人的利益而不顾，也不符合现实社会的公理要求。

另外，分叉是以太坊区块链级的处理。我们知道，以太坊区块链是基础设施，在它上面有许多应用，因此，分叉对这些应用也会产生重大影响。

6.5 小结

前一章我们讨论了公有链的基础是良序社会，但良序社会也会产生恶之果。本章从如下方面讨论了公有链中的相关问题。

（1）工作量证明所导致的恶性竞争浪费算力。

①算力浪费之一：对每个编号的区块，只有一个生效，其余都被抛弃，即有效区块占比 0.0…01%，这里省略号表示 0 的多少取决于有效节点的数量。

②算力浪费之二：区块所包含的工作量分为记账和解谜题，解谜题用于竞争，竞争使得算力升级，引发谜题难度增大，但解谜题对记账而言是无用的，其中记账的工作量不变，解谜题的工作量取决于竞争的激烈程度，这使得有用功在该区块总工作量中的占比小于 0.0…01%，这里的省略号表示 0 的多少取决于节点算力，算力越大，0 越多。

由①及②可知，对公有链而言做有用功的算力在整个算力中的比重小于二者之积：0.0…01%×0.0…01%，其余算力都是无用功，即浪费的算力占比为 1 减去这个非常非常小的数。

（2）算力的浪费导致能源及设备的浪费。

①算力需要电力支持，这是直接的能源浪费。

②算力设备的运行需要冷却系统，这是间接的能源浪费。

③验证机制需要包括作废区块在内的大量区块在网络节点间传递，占用大量的网络资源。

④存储资源的浪费：横向看，去中心化的网络节点都要存储区块数据；纵向看，参与共识算法的网络节点都要存储整条链的区块数据，随着时间的推移，链越来越长。

（3）软件 Bug 导致黑客攻击，造成不可控损失等。

（4）对攻击损失的"救助"往往需要通过分叉实现，而分叉实际上又是某个"中心"（如开发团队）的干预行为（本章讨论了比特币的分叉和以太坊的分叉）。

6.6* 附：溢出原理

我们知道，美链的攻击者是利用溢出漏洞进行攻击的。

程序员都知道计算机中表示的二进制整数有位数限制，超过了限制就溢出了。在日常生活中，也有溢出的例子，如（上午）10 点你说 4 个小时后我们开个会，那么，你的会议通知要么是 14 点开会，要么是（下午）2 点开会。14 点是因为你采用的是 24 小时制，所以 10+4=14，没有溢出；（下午）2 点是因为你采用的是 12 小时制，12=0，所以 10+4=2，溢出了。

计算机也一样，因到达最大而归零。

我们仅以二进制 4 位表示举例说明：

从 0 开始，逐步加 1，则到达最大 15 时，得到 1111，再加 1 则进位溢出了，即得 0000，即 15+1=0，这时，我们如果不对溢出进行判断，就可以"无限"转账，因为没有最大数作为限制。

假设作恶者同时控制 A 和 B 两个账号，其中 A 只有 2 元，B 的余额为 1 元，A 账转给 B。

B 中有 1 元，要使 B 到达最大 15，还差 14，而 A 只有 2 元。

利用溢出，A 中，2=2+0=2+(15+1)=14+4，这样就可以将 A 中的 14 元转给 B 了。

B：1+14=15

A：2–14=4

这样，在转账前，两账户的余额之和为 2+1，转账之后，余额之和为 15+4，这样就凭空多出超过最大数的资金 15+1。

对于一般情况，假定系统能表示的最大值为 max，则 max+1=0。

假定转账前 A 的余额为 a，B 的余额为 b，A 转账给 B，如何利用溢出漏洞，使 B 的余额达到最大值 max？

①做一个 0 余额账户。将 B 的余额全部转给 A，现在 A 的余额为 $a+b$，B 的余额为 0。

②利用溢出配出所需金额：A 的余额 $a+b=a+b+0=a+b+(max+1)=a+b+1+max$。

③A 向 B 转账 max，结果 A 的余额为 $a+b+1$，B 的余额为 max，系统中凭空多了 max+1，B 得到的为 max–b。

显然，通过余额不足判断容易拒绝上述交易，我们找来 C 帮助，修改③得：

③' A 向 B 转账 max，同时向 C 转账 1（也可以是大于 1 的数），转账前余额判断：

（$a+b$）–（max+1）=$a+b$ > 0

若刚好有批量转账程序，类似这里的从 A 转账给 B、C，就可以攻击了。可以看到，这里黑客不用去编一个破坏程序，而是利用有漏洞的合法程序，在调用它时，送入特别的数值。

思考 1：美链中的余额是用 256 位二进制数表示的，按上述加法溢出，那么会虚增多少？

美链溢出事件是整数乘法溢出，在合约中，代码 uint256 amount = uint256(cnt) * _value; 没有进行溢出判断，也就是说，假设 uint256 最大值为 MAX，如果转账数值 cnt * _value ==MAX+1，则 amount=0，转账的时候，发送者 sender 账户−amount，而 cnt 个收款者，每个账户+value。

思考 2：如何避免整数运算溢出？

6.7* 附：怪函数，隐问题

在 The DAO 事件中，我们提到攻击者是利用以太坊中的一个不太完善的函数达到目的的。

这个奇怪的函数就是 function，它没有函数名，没有任何参数，用于如下 3 种情况（这个过程叫作 fallback，该函数也叫 fallback 函数）。

（1）在调用某函数时，若你把函数名写错了，就没有匹配的，这时就由这个匿名函数托底，即调用 fallback 函数。

（2）如果调用某函数时，没有应有的 data，则调用 fallback 函数（像在处理一种异常情况）。

（3）当合约收到了以太币（且不带 extra data 时）之后，调用 fallback 函数。

上述设计有些不合理：到底是打款后处理（3），还是处理异常的（1）（2）？

该设计缺陷可用于进行重入攻击，即黑客在 fallback 函数中调用 splitDAO，实现智能合约的递归（splitDAO 自己调自己）。当然，以太坊中智能合约的运行需要消耗汽油 Gas（后续章节会讲到），因此需要控制递归深度。以深度等于 2 为例（即 function splitDAO 除自身以外，再重入一次），如在（一）中调（二）就是递归。

```
function splitDAO(…):——（一）
    查到自己在 DAO 中的 Token——（1）
    在 Child DAO 中增加自己的 Token——（2）
    将自己在 DAO 中对应的 ETC 转到 Child DAO 中——（3）
fallback:
function splitDAO(…):——（二）
    查到自己在 DAO 中的 Token——（1'）
    在 Child DAO 中增加自己的 Token——（2'）
    将自己在 DAO 中对应的 ETC 转到 Child DAO 中——（3'）
    在 DAO 中用总 Token 减去自己的 Token——（4'）
```

> 在 DAO 中对自己的 Token 清零——（5'）
> 在 DAO 中用总 Token 减去自己的 Token——（4）
> 在 DAO 中对自己的 Token 清零——（5）

在有递归的情况下，前述的次序缺陷变成了致命的：由于没有做（4）和（5），故（1'）的检验能通过，而程序运行到（4）和（5）时，由于（5'）使得自己的 Token 值已为 0，即（4）DAO 总量中减 0、（5）自己在 DAO 中的值赋为 0。然而，在该递归中（3）和（3'）从 DAO 向 Child DAO 转了两次 ETC（本应只转一次，因为对应的 Token 只有一份）。

上述重入一次就多转了一倍的 ETC，若递归是多次重入，则会实现多倍地转移 ETC。

本章有两道思考题，参考答案如下。

思考 1：2 的 256 次幂。

思考 2：避免整数运算溢出的方法，就是将运算函数加以改造，增加溢出判断。对加法 $c=a+b$ 的溢出判断为 assert（$c \geqslant a$），例子中加法（max+1）时进行判断。

乘法 $c=a \times b$ 的溢出判断复杂一点，为 assert（$a==0 \parallel c/a==b$）。

减法 $c=a-b$ 的溢出判断为 assert（$a \geqslant b$）。

除法的溢出在语言层面已充分考虑，通常不用程序员再费心。

第 7 章

瘦身，瘦身

本章我们将聚焦于比特币区块链结构，该结构是通过前述结构瘦身改造而得到的。

7.1 分体式区块

公共账本的全量是很"笨重"的，以比特币区块链为例，每个区块的大小为 1MB，平均来说，每 10 分钟产生一个区块，则一年的数据量约为

365×24×6×1MB=52,560MB≈51.3GB

更大区块的、产生区块更快的以太坊区块链十几秒产生一个区块，而且包含的数据除以太币交易外，更多的是各智能合约的账本。每个智能合约有一个账本。

随着时间的推移，数据越来越庞大，对于普通的客户端而言，大多数数据不是必需的，如客户的钱包只需要存储与自己相关的数据，即自己的资金及验证这些资金有效的数据。

前面我们通过"缩放机"将一页页的松散账页"紧密"地连接成账本。而对于一个"紧密"地记载着交易的账页而言，为了挑选我们特别需要的数据，首先，要将账页拆散，使交易能够被分离、被选择；其次，需要时又能找回、"集合"交易。

现在仍是"缩放机"使得这个想法成为可能：只要持有数据的存根，即指纹，需要时，就可以利用 P2P 网络上的分布式存储拿到数据。这就是"链"的瘦身原理。

为了减少存储，设计师将区块分为两部分，即区块头和区块体，由区块头形成链，区块体为具体的交易数据，利用前述的"放缩机"，将区块体的"缩微"照片放到区块头中，这样就得到了分体式的区块链结构，我们将其比喻成"奇怪的列车"，

如图 7.1 所示。对比第 1 章的区块链（公共账本），区块链现在变成了这样一列奇怪的"列车"：由一节节"车厢"连接着，每节车厢外挂着一个"数据集装箱"，里面装着数据。

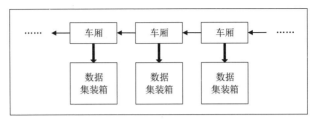

图 7.1　奇怪的列车

7.2　梅克尔树

正如图 7.1 中的数据集装箱那样，区块体中装有许多交易，为了实现交易的"可集""可散"的功能，需要某种可剪裁数据的存储机制，梅克尔树正好可以解决这一问题。

7.2.1　梅克尔树

前面我们讲到任何一个数据块可利用 Hash 函数产生指纹，这个指纹反过来作为指针（Hash 指针）指向该数据块。若将 Hash 指针应用于树结构，就是梅克尔树（MerkleTree，以发明者名字命名）。

梅克尔二叉树（也称 Hash 二叉树）由一个根节点、一组中间节点和一组叶子节点组成，如图 7.2 所示。叶子节点存放原始数据，如一个叶子节点只存放一个交易。非叶子节点为两个 Hash 值，分别由左右下一级节点的数据计算 Hash 值所得。$H(\ )$ 表示函数值 Hash(x)，其中 x=指针指向的数据，节点中"$H(\ )H(\ )$"表示两个 Hash 值串在一起，形成一个二进制数字串。

梅克尔树自下而上逐层计算 Hash 值，直到最上面的 Hash 值，而最上面的 Hash 值又被称为梅克尔树根（MerkleRoot）。

如图 7.2 所示，叶子节点存放原始数据 D，由于是二叉树，故其余节点含两个 Hash 指针，自上而下二叉树的第一层 1 个节点、第二层 2 个节点、第三层 4 个节点……设二叉树为 $k+1$ 层，即叶子节点在 $k+1$ 层，则叶子节点个数为 2^k，从根节点到叶子节点需经过 k 个指针。反过来，若已知叶子节点个数为 n，则从根节点到叶子节点需经过 $k = \log_2 n$ 个指针。

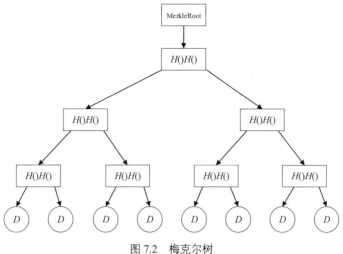

图 7.2　梅克尔树

根据 Hash 指针的指纹性质知，叶子节点的变化都会向上传递到根节点，即任何一个叶子节点的变化都会引起根节点的变化；反之，只要根节点未变化，就可以认为所有叶子节点未变化。

综上，区块中的主体是一棵梅克尔树，当然，对其序列化后可以变为"数据块"，用于数据的传输或存储。

前面论述了二叉梅克尔树，仿此可推广到多叉梅克尔树，要点是：

（1）各层级"叉"数相同，这样树就很规整，便于处理；

（2）所有数据包都放在叶子节点，非叶子节点是下层节点的 Hash 指针；

（3）一个叶子节点可以放多个数据包，即将叶子节点定义为数据包数组。

7.2.2　梅克尔树的防篡改功能

从上述梅克尔树的生成原理可知，数据的变化必然引起该叶子节点 Hash 值的变化，变化逐层上传，直至根节点变化，即只要固定根节点不变化，则数据就不会变化，否则，一验正就会露馅。

当然，如果这颗梅克尔树作为区块的内容已经被链到了区块链中，则更是修改不了的，因为"树根"作为上述分体式的链接部分，它的变化将引起区块的变化。进一步地，在区块链上会向右侧引起连锁反应的修改，而这是不可能的（参见第 4 章）。

7.2.3 残梅克尔树

有时，我们只需关心树上一个特殊的叶子节点，如用户只关心自己的交易，这时就不需要整棵梅克尔树了，一棵残梅克尔树就够了。

如图 7.3 中的深色线路径，任何一个叶子节点有且仅有一条通向根节点的路径，我们将其称为该叶子节点的梅克尔路径。

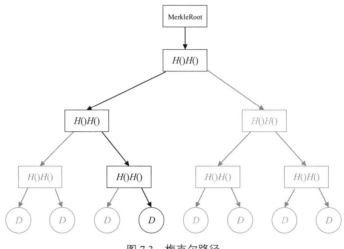

图 7.3 梅克尔路径

我们以几个问题来描述梅克尔树的特性。

（1）如何以最小代价验证节点 D 是梅克尔树的叶子节点？

显然，你不需要提供整棵树，只需提供叶子从根到该叶子节点的路径即可，即 $\log_2 n$ 个指针节点，即计算的时间复杂度为 $O(\log_2 n)$。在图 7.3 中，深色线的路径：$O(\log_2 n)=3$，即提供 3 个指针节点。

验证过程为从下往上，节点 D 的 Hash 值一定是上一层节点数据的左边或右边，上一层节点 Hash 值一定是更上一层节点数据的左边或右边……直到根节点，最后到存根。也就是说，只要能找到该节点的梅克尔路径，就说明该叶子在该梅克尔树上。

这一特性表明，你可以根据需要存一棵"残缺"的树，如你只关心图 7.3 中的深色线数据，那只需存放该数据及路径即可。当然，必要时，只要有存根，你也可以利用"残缺"的树把整棵树找回来，即从下往上，利用哈希指针查找。因此，用户可以只存自己关心的交易，存一棵"残缺"的树即可。

（2）如何判断节点 D 不是梅克尔树的叶子节点？

要证明一个数据 D 不属于某棵梅克尔树的叶子，需要同该梅克尔树的叶子逐一对比，或对比其指纹。当梅克尔树的叶子节点已按某种规则排序时，只需对比到数据 D 在排序中应处的位置即可。

（3）如何在梅克尔树上修改数据？

若要修改实线数据 D，则需要沿着上述路径，修改到"根"，从修改数据 D 开始到修改"根"结束。这一过程只需要重构"残树"部分，而重构实际上在自下而上地重算图 7.3 中深色线的非叶子节点。

（4）多个叶子节点修改数据时，能并行吗？

因在各自的"残枝"上自下而上修改，这是并行部分，在"残枝"交汇处需要等待，这时就破坏了并行性。因为所有的叶子节点数据的修改都涉及"根"，所以至少在"树根"处需要等待。同样，在构造新的梅克尔树时，并行度有限，因为在"合并"处需要同步，这是因为受到了梅克尔树生成或重构的效率的限制。

7.3 区块头

7.3.1 区块头模板

结合第 1 章和第 4 章，我们已知区块头包含哪些要素，现在以比特币为例，描述其区块头的基本结构，见表 7.1。

表 7.1 比特币区块头的基本结构

字 节	字 段	说 明
4	Version	区块版本号，表示本区块遵守的验证规则
32	HashPrevBlock	前一区块头的 Hash 值，使用 SHA256(SHA256(父区块头))计算
32	MerkleRoot	该区块中交易的梅克尔树根的哈希值，同样采用 SHA256(SHA256())计算
4	Time	该区块产生的近似时间，精确到秒的 UNIX 时间戳，必须严格大于前 11 个区块时间的中值，同时全节点也会拒绝那些超出自己 2 个小时时间戳的区块
4	Bits	该区块 PoW 算法的难度目标，已经使用特定算法编码
4	Nonce	即前述破解谜题获得的"幸运数"，另外，随着算力飞升、谜题难度增大，在 32 位随机数范围内挖矿不足以找到谜题的解。这了解决这个问题，规定时间戳和 Coinbase 交易信息均可更改，以此扩展 Nonce 的位数

HashPrevBlock：由于区块体与区块头分离了，所以前述的"指向前置区块的指针"调整为"指向**前置区块头**的指针"。因此，后续我们说到"前置区块指针"时，其实是省了个"头"字。

MerkleRoot：由于区块体与区块头分离，使梅克尔树的树根将两者关联起来，这样在逻辑上使区块体"挂"在区块头上。

Time 和 Bits 两项是为谜题而设的。Time 记录区块产生的时间，通过时间间隔可以知道区块产生的速度，将该速度与设定的理想速度对比来调整难度系数。Bits 表示难度系数。

Nonce 就是谜题的计算结果，即找到的一个"幸运数"，它使得该区块头的 Hash 值落入 Bits 指定的范围。在程序中，实际上是使用暴力破解的，即用 for 循环，对 Nonce 从 0 开始逐一试算，直至指纹落入范围。解谜题的过程就是找符合的"幸运数"Nonce 的过程。注：由于区块体与区块头分离了，所以将前述的"区块的 Hash"调整为"**区块头**的 Hash"。

另外，还有两个常数没有列入表中：一个是"魔法数"（Magic Number），用做区块链的标志。假定网上有许多链，如何判断一个区块属于特定链？就是用魔法数来判断的，如比特币 Main 网络的魔法数为 0xD9B4BEF9。由于没有一个组织去规范该标志，只是程序员"随意"定的，就像施魔法，故称为"魔法数"。另一个常数是区块大小（BlockSize）。

不同的区块链有不同的结构设计，但基本思路都是：头与体分离、公有链采用梅克尔树及其变体来组织区块数据。当然，这些不同的区块链都可以序列化地组成真正的"数据块"字节流。

一个区块头的大小不足一个交易的大小，假定它就是一个交易的大小，我们看看惊人的规模压缩：假定一个区块装 2000 个交易，这时，区块的大小与区块头的大小比为 2000:1，即区块头链的规模缩小了 2000 倍，若这时再将区块扩容 2 倍，则区块头链的规模缩小 4000 倍。

7.3.2 挖矿

挖矿即寻找"幸运数"。在分体式改造后，基于区块的挖矿变为基于区块头的挖矿，即除 Nonce 以外，按区块头模板填好，再对 Nonce 分别取 0、1、2、3……计算 Hash 值，直至 Hash 值满足难度要求。这时 Nonce 的值即为所求的"幸运数"。

注意：区块头中并不存 Hash 值，而存的是这个"幸运数"，因为可用含这个"幸运数"的区块（头）来直接求 Hash 值。

在求"幸运数"之前，必须有 HashPrevBlock 和 MerkleRoot，即挖矿不能提前，只有在前置区块头形成后才能开始。

在同一高度上，各矿工是不是基于同一区块头挖矿的？不是。因为在各区块体的梅克尔树中，至少有一个交易不同：奖励交易的人不同，所以各矿工的区块头中的 MerkleRoot 不同。但同一矿池中的矿工是基于同一区块头挖矿的，在后续章节中会专门谈矿池。

7.4 全节点与轻量节点

7.4.1 两种验证与两类节点

中本聪曾在比特币白皮书里提到，"不运行全节点也可以验证支付，用户只需保存所有的区块头就可以了。用户虽然不能自己验证交易，但如果能够从区块链的某处找到相符的交易，他就可以知道网络已经认可了这笔交易，而且知道这笔交易得到了网络的多少次确认。"这样，实际上是把验证分为两种：一是验证交易，二是验证支付。验证支付实际上是查询该交易是否被验证。

"验证交易"非常复杂，涉及验证是否有足够余额可供支出、是否存在双花、脚本能否通过，等等，通常由运行完全节点的矿工来完成。关键是，验证时矿工需要全量数据，即全节点，确切地说是"完全区块链节点"，他需要维护一个包含所有交易、完整的最新比特币区块链的副本。注意：公有链没有正本，如果有正本，那么正本就是中心，你可以认为共识结果是正本，我们曾说过"副本在统计意义上的公共部分就是正本"。

而一般用户只需要验证支付，因此需要使用的数据量很少，故称为轻量节点。用户的客户端，如钱包软件，就是轻量节点。轻量节点极大地节省存储空间，减轻终端用户的负担。以比特币为例，即使区块扩容了，区块中无论未来的交易量有多大，区块头只有 80bits。按照每小时 6 个的出块速度，每年产出 52 560 个区块。轻量节点只保存区块头，实际上它会形成链，见上述"奇怪的列车"。这样区块头每年新增的存储需求约为 4MB，100 年后累计的存储需求仅为 400MB，即使用户使用的是最低端的设备，也完全能够承载。

以梅克尔树组织交易集，其主要目的就是方便地为轻量节点提供需要的"残树"。

7.4.2 全节点

记账员由于承担验证责任，故需要全量数据，所对应的网络节点称为"全节点"。

在第 5 章中，我们知道矿工可以自由进退区块链社区，每次进入时，都要同步网络数据。我们从原理上看看它们是如何实现同步的。

首先，需要维护一个网络"邻居"表。当然，这里的"邻居"不是地理意义上的，而是与你有联系的网络节点。假定你是新进入的矿工，如何建立这个"邻居"表？建立邻居表的过程通常被称为"网络发现"。

该网络是一个 P2P 网络，有一类节点通常是比较稳定的、大家认可并广泛推荐的，即"种子节点"。从官网下载核心程序并安装好后，主动地联系某个或多个种子节点，将网络 IP 地址信息告诉种子节点，种子节点就会将此信息向其邻居转发，收到信息的节点也向自己邻居转发，当然，网络对转发次数有一个限制，这样，网络地址信息就被广播出去了。这时，就有一些节点主动同你联系，你们就成了"点对点 P2P 朋友"，也就是"邻居"，这样你就建立起了自己的"邻居"表。当然，表的容量有限，也没有必要让所有的节点都成为你的"邻居"。你得时常与"邻居"保持联系，如定期问候，当发现某"邻居"不理你了，那他可能退出了或他把你从他的邻居表中踢出去了时，你就再到网上去找另一个愿意与你交朋友的节点，填补他走后留下的空缺，这样，你的"邻居"表就得到了维护。

其次，同步数据，主要是同步区块数据和交易数据。数据只在"邻居"间传输，你需要数据可以向"邻居"要，他没有该数据，则他会转发数据的请求，你有新的数据要主动分享给"邻居"，别人需要数据的请求若到了你这儿，你也要帮忙。这是一个"人人为我，我为人人"的去中心化的社会。

再次，在网络上寻找数据和传输数据，是基于 P2P 相关的协议进行的，其原理在第 3 章已描述。

最后，有了全量数据，记账员就可按第 5 章的要求，完成各项职责，验证交易和验证区块，最终实现区块链公共账本功能。

7.4.3 轻量节点

轻量节点又被称为简单支付验证（Simplified Payment Verification，SPV）节点。SPV 指的是"支付验证"，而不是"交易验证"，这两种验证有很大区别。

"支付验证"比较简单，只需判断用于"支付"的那笔交易是否已经被验证过即可，即验证交易是否在链上，并得到了多少算力的保护。也就是说，这笔交易被确认多少次，即交易在区块链中的深度，指该交易所在的区块到当前最新区块的长度。

对某笔交易的支付验证实际上分为两步。

第一步：取数据，将交易的 Hash 值提交给区块链的 P2P 网络，网络返回该交易所在的区块编号及该区块所在的梅克尔残树。

第二步：验数据。

（1）验证该交易在梅克尔树上，在残树上即可；
（2）验证该梅克尔树根（MerkleRoot）在指定的区块头中；
（3）验证该区块头在区块头所组成的链中。

通过上述步骤，就可以判断该交易是否在区块链上，在区块链上的交易都是已通过矿工进行过交易验证的。

如图 7.4 所示，交易的支付验证也可以被看作是否能找到从该交易到创世纪块的一条路径。这条路径分为两段：一段是由交易到树根，即 A 到 B 的残树，图中虚线框所示为区块 B 中由梅克尔根展开的梅克尔树，虚线框中的深色线即为叶子节点 A 到梅克尔根的路径；另一段是树根所在的区块头到创世纪块区块头，即 B 到 C 的区块头链。前一段是弯弯曲曲的乡间小道，后一段是笔直的大道。若找到了这条路径，则说明这个交易已经被矿工确认。小道与大道的交界处是树根所在的区块头。交易的支付验证所需要的数据为这条路径上的数据，即一棵残缺树和一条**区块头链**。可见支付验证所需数据很少。

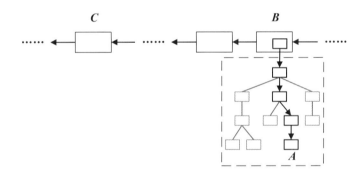

图 7.4 支付验证

使用区块链的用户只关心与他相关的交易情况，只需要 SPV 节点，通常为用户端软件，如钱包，不需要大的容量，故在手机等终端设备上就可以运行。

7.5 小结

本章重点讨论了比特币区块链的结构：
（1）区块头与区块体分离，由区块头链接成链，区块体"挂"在区块头上；
（2）区块体由梅克尔树构成。

有了这样的区块链结构后,就可以将区块链的网络节点分为全节点和轻量节点。

公共账本在 P2P 网络上的分布式存储,体现为分布式存储交易和区块头,而并没有存储区块和"链",区块和区块链就成了"逻辑"结构。区块链在逻辑上是一个整体,但在一个具体的网络节点上,在物理上是分散的,即通过指纹逻辑地连接,甚至是残缺的,需要到其他网络节点中找到数据。

本章还介绍了全节点和轻量节点(即 SPV 节点)。全节点验证所有交易,需要全量数据;SPV 节点检验交易已被全节点验证,只需要很少的数据,用户端软件,如钱包即为一个 SPV 节点。

第 8 章

账号与钱包

在现实经济生活中，账号与钱包是必不可少的。同样地，在公有区块链的加密货币世界里，也有账号与钱包的概念，但与现实世界中大不一样，它们是具有捆绑关系的。

8.1 身份证明

在非对称密钥体系中，你是先选定不公开的私钥，再由算法产生公开的公钥，显然，私钥代表"登录密码"，公钥代表"登录账号"。那么，对方如何检验"你是你"呢？你用你的私钥对某数据进行签名，对方用你的公钥验证，若验证通过就确认了你的身份。确认身份这事就不需要第三方权威机构了，而是由数学原理来保证的，即第 2 章讲的数字签名与验证。

有趣的是，你是先有"密码"后有"账号"，前者可以推出后者，反之不行。你可以申请多对<公钥，私钥>对，表明你有多个账号，但是由于没有第三方认证，<公钥，私钥>对与你的真实身份没有捆绑，因此，这个体系是匿名的，除非有第三方来绑定，即 CA 认证机构，在第 14 章会讲到。

在这种体系中，没有建立"账号"与真实的你的对应关系，即没有用户认证机制，所以"天条"是只有"私钥"证明"你是你"，一方面，一旦他获取了你的私钥，那"他就是你"，他就可以使用你的资金了；另一方面，你把私钥弄丢了，如忘了、存私钥的介质丢了或破坏了，你就证明不了"你是你"，你就无法使用那笔资金了，相当于那个账号的钱丢了，只有找到私钥才能找回该资金。

当然，你可以通过签名声明"我是谁"，但是谁信呢？特别是在去中心化的环境中。有时，确实要知道真实身份是"谁"，这就是平时所说的"实名制"。例如，微软的补丁被下载后，它真的是"微软的补丁"还是黑客冒充的？这就需要一个认证体系。通过认证体系来颁发数字证书，补丁同数字证书一并下载来确认发行者的真实身份。数字证书广泛应用于软件分发、设备认证和用户认证等场景中。

8.2 账号太长

公钥目前选用的是 256 位的椭圆加密算法，为 256 位二进制数，若以后选用更多位的算法则公钥会更长，那么，如何缩短呢？

8.2.1 用 Hash 函数压缩

我们知道 Hash 函数具有压缩功能，并且能把数据压缩到固定长度，如 RIPEMD160() 能把任意长度的数据压缩到 160 位，这样便可得到公钥哈希 RIPEMD160(HASH(公钥))。注：比特币程序员在这里用了"双重哈希"，可能他认为能进一步地"搅乱"数据吧！

这个过程是单向的、不可逆的，并且与私钥产生公钥的方向不冲突，即：

私钥（Private Key）→公钥（Public Key）→公钥哈希（Public Key Hash）

注意：这里的两个变换都是不可逆的。

8.2.2 用大进制表示

用 Hash 函数压缩后，公钥仍是个 160 位的二进制数。将二进制数表示成十六进制数是很容易的事，如下所示，从右到左以四位为一小节，即半个字节，每小节对应一个十六进制字符。

十六进制数	0	1	2	3	4	5	6	7	8	9	A	B	C	D	E	F
二进制数	0000	0001	0010	0011	0100	0101	0110	0111	1000	1001	1010	1011	1100	1101	1110	1111

这样，160 位的二进制数就表示成 40 位的十六进制数，即 20bytes。

用 16 个字符将 160 位的二进制数表示成了 40 位，容易想到，我们可以用更多的字符，ASCII 字符表中有 62 个常用字符，包括 10 个数字和 26 个字母的大小写，可以全用上，这样就是六十二进制数了，但这些字符中有个问题：在手写场景中，有几个易于混淆，应剔除掉。如 0，o，O 三者中保留 o，而 I，1，l 三者中保留 1，这样就剔除了四个，那么可用的字符数就是 62-4=58 个，字符次序为上述次序剔除四个后的左对齐，即在最左端字符 1 对应序号为 0，即字符 1 表示 0；在最右端字符 z 对应的序号为 58，即字符 z 表示数字 58。这就是 Base58 编码规则。它是一种五十八进制的编码，它与其他进制的编码可以相互转换，它是面向"人类"的，即它有两个特点：一是短，码制越大就越短，它用了大小写字母和数字等几乎所有的字符；二是无歧义，即对于手写易混淆的字符只保留一个，如避免出现 o、0、O。它因这种对"人类"友好的特性，常用于人机交互的场景中。

8.3 地址

作为账号的公钥，在上节已被转化为公钥哈希，是个 40 位的十六进制数，但为了缩短长度，我们还要进行 Base58 编码。在进行上述 Base58 编码前，我们先加入校验位，也称为 Base58Check 编码，这样就得到了一个 34 位的五十八进制数并以 1 开头的账号地址。

8.3.1 Base58Check

Base58Check 编码过程如下。

（1）首先给数据添加一个版本前缀，这个前缀用来识别编码的数据类型。例如，比特币地址的前缀是 0，十六进制数表示为 0x00，即 Base58 的 1。

（2）对数据连续进行两次哈希，用 SHA256 算法，有

```
checksum = SHA256(SHA256(prefix+data))
```

（3）在产生的长度为 32 字节的 Hash 值中，取其前 4 字节作为校验并添加到第一步产生的数据之后。

（4）将数据进行 Base58 编码处理。

这样就得到了一个 34 位（五十八进制数）并以 1 开头的账号，如

```
1AGRxqDa5WjUKBwHB9XYEjmkv1ucoUUy1s
```

在比特币等区块链的世界中，账号也称地址（Address），与"发送"和"接收"搭配。

上面是计算比特币地址的基本过程，当然，在实现的细节上还有些差异，如 Hash 中加了相应前缀标识。这样就得到了比特币地址，也称钱包地址：

公钥哈希（Public Key Hash）↔比特币地址（Bitcoin Address）

注意：公钥到公钥哈希是不可逆的，公钥哈希到地址通常也设计成不可逆，但

后一个不可逆性无关紧要，故这里的变换是可逆的，所以可以认为公钥哈希和比特币地址本质上是一个东西：

（1）Encode/Decode 是可逆过程；

（2）虽然这里用到了不可逆的 Hash，但只是添加位，减去即可。

另外，这里比特币地址背后代表的是公钥；但在其他场景中，比特币地址可能是一个 Script Hash，而不是公钥哈希。这就是要再抽象出一个 Bitcoin Address 概念的原因。比特币地址的生成过程如图 8.1 所示。

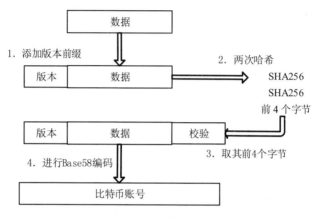

图 8.1　比特币地址的生成过程

8.3.2　二维码地址

将比特币地址转化为二维码，更便于扫描输入，如图 8.2 所示。

图 8.2　比特币地址与二维码

8.3.3　要一个漂亮的账号

手机号码买一串数字 8，车牌号拍个靓号，那么，能不能弄个有意义的地址？理论上可以，但实际上不行。因为有意义的地址理论上存在一个或者不止一个私钥，上述算法中 Hash 不可逆的特性，使得你在有限的时间或成本下破解不了。若能破解，则该密码体系的强度就不够了。

以太坊的默认地址为零地址，即地址中的字符全为 0。在以太坊的初期，有大量小白矿工和交易者，加上当时以太币也不值钱，在不懂和不在意的双重作用下，他们挖矿时忘了填奖励地址或交易时忘了填对方地址，就导致使用了默认地址，这样零地址中就积累了大量的以太币。

当然，也可以通过如下方法得到一些局部靓号的地址：

（1）随机生成私钥；
（2）通过上述算法得到地址；
（3）看地址中有没有有意义的东西，如单词 LOVE、一串数字 8888 等；
（4）若有，则找到并保存配对的<私钥,地址>，否则抛弃配对；
（5）回到（1）继续寻找，直到你想停止。

总之，局部靓号的地址"可遇而不可求"。

8.4 钱包

我们已见过两种钱包：一是现金钱包，就是你口袋中装钞票的，由于支付手段的变革，现在许多人已不带钱包了，实现了"无现金化"；二是电子钱包，有各类电子钱包，如乘车卡，它是通过充值或圈存（消费者将银行户头中的钱直接存入 IC 卡晶片）来注入资金，其特点是不记名、不专用，谁拿着都可以用，相当于对特定的商家已预付。电子钱包是脱机使用的，或者是脱离账户使用的，也有联机的，如现在，依附于手机应用的钱包。

虚拟货币也需要钱包来管理，这个钱包是联机电子钱包，与上述电子钱包有很大的不同。从广义上讲，该钱包只是用户的客户端，它控制对用户资金的访问、管理密钥和地址、追踪余额，以及创建和签署交易。此外，一些以太坊钱包也可以与合约进行交互。从狭义上说，该钱包可以看作是私有密钥的容器，以及管理密钥的系统。从某种意义上说，该钱包是钥匙串。

8.4.1 钱包不存钱

在日常生活中，钱包是用来存钱的，而比特币或以太币钱包中存的却不是货币，而是密钥，即公钥或地址对应的私钥。那么，其虚拟货币存在哪儿？

"你的钱存在银行中你的账号上"，这句话"翻译"到这里就是"你的钱存在区块链中你的账号上"，而"你的账号"即为前述的地址，而地址又是由公钥生成的，公钥又是由私钥生成的，所以，归根结底，资金是存在"你的私钥"上。

因此，从外人及公众的角度看，资金是存在"你的地址"上的，如你告诉他地址，他发送资金到你的地址。但因为地址是由私钥生成的，故从逻辑角度来看，资金是存在"你的私钥"上，"你的私钥"又存在你的钱包中。

前面讨论了区块链中的身份认证问题，因为只有交易的双方，没有权威的第三方认证机构，所以它"只认私钥"，有了私钥就有了它名下的一切。因此，钱包只需存储私钥，当然，也就间接地存储了对应的公钥和地址。钱包是客户端软件，该软件能从私钥计算出对应的公钥，进而计算出对应的地址。

当然，钱包本身又有密码控制，用于防止钱包泄密，就像你的手机有开机密码，更像你将私钥打印出来藏在箱子里，还要给箱子上一把锁。钱包可设计成两种安全级别：查询等不需要私钥的操作，不必对钱包解锁；而进行交易签名等需要私钥的操作前，需要对钱包进行解锁。这是钱包级别的密码，也可以设计私钥级的密码。由于私钥较长，使用不方便，用简短的密码代之，即通常用密码加密存放私钥，使用前通过密码解锁得到私钥。而私钥又常常由钱包随机生成（与密码对应）并保管，故普通用户常常感觉不到私钥的存在。

钱包通常还可以由钱包服务商提供，你可以通过登录方式使用在线钱包。

8.4.2 查询余额

用户可以用钱包查询余额和做交易，方法如下。

（1）通过地址，向区块链网络查询某地址的资金，即钱包不包含币，但它能查到它拥有的币余额。还可以用上述查询命令一次性地查到钱包中所有地址的余额，汇总出整个钱包的当前余额。

（2）用户可以用钱包软件做交易，并使用钱包中的密钥对交易进行签名。交易是基于哪个地址的资金，就使用哪个地址对应的私钥。

常说的"转账到一个地址"，意味着资金是基于地址的，查询余额就是查询某地址收到的资金之和，可使用命令 getreceivedbyaddress。使用这个命令时有一个参数，叫"至少确认次数"，默认值从配置文件中去取。当此值设置为 0 时，只要有交易发送到这个地址，几秒钟就可以查到该地址的余额中含有该交易的资金。但因为比特币的一次确认平均时间为 10 分钟，如没有被确认，则该资金还不能算数，说明该交易有可能是个非法交易，如双花交易。

你的钱包可以查询任何地址的资金余额，这就是公共账本的公开性，但你不知道这个地址后面的私钥及私钥的真实主人，这就是公共账本的匿名性。

8.4.3 多个私钥与多个钱包

如果一个私钥丢了，则该私钥名下的资金就用不了了；如果一个私钥被盗了，则该私钥名下的资金就是别人的了。因此，如果你是区块链上的富豪，你应该拥有多个私钥，将资金分散在不同的私钥中，即鸡蛋不要放在同一只篮子里，并且从隐私保护角度考虑，你也应该拥有多个私钥。实际上，私钥只是你用钱包软件生成的随机数，好的私钥可以随便申请，通过私钥又可以很容易地计算出对应的公钥及地址。

钱包作为存储设备用于存储，作为客户端软件用于交易。因为私钥很重要，所以钱包软件提供了备份与恢复机制：钱包中的一组私钥，你可以在多处备份，每处备份不同的私钥；同样，你也可以有多个钱包存放不同的私钥。

这样，基于"鸡蛋不放在同一只篮子里"的风险管理，就有了资金、私钥和钱包三者的层层分散风险的关系。

一个钱包中装多个密钥，以与这组密钥有无关联而将钱包分为两种类型：

第一种是非确定性钱包，其中，每个密钥是从随机数中独立生成的。密钥间彼此无关。这种类型的钱包也被称为 JBoK 钱包（即 Just a Bunch of Keys）。

第二种是确定性钱包，其中，所有密钥都来自单个主密钥，称为种子。这种类型的钱包中的所有密钥彼此相关，并且如果具有原始种子，就可以再次生成钱包。确定性钱包使用了许多不同的密钥派生方法，最常用的是树状结构，也称分层确定性钱包或 HD 钱包（Hierarchical Deterministic Wallet）。确定性钱包是从种子初始化的。为了使种子更容易使用，种子被编码为英语单词或其他语言中的单词，也称助记词。

不鼓励使用非确定性的钱包，因为它们管理、备份和导入都需要依"个体"处理，很麻烦。取而代之的是，使用一个基于行业标准的 HD 钱包，并使用助记词进行备份。有兴趣的读者可以看本章的附录：密钥树。

8.4.4 私钥及其表示形式

私钥本质就是一个 256 位或其他位数的由 0 和 1 组成的随机数，这个随机数是怎么产生的不重要，只要是不可预测和不可重复的都可以。如果你用自己的手机号生成就不符合"不可预测"的要求，而"不可重复"是指不能出现你选的数和他选的数是一样的，这一点是靠概率知识来保证的：选数足够随机和选数空间庞大。私钥的空间大小为 2^{256}，用十进制表示大约是 10^{77}，而在可见的宇宙中，原子数在 10^{78} 到 10^{82} 之间。

私钥也可以用前述进制表示方法来处理,但不能用 Hash 算法来处理,想一下为什么。

处理私钥就是把数据的表示形式从私钥转化为人类方便认识的形式,以便手工抄录或扫描,用于秘密存放。私钥既可以是纸质形式的收藏,又可以是电子形式的备份。例如:

4Qe5s1Qks4nzi2aJSsZuf8DspZt8vH2uJtSN6AWR5FSw

解答上述问题:私钥要用于数字签名和求对应的公钥及地址,因此,私钥的任何表示应该能恢复私钥的原始二进制表达,而 Hash 算法是单向的、不可逆的,若对私钥使用 Hash 算法变换,则从变换结果中不能恢复私钥。

8.5 跟踪与隐私

对公有链而言,我们有时说"交易能被跟踪",有时又说"交易具有很好的隐私保护",这是怎么回事?这就是前面所说的公共账本的公开性和匿名性。这里我们将进一步说明。

(1)我们知道"有用户认证的系统"在开户时,需要用客户身份产生账户,再用密码将二者关联,也就是有客户、账户、密码三者相关联,这就需要将其保存,以便核对。这个"保存关联关系的库"一方面存在被泄漏的风险,另一方面使得系统知道谁做了什么,即破坏了私密。而在公有链中,使用公钥地址作为账户,用私钥代表客户身份和密码,这样就使得,(客户,账户,密码)三元组变成了(公钥,私钥)二元组,而公、私钥二者本身又具有密码学运算的捆绑关系,不需要将对应关系存起来。即系统既不保存客户真实身份又不保存客户的私钥,而是将保密性交给客户自己,客户自行管理私钥,从而很好地保护了客户的隐私。

(2)而公钥地址和交易是全网可见的,因而又是可跟踪的。但它只是跟踪到账户层面,并没有跟踪到客户层面。有时,客户与账户的对应关系又需要公开,如需要捐款情况公开透明的公益组织的账户。

(3)当然,大数据联合分析可以猜测客户,如你用手机做了交易,就可以通过手机实名或定位来确定客户,从而建立关系(公钥,客户)。另外,一个客户可以有多个<公钥,私钥>对,使得前述建立的关系不能用于黑名单管理,因为你封锁了一个公钥,他可以再生成一个公钥。

总之,在公有链中,通过技术手段使得透明和私密这两个极端要求实现了和平共处:数据不加密,用公钥地址使得大家都可跟踪,私钥签名保证交易真实,指纹保证防篡改和与用户脱钩，以保护隐私。

当然，如果客户通过"代理"方式接入区块链，那么客户与"代理"的交互就是一个"有用户认证的系统"，这样就破坏了公有链对客户隐私的保护。

私密性使得金融交易对应的实际商务无法被审查，具有抗审查性。例如，比特币被大量用于黑市和违法交易，这是比特币走红的原因，同时，也是被政府抗拒的原因。这种特性，因立场不同而被表述成优势或劣势。

考虑到法规和约束，可采取折中方案保护隐私：在商业上使用"半开放"的分布式账本，即使用联盟链，并建立"用户认证"体系，"用户认证"可以是中心化的，即存在独立于联盟链节点之外的一个认证中心，也可以是分布式的，即各联盟管理自己的用户，这样，联盟链就实现了"KYC"（知道你的客户），这对于需要定位到"人"的管控是必要的，如打击非法交易、反洗钱，以及相关黑名单管理等。

8.6 小结

本章讨论了"账号"与"密码"在比特币网络中是如何体现的，非对称加密体系提供的公私钥对刚好用于这一情景。为了适应用户的手写环境，我们对地址进行了易用性设计。钱包是用来存储用户的私钥的，而不是用来存币的，无须第三方的认证，私钥直接代表用户，所以不能泄露和遗忘私钥。

在比特币网络里，有 4 个相关的概念：

- 私钥（Private Key）；
- 公钥（Public Key）；
- 公钥哈希（Public Key Hash）；
- 比特币地址（Bitcoin Address）。

其源头是私钥，然后其余三者依次产生，且是单向不可逆的。对普通用户而言，往往眼里没有长长的私钥，只有简短的密码，最最重要的私钥躲在了密码的后面（私钥用密码加密存放），实际上是后台通过密码解锁而获得私钥的。

本章还以附录的方式，讨论了进制转换和密钥树。

进制转换源于数学中数的多项式表示。

密钥树的知识源于 BIP[①]：

[①] 注："BIP"是 Bitcoin Improvement Proposal 的缩写，意思是"比特币改进建议"，人们通过 BIP 向比特币社区提供设计文档，或描述比特币或其流程或环境的新功能。简单来说 BIP 就像是一个提案。

- 助记词，基于 BIP-39；
- HD 钱包，基于 BIP-32；
- 多用途 HD 钱包结构，基于 BIP-43；
- 多币种和多账户钱包，基于 BIP-44。

8.7* 附：进制转换

二进制是最小进制，它可以转换为其他进制，如大家熟悉的十进制和十六进制。

我们以一个具体的数来说明转换关系，如下表达式中的下标为进制，分别为十进制、十六进制和二进制：

$(179)_{10} = (B3)_{16} = (10110011)_2$

下面我们来证明这个等式。

我们知道：

$(179)_{10} = (1 \times 10^2 + 7 \times 10^1 + 9 \times 10^0)_{10}$

实际上其他各进制中的数也都可以表示成十制进中数的多项式（底为进制），即对于一般的 T 进制，T 进制中的 k 位数

$n = (a_{k-1}a_{k-2}...a_1a_0)_T = a_{k-1} \times T^{k-1} + a_{k-2} \times T^{k-2} + ... + a_1 \times T^1 + a_0 \times T^0$

其中，在一个符号集合中取值，这个符号集合中有 T 个字符，由小到大分别代表 0，1，2，...例如，在十进制中表示为 0，1，2，...，9；在十六进制中表示为 0，1，2，...，9，A，B，C，D，E，F。因此有：

$(B3)_{16} = B \times 16^1 + 3 \times 16^0 = 11 \times 16^1 + 3 \times 16^0$（B即11）

$(10110011)_2 = 1 \times 2^7 + 1 \times 2^5 + 1 \times 2^4 + 1 \times 2^1 + 1 \times 2^0 = 179$

通过上面的分析，我们可以得到两个结论：

（1）一个数可以用上述多项式，并通过多项式在各进制中转换；

（2）进制越大，表达越短，使用的字符越多，进制 T 的大小等于所使用的字符的个数。

另外，对于二进制数与十六进制数的转换，对应关系为四位二进制数对应一位十六进制数，因此可以直接方便地得到。例如上面的例子，二进制数从右向左以 4 位分小节为：1011，0011，根据对应关系分别为十六进制数 B，3，即为 0xB3（前缀 0x 为十六进制的标识）。

8.8* 附：密钥树

前面我们知道分层确定性或 HD 钱包需要一棵密钥树，本节将构造这棵树。

8.8.1 分裂

我们知道 Hash 函数能将任意长度的字符串压缩成固定长度，如压缩成固定长度 512 位，记为 Hash512。通常用的哈希函数为 SHA（Secure Hash Algorithm，安全哈希算法），这里的"压缩"是一般的说法，当原字符串小于固定长度时，实际上是"扩展"，借助这一特性，我们可以利用一个称为种子的随机数，产生一连串的密钥：父私钥、子私钥、孙私钥……如图 8.3 所示，将计算 Hash512 作为种子，得到 512 位的二进制数，一半作为密钥，另一半作为下一代的种子，依此类推，哈希函数将不断地分裂下去。本书取哈希值的右半部分作为私钥，当然，你也可以换过来取左半部分作为私钥。

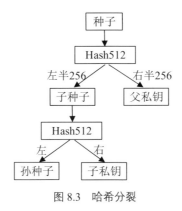

图 8.3 哈希分裂

如果将向下生长改为向右生长，就得到了如下"链"，如图 8.4 所示。

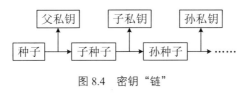

图 8.4 密钥"链"

显然，这只是一个"链"或二叉树，那么该怎样变为一棵树呢？加一个变化因子——索引号就可以了。如将上述"Hash512(子种子)"改为"Hash512(子种子 ‖ n)，其中：(子种子 ‖ n)表示子种子再拼接一个可变化的索引号 n"，若索引号为 32 位，则上述的每个种子节点可扩展 2^{32} 个二叉：一叉密钥作为叶子，一叉子树作为分支。

2^{32} 是个什么概念？它是个超过 40 亿的大数：

$$2^{32} = 4 \times 2^{30} = 4 \times (2^{10})^3 = 4 \times (1024)^3 \approx 4 \times (1000)^3 = 40 \times 10^8$$

也就是说，每个种子节点可裂变产生 40 亿个密钥和 40 亿棵子树，子树中的节点又按这个规模进行裂变，这样就可形成一棵庞大的树。

8.8.2 关联

上述的密钥树虽然庞大，但若黑客知道了某一代的种子，则可以获得这代之后所有的私钥。我们可以通过建立父子密钥之间的关联关系来改善这一状况，如图 8.5 所示。

在密钥树的两处建立关联：

（1）计算种子的 Hash512 时，加上其父的公钥，这时为 "Hash512(子种子||其父公钥||索引号)"；

（2）生成私钥时，加上其父私钥，即私钥=(其父私钥+哈希值的右半)%G，这里的 G 是椭圆曲线加密算法所定义的私钥循环域。

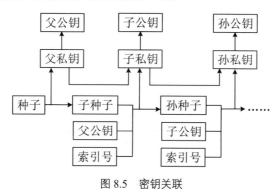

图 8.5　密钥关联

8.8.3 公钥树（拓展公钥）

在图 8.5 所示的密钥树中除用到 Hash512 外，还用到了椭圆曲线加密算法的公钥生成函数 point()：公钥=point(私钥)。

结合椭圆曲线加密算法的性质，我们有如下公式：

私钥=(其父私钥+哈希值的右半)%G —— （1）

公钥=point(私钥) —— （2）

　　　=point((其父私钥+哈希值的右半)%G) —— （3）

　　　=父公钥+point(哈希值的右半) —— （4）

即图 8.5 中的父子密钥之间的关联关系是基于式（2）和式（3）的。

显然，利用式（4）我们可以在不接触私钥的情况下生成所有后代公钥，如图 8.6 所示，因为公钥本身是要公开的，所以这样操作其实在对私钥进行特别保护。

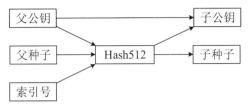

图 8.6 拓展公钥

由上述式子的关系知，图 8.5 的公钥和图 8.6 生成的公钥是相同的。

图 8.6 中的(公钥，种子)对称为拓展公钥，即由(父公钥，父种子)可拓展出(子公钥，子种子)，依此递推。这种方法常用于需要大量公钥的情景。

8.8.4 加强（拓展私钥）

有人发现上述密钥树中有一个安全弱点：若黑客已知一配对的<种子,公钥,索引号>，则他可以按上节的方法，得到从已知公钥起的全部公钥。其实，全部公钥是公开的，这个推导只是对公钥进行了筛选和排辈分。在这种情况下，若黑客再知道了某个子孙的私钥，就可以破解一串私钥，即利用式（1）：私钥=(其父私钥+哈希右半)%G，解出其父私钥，如此可逆向推出其祖辈的私钥。

对私钥的保护非常重要，因此需要加强。

将图 8.6 中的"公钥"更换成"私钥"即得到加强版的私钥生成算法。(私钥,种子)对称为拓展私钥，即由(父私钥,父种子)可拓展出(子私钥,子种子)，依此递推，如图 8.7 所示。

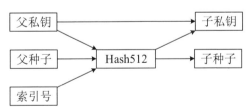

图 8.7 拓展私钥

相对于加强版的私钥算法（拓展私钥），图 8.5 中的私钥算法称为普通版，但二者各有优点，可以混合使用，在树中以索引号来区分：索引号从 0x00 到 0x7fffffff 将产生普通密钥，索引号从 0x80000000 到 0xffffffff 将产生加强密钥。

在加强版私钥算法中，子种子的产生需要父私钥的参与，故其不能产生拓展公钥，即(公钥,种子)已经不能产生符合要求的子种子了，即图 8.6 所示的算法针对图 8.5 的普通版私钥算法是成立的，而对于图 8.7 的加强版私钥算法是不成立的。因而加强版私钥算法，即拓展私钥，产生不了上述的攻击，就像防火墙一样，它堵住了上面所述的安全弱点。

8.8.5 订规范

M 表示主公钥，m 表示主私钥。

密钥树的分叉宽度由索引号体现，上面已规定：前一半用普通版算法，后一半用加强版算法。为了表述方便，使用撇号（'）来表示加强版算法密钥，简称加强密钥；不加撇号为普通版算法密钥，简称普通密钥。例如，第一个普通密钥 0x00 表示为 0，而第一个加强密钥 0x80000000 则表示为 0'。

对于密钥树的深度，以层来体现，斜杠（/）表示密钥的层次，这样就表示了树上的路径，例如，$m/0'/0/122'$ 表示主私钥的第一个加强子私钥的第一个普通子私钥的第 123 个加强子私钥。路径 $m/0'/0/122$ 定义了四层，之后为自由分叉，这就形成了树的一个分枝。

把层次与应用挂钩定义前面几层，每个层次代表的应用含义如下。

例：m / purpose' / coin_type' / account' / change / address_index

- purpose'（加强版），代表某种目的，设定为固定常数 44'，表明该规范为 BIP-44
- coin_type'（加强版），代表币的种类，如 0'为比特币、60'为以太币等。
- account'（加强版），代表账户，表示从这层可以分出独立分支，即子账户，对应于组织中的子机构。
- change（普通版），表示是否用于找零，如 0 或偶数代表创建接收地址，用于收款，1 或奇数代表创建找零地址，用于返回交易的找零。从此层开始可以为普通版，故该层向下可以产生拓展公钥分支。
- address_index（普通版），代表索引，真正代表了算法中的索引号的特性，从 0 开始递增。上层的拓展公钥与本层索引结合，可产生一批公钥，用于需要大量公钥的情况，其实一层就够用，正如前面已经分析的，它可分裂出 40 亿个。

虽然，有了这样一个规范，但没有一个组织进行硬性控制，因此，目前处于各 HD 钱包公司"抢占"和"自觉兼容"市场产品的状态。

8.8.6 助记词

回到树的树根，它是种子链的最开始的种子，称为根种子，所以，除了要保证它的安全性，还要保证它的易用性。它是一个很长的二进制数，把这么长的数抄录到纸上是不是很麻烦？是的，但是对我们而言，抄单词是比较容易的，让你抄128位的二进制数与抄十几个单词的难度是不可同日而语的。因此，我们用一些单词来对应这个根种子，这些单词被称为助记词。

首先，需要一个预先定义的 2 048 个单词的字典，实际上是单词的列表。助记词的生成步骤如下：

（1）随机生成一个二进制数，即熵；
（2）求熵的哈希值，取前面的几位，作为校验位，记为 y；
（3）熵和 y 组成一个新的序列；
（4）将新序列以 11 位分段；
（5）将每段作为序号，查字典，得到一个单词，注：字典的大小与分段长度相关，如以 11 位分段对应的字典大小为 2 048；
（6）生成的有顺序的单词组就是助记词。

如图 8.8 所示：由 128 位的随机二进制数得到一个由 12 个单词组成的助记词系列。

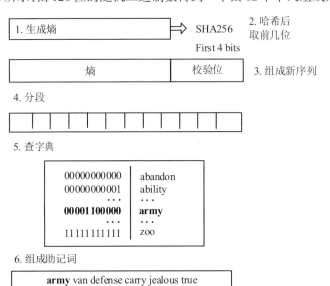

图 8.8　助记词

有了助记词系列文本，对其求哈希值就能得到根种子。

助记词方便转录到纸上，也可以分为两部分分别存放，还可以对助记词系列再加一个单词，这个词只有你知道，称为"撒盐"，以进一步提高安全性。例如，某同学的名字，它不放在助记词中，但你要记得它。

第 9 章

UTXO 交易模型

区块链是用来"装"交易的,那么交易内部的结构如何?相关的交易间是如何关联的?

在区块链系统中有两种交易模型,可以选用其中一种作为交易模型,一是状态模型,即我们所熟悉的将账户的余额视为账户的状态;二是 UTXO(Unspent Transaction Output,未消费的交易输出。注:也有作者将其缩写为 UXTO(其中 UX 表示 Unspent),我们这里沿用将 Transaction 缩写为 TX 的习惯)模型,它只记录交易明细,比特币系统就是使用此模型的。本章我们将讨论 UTXO 交易模型。

9.1 交易新观念

我们先引入一种新的"交易"观念。

9.1.1 交易成链

一个简单的资金流转过程:(1) X "转出"一笔资金给 A,即 X 花费该资金;(2) A "入账"这笔资金,即该笔资金入 A 的账户;(3) A 将该笔资金"转出"给 B;(4) B "入账"这笔资金;(5) B 将该笔资金"转出"给 C……

假定该笔资金有一连串的流转过程,则有一连串的交易,形成一个交易链:

[(1)+(2)]、[(3)+(4)]、[(5)+(6)]……注:["转出"+"入账"]表示两个动作形成一个交易。

上述过程即为传统思维,将(1)与(2)视为一个交易,形成一连串的["转出"+"入账"]。

现在引入新的观念：将（2）与（3）视为一个交易，不需要银行帮忙，两项都由 A 做。由于不计息，所以没有必要提早入账，再说别人也领不了。即新的"交易"观念就是你尽可能地推迟"领取"/"入账"，只在使用该笔资金时才"入账"，将"入账"和"转出"视为一个交易，并由资金拥有者一个人来完成。

上述资金流转形成的交易链为[（2）+（3）]、[（4）+（5）]、[（6）+（7）]……即一连串的["入账"+"转出"]。

其中，将"转出"理解为：置资金为"待领"状态，即"转出"方不再有这笔资金，该笔资金等待收款方出示身份证件领取。

两种"交易"视角如图 9.1 所示。

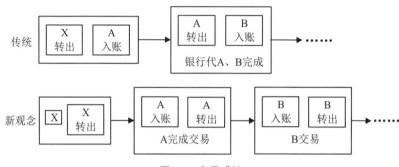

图 9.1 交易成链

（1）传统的["转出"+"入账"]模式：A"转出"，银行帮 B"入账"，交易双方都需参与，其中收方 B 委托银行代为参与，因为 B 并不知道 A 已转出。

（2）新观念的["入账"+"转出"]模式：你"入账"，你"转出"，只需资金拥有者一个人参与，因为没有银行或类似的"中心机构"代理收方，而交易双方又不可能一起完成一个交易。但交易毕竟是双方的真实关联，你"入账"与上家"转出"之间，一定要确认："他是不是转给你的"，这就是"交易验证"。

新观念模式将着眼点放在需要使用资金时才去领取资金，即需要转出时才入账，这种滞后设计为交易达成共识赢得了时间。例如，前置交易有可能在区块链的共识剪枝中被剪掉。

将交易["入账"+"转出"]视为一进一出，即得到交易模型 [IN，OUT]，如图 9.2 所示。

我们将着眼点放在 OUT 上：新交易的 OUT 处于未花状态，而被 IN 所指的 OUT，则表示该 OUT 被花掉，这种隐式表示一个状态的模式对区块链很有好处，如果显式地用一个标志来表示状态的话，则涉及它的修改，而区块链最麻烦的操作就是修改。

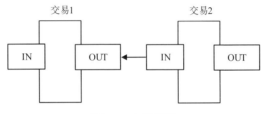

图 9.2 交易模型

交易模型 [IN，OUT] 可扩展成多个 IN 和多个 OUT，即交易模型 [IN[ ]，OUT[ ]]。[ ]表示数组，当扩展成多个数组时，前述的交易链就成了复杂的"放射"状，具体内容后面章节将会讲到。

由于该模型中新交易的 OUT 处于未花状态，故该模型称为交易 UTXO 模型。

9.1.2 "产币"交易

细心的读者一定注意到，在上述交易链的最左端一定有一个如 9.1.1 节所述的资金流转过程的孤零零的第（1）步交易，它实际上是一类特殊交易，代表着资金的最初来源，称为币基交易（Coinbase）。我们这里将其称为"产币"交易，这是模仿区块链的第一块的说法，它们很像：一个是区块链的起点，一个是币或交易链的起点。

其实，它就是奖励交易，即挖矿交易。因为每个区块都要奖励辛勤的矿工，所以每个区块都有一个"产币"交易。

上述交易成链，即从"产币"交易开始，"产币"交易（币基交易）如图 9.3 所示，它没有 IN，只有一个 OUT 奖励给矿工，其中 OUT 中的资金来源为本区块的奖励和本区块所有交易的交易费。

图 9.3 币基交易

9.1.3 解锁与上锁

为了进一步抽象上述交易模型，我们设计一个易于理解的"管钱箱"体系：小区有一个类似快递驿站的保险箱墙，有许多专门用于"管钱"的保险箱，由保安守着，大家的钱都锁在箱子里了。人们定了个奇怪的规矩：钱不准带走，只能在这里通过保险箱流通。

张家开了一家店,你从张家店里买 100 元的东西,你将这样付款:你用锁打开一个箱子,将里面的 120 元全部取出,你将其分解为 100 元用于付款和 20 元用于找零,分别放入不同的空箱子,并给两个箱子上锁,再以短信的方式通知收款人(张家)。张家若需要用这 100 元钱,他也得"解锁,分解装箱,上锁,通知"。在这个过程中,除了显而易见的事项,关键事项为 [IN 解锁,OUT 上锁]。

这种运行体系很安全,后来,为了更好地服务社区,保安将"解锁,分解装箱,上锁,通知"的体力活也接手了,客户只需提交"操作说明"交易脚本即可。[IN 解锁,OUT 上锁] 变为 [IN 解锁脚本,OUT 上锁脚本]如图 9.4 所示,由保安按照交易中的"操作说明"执行即可。

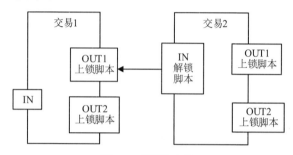

图 9.4 解锁和上锁

再后来,小区实行"无现金"化,现金变为了数字,保险箱变为了账号地址,但这种运作体系仍被保留了下来。保安变成了记账员,针对客户提交的交易 2,他要做的工作有两项:①验证,即验证交易 2 中的解锁脚本是否对应交易 1 中的上锁脚本,若对上了,则说明解锁成功;②记账,即若交易 2 的格式符合分解和上锁的要求,则将交易 2 记入账本中,如图 9.5 所示。

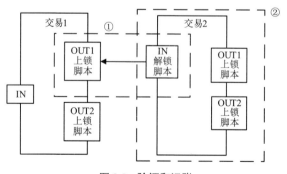

图 9.5 验证和记账

9.1.4　IN 与 OUT

交易 TX=< IN[ ],OUT[ ] >，其中[ ]表示数组，即上述的交易模型中，交易由一个或多个 IN（特殊情况：币基交易为 0 个 IN）和一个或多个 OUT 组成。

OUT=<amount,lock,to_address> 其中 OUT 锁定的资金为 amount，<lock,to_address>为上锁脚本，to_address 表示收方地址，该脚本表明锁定该资金给某人，收方将需要为它提供对应的解锁脚本。

IN=<pre_OUT,unlock>，其中 pre_OUT 是指向前序 OUT 的指针，pre_OUT=<pre_TX, N>，pre_OUT 必在以前的某一个交易中，被称为该 IN 的前序交易，pre_TX 作为指针指向其前序交易，N 作为标号指明在前序交易中的第几个 OUT 项。

可见，交易的每个 IN 都对应着一个前序 OUT，反过来，每个 OUT 都对应着一个后续的 IN 用来花掉该 OUT，或者对应着 0 个 IN 表示还未花掉该 OUT。但一个 OUT 不能对应多个 IN，即不能"双花"，后续会讲如何避免"双花"。

我们再从资金的角度来看看 OUT 与 IN。

（1）从交易链的连接处看：IN 与对应的前序 OUT 中的资金应该相等，因此，IN 中就省去写金额了。

（2）从交易范围看：一个交易中所有 IN 的资金之和应大于所有 OUT 的资金之和，差额部分作为交易费，类似于小费，多少由你，不过通常有最低交易费的概念。在该交易被打包入区块时，交易费会被矿工收集放入奖励金中，即汇总并入币基交易的 OUT 中。

（3）可以把 IN 理解为一个指针，指向前置交易的某个 OUT，称为前置 OUT，而 IN 的资金来自那个前置 OUT 的账户，如图 9.6 所示。

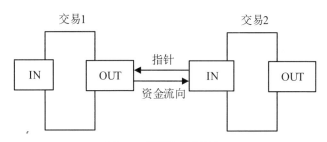

图 9.6　指针和资金流向

注意：两种不同方向的箭头线含义不同，由于区块链通常是被画成向右生长的，故根据箭头的方向即可理解其含义。后续图中一般根据实际需要只画一条箭头线。

9.1.5 脚本

这里，我们讨论上锁脚本和解锁脚本的大概结构。

回顾上一章我们学习的地址生成过程：私钥→公钥→地址，且单向不可逆。

显然，地址放在上锁脚本中，由"公钥→地址"说明公钥可以充当地址的解锁，即对上暗号了，因此公钥应放在解锁脚本中。但这里还有一个问题，公钥是公开的，如何防止别人用它去解锁？由于私钥才代表你，这就要私钥出马了，当然不能直接展示私钥，我们知道展示私钥的方法是展示私钥的签名，而公钥正好可以用于验证签名。这样，解锁脚本中就是<私钥的签名,公钥>，即<A_sig, A_k>，上锁脚本为<...地址...>，其中省略号就是一些操作码，以完成上述解锁过程。

上锁脚本和解锁脚本组合被称为验证脚本，实现"能开锁，是本人"，由前述保安验证（见图 9.5 的①）。IN 与对应的前序 OUT 的配对成功，不妨称为"握手"。

从验证角度看，OUT=<...地址...>，IN=<...私钥的签名,公钥...>是成对出现的，相当于握手，显然，可以把"地址"替换成"公钥"，这时操作码要调整。替换后，配对的 OUT 与 IN 变为 OUT=<...公钥...>，IN=<...私钥的签名...>，这就简洁多了。

当然，使用"地址"具有更短的编码，便于转账方输入对方账户地址，而自己的私钥和公钥由自己的钱包管理，不用输入。

9.2* 交易与签名

我们知道，在解锁脚本中需要"签名"，而为了防止对交易的抵赖，也需要用户对交易进行"签名"，这两个"签名"是否可合二为一？确实可以。本节就讨论这个交易签名。

9.2.1 原始交易

首先，构建原始交易。原始交易是由用户输入的信息组装的：TX=<IN[ ],OUT[ ] >，但是还没有签名，也就是所有的 IN 中没有解锁脚本<私钥的签名,公钥>。

之后，复制原始交易的副本用于签名运算，此时，每个 IN 中本应是解锁脚本的地方为空。

9.2.2 签名交易

对 IN[] 数组中的每个 IN，进行如下处理。

（1）对副本初始化，恢复到副本的初始状态，即原始交易：每个 IN 中本应是解锁脚本的地方为空。

（2）在副本里该 IN 中本应是解锁脚本的地方，填上该 IN 对应的前序 OUT 的上锁脚本或整个前序 OUT，这时，该副本变为只有一个 IN 中本应是解锁脚本的地方有值，其余 IN 中该地方仍为空。这时的副本变为：原始交易+IN 的前序 OUT。

（3）再用私钥对该副本求签名值。签名方法见第 2 章。

（4）将该签名值和公钥组成解锁脚本<签名,公钥>，填入原始交易中对应的 IN 中。

这样，填完原始交易中所有的 IN，原始交易就变为了"签名交易"。签名交易就可以向区块链网络提交了。

注：其中，第（2）步使得各 IN 中的签名不一样，且签名是针对本交易和其前序 OUT 的。若没有这一步，则所有 IN 中的签名都是一样的，即都是对副本的初始状态的签名，这样就可以以一个签名代表所有 IN 中的签名，即交易级的签名；而前者是 IN 级的签名，粒度更小，也就更灵活。

9.2.3 合资交易

在资金分散在多个账号地址的情况下，如何付出一大笔资金？

（1）假设已有许多未花费的 OUT 支付给同一个地址，而你有这个地址的私钥，这时，你很容易构造一个交易：每个 IN 对应一个前序 OUT，这样你就将这一组 OUT 的资金汇集到你的交易中来了，再通过本交易的 OUT 支付出去，若只有一个 OUT，就达到了汇集资金的目的。

（2）若这些未花费的 OUT 都是支付给你的，但地址不同，对应于你的不同的私钥，这时也可以用同样的方法进行资金汇集，因为前面我们分析了签名是在 IN 级的，即每个 IN 对应一个前序 OUT，前序 OUT 对应一个支付去向地址，地址对应私钥，用这个私钥针对这个 IN 对交易签名即可。

最后，钱包向区块链网络提交这个资金汇集交易。

这个交易是一个 IN 用一个私钥签名，多个 IN 用多个私钥签名的。多个 IN 中的资金汇集在一起，我们不妨称其为"合资交易"。

一个代发工资交易可以被设计成"合资交易"：多个老板出资，各自签名，交易中左边的 IN 组用于汇集资金，右边的 OUT 组用于分发或使用资金。

9.2.4 多签交易

我们已经知道公钥可以替代地址作为账号,公钥用在上述签名交易原理中也完全成立,而且用公钥更容易理解。为便于理解,下面举例说明,在例中 A、B 和 C 表示公钥。

普通交易由交易发起者签名即可,但还有需要多人签名的情况,如公司给员工发工资,会计做好表后还要领导审批,这就是多签交易(MultiSig)。一般多签交易可能需要 n 个人中的 m 个人签名,记为 m of n,即多重签名。例如:

1 of 3,主要用于防私钥丢失,有最大限度的私钥冗余,三把私钥中任何两把丢了,仍可转出资金。

2 of 3,一是用于解决信任问题,避免一个人说了算,如代发工资交易,除经办人外还要主管签字;二是防密钥丢失时的资金安全,如你将三个密钥放在三个不同的地方,其中有一个常用密钥,用于频繁的小额收款,而对大额的收款用"2 of 3"模式,即便常用的密钥被黑客盗了,这笔资金也还是安全的,因为,他偷到两个密钥几乎是不可能的。

3 of 3,主要用于利益相关方全同意的情况,没有私钥冗余,三把私钥中丢了任何一把资金都会损失。

这类交易有如下特点。

(1)在交易的前序 OUT 中指定了多重签名的要求,如前序 OUT 中有描述 "2 of 3 [A,B,C]" 的多重签名指令,表示对应的 IN 中需要 [A,B,C] 中任意两个的签名。注:[A,B,C] 通常以某种规定的次序排列,如作为数值从小到大的排列。

(2)转出该笔资金的交易若需两个人的签名才有效,则矿工需检查是否有 2 个人的签名,若有才能确认该交易、写入区块。

但 A、B 和 C 不在一起,怎么实现多重签名交易呢?可以这样设计。

(1)A、B 和 C 中任一人,比如 B,在客户端软件上编制新交易并进行签名,同时要求 A、C 之一签字,即 1 of 2。

(2)将该交易发布到区块链的点对点 P2P 网络中,由于该交易未达到两人签名的要求,故矿工不会确认该交易,但 A、C 在自己的客户端可以看到该交易。A、C 之一,比如 C,在客户端对此交易签名,产生一个新的交易并发布到区块链点对点 P2P 网络中。

(3)这时在区块链点对点 P2P 网络中有两个前序 OUT 相同的相关交易,一个只有 B 的签名,另一个有 B 和 C 的签名。显然,后者满足"前序 OUT"指定的签名要求,故会被矿工确认并写入区块,而前一个交易则随着时间的推移而老化,最后被网络抛弃。

在新交易中，IN 中的签名要符合其对应的前序 OUT 指定的要求。"多签交易"这个词应该是指两个交易有这种关系的情形：在前序交易及后续交易中，前者的 OUT 指定后者 IN 中需要多个私钥签名，"m of n"，即在后者的 IN 中实施多个签名。

注："多签交易"与"合资交易"都需要多个私钥签名，但它们显然是不同的。

9.2.5 两种地址

OUT 中的"2 of 3 [A，B，C]…"多重签名指令，可以视作该款项的"取款规则"，它指示后续配对的 IN 必须遵守此规则，但问题来了：握手配对的一对<OUT,IN>，OUT 在付款方的交易中，IN 在收款方的交易中，收款方财务制度要求提供付款方的多重签名 [A,B,C]。

能否将"取款规则"放在收款方交易的 IN 中？其实是可以的：

（1）将"取款规则"的指纹放入 OUT 中，将"取款规则"放入 IN 中；

（2）验证时增加一个环节，即先验证一下"取款规则"是不是 OUT 中所指定的。

上述多重签名的"取款规则"相对简单，将其扩展成更复杂的脚本，即解锁脚本，或赎回脚本（Redeem-script），就可以应对更复杂的情况了。

求脚本的指纹显然是用 Hash 算法，这与从公钥求地址的算法不谋而合，即"指纹"长得像"地址"，我们不妨也将指纹视为一种地址，这样就有两种地址：公钥哈希（Public Key Hash）和脚本哈希（Script Hash）。为区分它们，将首位添加一个标识符：前者为"1"，后者为"3"。

这样，两种情况对于付款人来说就简单了，它们表达的 OUT 格式是一致的，也都是支付到地址。两种不同的地址对应的交易分别称为：支付到公钥 P2PKH（Pay To Public Key Hash，地址为"1"）和支付到脚本 P2SH（Pay To Script Hash，地址为"3"）。

9.2.6 交易类型

交易有三种常见类型：产币交易（Generation）、公钥地址交易（PubKey Hash）脚本地址交易（Script Hash）和。该分类并非是严格定义的，只是根据交易的输入输出做的简单区分。

产币交易也称为币基交易，每个 Block 都对应一个产币交易，该类交易是没有输入交易的，挖出的新币是所有币的源头，视为币的发行。

公钥地址交易即 P2PKH，该类交易是最常见的交易类型，由 N 个输入、M 个输出构成。它描述这样一种公钥 B 的关系：在前置 OUT 中的[…H(B)…]和后续 IN 中

[…B…]。显然，它是用来解锁脚本<B，B-sign>去掉签名部分的。

将 B 扩展成脚本，即解锁脚本去掉签名部分：前置 OUT 中[…H(Scrip)…]和后续 IN 中[…Scrip…]，就得到如下类型的交易。

脚本地址交易即 P2SH，该类交易的接受地址不是通常意义上的地址，而是一个解锁脚本的指纹。从细节上来说：在哈希运算前，去掉签名部分；在哈希运算后，添加"3"作为标识符。

前述的多签交易现在基本被 P2SH 取代了。

9.2.7 共管账户

现实中常常需要两个人甚至多个人共同管理一个账户，不妨叫共管账户，也就是说这个账户的资金使用需要两个人及以上的签名。假定有两个人为 A 和 B，则使用该共管账户资金的交易的 IN 中除了是指向前置交易的指针，还应由四个元素组成：A、B、A-sign 和 B-sign，其中 A、B 为公钥，A-sign、B-sign 为 A 与 B 用各自私钥对交易的签名。由本章前述介绍可知，该四元素即为 IN 中的解锁脚本，共管账户应由该 IN 指向的前置 OUT 来定义。

由 P2SH 规则可知，OUT 中定义的共管账户地址应该为 Hash(A||B)，即将 A 与 B 的公钥以某种约定的次序拼在一起再进行哈希运算。

有意思的是，A 与 B 的共管账户是由 A 与 B 账户"生成"的，即先有共管账户的密码"——"A 与 B 的私钥，再有共管账户，而不是想象的那样：先有共管账户，再去产生密码。

9.3 无块之链

9.3.1 账本的体系结构

至此，我们建立起了区块链账本的三层体系。

（1）区块链：账本，由区块组成；

（2）区块：账页，每个区块包含若干交易；

（3）交易：每个交易包含若干输入条目 IN 数组和若干输出条目 OUT 数组。

输入条目 IN 和输出条目 OUT 是基本单元，不能独立存在，是交易的组成部分。

从上一节可以知道，金额是放在第三级的，即交易的每个 IN 和 OUT 都有金额，且 IN 的金额是隐式给出的，它是由前序的 OUT 给定的，如图 9.7 所示。

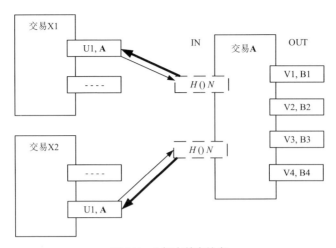

图 9.7 金额由前序给定

经交易 A：左边为 IN 组，右边为 OUT 组。

在 OUT 中有两个数：金额，给谁。如(U1,A)、(V1,B1)等。还有一个隐含的数：该条目在数组中的序号。

在 IN 中，$H()N$ 表示通过 Hash 值找到其前序交易，再通过 N 值找到对应 OUT 组中第几个 OUT，用粗线所示。IN 中的金额不必显式地写出来，因为通过粗线找到对应的 OUT，其 OUT 中的金额 U1 便是 IN 中的金额。

交易可以看成资金的"集散地"，左边 IN 收集资金，右边 OUT 散出资金。假定没有交易费，则左边的资金之和等于右边的资金之和，也就是我们在前面交易时说的"全部用完"。这是可以做到的，因为在交易 A 中，A 可以将未用完的资金 OUT 给自己。

资金的流向用细线表示，它与粗线的方向刚好相反，细线表示跟踪资金的流向，但如果它通过多次"集散"是很难被跟踪的。

这里出现了方向相反的箭头线，这两种箭头线意义不同，不要混淆，粗线实际上是指针，假定交易都是"简单交易"，如 0 个或 1 个 IN 和一个 OUT，则从当前交易可追溯出一条"交易链"，就像区块链会有许多条"交易链"。当交易不是"简单交易"时，则追溯会稍微复杂，过程像向左递进的绽放"烟花"，例如，交易 A 爆出的粗线引爆交易 X1、X2，交易 X1、X2 爆出的粗线又引爆……

在图 9.7 中，将 IN 的边框画成虚线，表示它只不过是先前某个 OUT 的"影子"，显然，在账务系统中不应出现"重影"。

思考题：如何避免"重影"，即如何避免双重支付？

9.3.2 交易链与区块链的区别

交易的 IN 也是指针，即含有前序交易的 Hash 算法，因此它具有防篡改的特性，其所组成的交易链具有区块链的许多特征，R3 Corda 系统采用的就是这种无块之链的方式。

将交易缩成一个小圆，以箭头方向表示资金流向，圆的左侧箭头入表现为资金的"集"，圆的右侧箭头出表现为资金的"散"，则有如图 9.8 所示的"链"。若以指针方式，即交易中 IN 指向对应的前序 OUT，但图中的箭头却正好相反。

在图 9.8 中，横向表示时间轴，A 表示一个"产币"交易，它没有 IN；在 B 交易的三个 OUT 中，1 被较近的一个交易 C 花掉，2 被较远的一个交易 D 花掉，3 还处于未花状态，D 是最新交易，产生的 OUT 全处于未花状态。

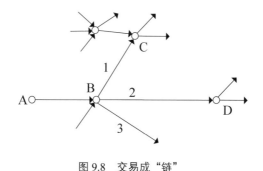

图 9.8 交易成"链"

这里的"链"与区块链既有相同点又有不同点。相同点是它们都沿时间轴方向向右生长、箭头线不回头、不形成环、防篡改等；不同点是区块链是一条简单的线，而交易"链"是网状的，通过资金的汇集与分散，体现出"分分合合"，且不断有新的产币交易产生新的起点等。

9.4 交易验证

9.4.1 这笔交易是真的

交易验证首先要确认交易的真实性，即要回答问题：是否有那笔钱、那笔钱是不是你的、你是否同意将这笔钱给别人，才能形成当前交易。

（1）是否有那笔钱——存在对应的前序交易 OUT，其中有笔资金。

（2）那笔钱是不是你的——在前序交易 OUT 中指定了地址，你可用私钥签名领用。

（3）你是否同意将这笔钱给别人——你可用私钥签名同意该交易。

上述（1）是找到 IN 与前序 OUT 的关联关系，（2）是握手，（3）是确认本交易，其中（2）和（3）各有一个签名要求，前面我们已经论述了，这两次签名可合并为一次，即该签名是一石二鸟。对交易（1）的 OUT 的握手，就是解锁，即签名领用；对交易（2）签名确认，表明同意该交易，也就是锁定，即将资金转给谁。

该验证是依靠脚本体系来实现的，参见附节。

9.4.2 这笔资金未花

我们验证了资金及其所有者的真实性，但在交易要花这笔资金时，需要检查该笔资金是否已通过其他交易花费出去了，即避免"双花"。

"双花"也被称为双重支付，是指 A 做了两笔交易，这两笔交易有可能是同时做的，也有可能不是同时做的：一笔交易将资金转给 B，而另一笔交易又将该资金转给 C。我们将检查双重支付的责任交给矿工节点。

为方便理解，我们假定所有交易都是只有一个 IN 和一个 OUT 的简单交易，或者是币基交易，在这种假设下，简单交易的 IN 指向前序交易的 OUT，如此下去直至一个币基交易。这样你就找到了一条"交易链"，按此方法你可将每一个交易归到某条"交易链"中，区块链中的所有交易拿出来，就变成了你的一碗"交易面条"。将"区块"换成"交易"来类比区块链："交易链"也有"创世纪"交易——币基交易，也有指向"前序"交易的指针，即 IN 中前序交易的 $H()$。

"交易链"与"区块链"很相似，双重支付实际上是交易链的分叉，即一个前序交易分出两个后续交易来。我们来回忆区块链是如何处理分叉的：矿工的职责是自己保证自己做好，即每个矿工自己的"区块链"是一条不分叉的链，当多个矿工的"链"放在一起时，源于创世纪块，起点相同，区块链通过共识算法剪枝，形成具有"长长的树干"的区块树，即只在树的顶端存在分叉。

那么如何处理交易链分叉？（1）与区块链相同，矿工的职责是自己做好"自己"，即保证自己的"交易链"不分叉。由于已入账的交易一定在一个区块中，一个区块一定被一个矿工加入区块链中，因此，矿工的责任是保证在其认可的区块链上的所有"交易链"不分叉。（2）也与区块链相同，当所有矿工的"交易链"组合在一起时，可能会出现分叉。显然，"交易链"的分叉是由于矿工选择不同的区块链分枝而导致的。而在那棵"长长的树干"的区块树上，"长长的树干"部分是所有矿工都认可的，故"交易链"在树干的部分是不会分叉的，也就是说，"交易链"的分叉情况会随着区块树的剪枝而被剪掉。

上面的描述可以总结为："交易链"上每个交易处不分叉，是简单交易情形下的推理，对于遇到有多个 IN 和多个 OUT 的交易时，可将"每个交易处不分叉"改为"每个交易的每个 OUT 处不分叉"。

客户当然希望双重支付，希望一笔钱使用两次甚至多次，所以客户会制造出双重支付的交易来，这就要求矿工在记账的时候把好关，但客户可能与矿工合谋或他们根本就是同一个人，因此，就有了我们先前的假设：守规矩的矿工的算力应大于50%，即在不信任的环境中要有足够的正义力量。

前面说到，守规矩矿工的职责是保证自己的"交易链"不分叉，那么他具体应怎么做？他在记账时：一旦接收的区块中含有双重支付交易，就"不认可"此区块，即认为该区块不正确，不在该区块基础上挖矿，不将双重支付交易纳入区块中。

要做到上述两点，就必须有一个检查双重支付的方法，即通过建立本地"辅助信息库"来实现。

简单地讲，就是建立一张"未花费"表，当收到一个交易时：

（1）交易中的 IN 对应前序的 OUT，查该 OUT 是否在"未花费"表中，若不在，则表明已被花费，该笔交易作废。对交易的每个 IN 都做该检查，若检查通过，则继续以下流程；

（2）在"未花费"表中则删除这些前序 OUT，表明本交易已花费掉它们；

（3）将本交易的 OUT 添加到"未花费"表中，作为新的"未花费"资金，供后续交易使用。

然而，这种检查是很费力的，如何提高效率？请复习第 3 章的布隆过滤器。

9.5 交易的跟踪与反跟踪

在第 8 章中，我们从地址的角度讨论了跟踪与隐私，这里再从交易的角度来进一步讨论跟踪的问题。

9.5.1 熔旧与铸新

从前面的知识，我们可以知道：

（1）交易的 IN 有其前序的 OUT，即我们能够看到交易资金的来源和去向，而交易在区块链上是透明的，对所有矿工都是可见的，从这点上来说，交易是可跟踪的；

（2）交易可以看作是资金的"集散地"，左边 IN 收集资金，右边 OUT 散出资金。假定在一个交易中，你从 A 和 B 那里分别收集了 20 元和 80 元，又向 a 和 b 散出了

20元和80元，你能说给b的80元是源于B的吗？不能。因为，有可能这80元中20元来自A，60元来自B。可以这样理解，将IN视为"熔币"，OUT视为"铸币"，那么交易就是对等的"熔币"再"铸币"过程，将来源不同的币视为不同"颜色"的货币，例如，假定A和B的货币分别为红币和绿币，则"熔币"再"铸币"的过程就是一个"混币"的过程，即给b的80元币的颜色是红与绿的混合。从这个意义上讲，交易的资金来源又是不可跟踪的，特别是经过多次"混币"后，更说不清资金的来源。

9.5.2 隐身人

由于交易的地址不是实名制的，因此，"跟踪到人"是不可能的，这也是一直找不到比特币的发明人"中本聪"的原因，虽然大家都知道他的账号，以及该账号中拥有大量的比特币。

好事者可以利用公共账本的可见性来绘制资金转移关系图，利用已掌握的信息及社会工程方法找出匿名者，如某账号在每个月向几个固定的账号转账，则可以猜测其是代发工资的，然后根据转账人数及给每人的转账数额来缩小范围，再看这些人的还贷情况……最终破解出这个账号是谁的。再比如，如果用固定账号并且找零返回也是那个账号，即有一个OUT中的账号与IN中的一样，那么就可以查看这个账号的一系列购物活动，除去找零，就会得到商品的价格，虽然不知道是什么商品，但足以展开猜测，破解其匿名性。

上述破解是基于使用固定的账号的，好在区块链系统中的账号很容易创建（见第8章），所以，可以通过经常创建新的账号来避免固定账号被跟踪。

9.6 存下证据

比特币区块链除了作为比特币的发行与转账系统，还可以作为存证系统。这里的"证据"指电子文档，区块链能保证电子文档不被篡改，不保证电子文档记录的事实的真实性。

9.6.1 中本聪的嘲讽

每个区块中定义了一个特殊交易——币基交易，由前面我们知道，从资金角度上来看币基交易中没有IN，只有一个OUT，但从格式上讲，IN的位置还是有的，我们可以用一个IN作为占位，如图9.9所示，由于不涉及资金，故可以用它来做其他事。

图 9.9　币基交易

OUT 描述为：将交易费 V1 和奖金 V2 给该记账矿工自己，如地址为 My。

IN 的前序交易指针为 0，即没有前序交易，IN 中的原签名部分此时是没必要的，故开放给矿工任意使用，形成 Coinbase 字段。

可以有目的地使用 Coinbase 字段，例如，你可以放一张有名的报纸照片，通常放其指纹，实体是另存的，表明该块的形成时间"不早于"该报纸上的时间。

中本聪在比特币链的创世纪块中放了《泰晤士报》的头版文章标题："*The Times 03/Jan/2009 Chancellor on brink of second bailout for banks*（2009 年 1 月 3 日，财政大臣正处于实施第二轮银行紧急援助的边缘）"。它是该区块在 2009 年 1 月 3 日或之后创建的一个证据，同时，选这段话也表明中本聪对银行系统的嘲讽。

9.6.2　证据在某时点之前

矿工可以像中本聪那样使用 Coinbase 字段存下证据，那么，一般人怎么存下证据呢？这里设计一个方法。

一般客户只做交易，不挖矿，因此，应该在交易中找一个"地方"存放证据。我们知道交易的 OUT 中含有金额和"指定接受该金额的地址"，一旦该地址写错，该资金就没人能解锁。好在客户端软件不会犯这种低级错误，因为地址中含有校验信息。

那我们"故意"写错地址又会如何？就是将本应写地址的地方写入我们要存的证据，只要我们将金额写得很小，如 0.000001，就实现了存证的功能。当然，会有一点点的资金损失。

但写地址的地方空间不会太长，如 80 字节，而证据可能很大，如一个大文件。通常我们是这样处理的：将电子文件或者其他需电子化的原始证据存于某个地方，而将其数字指纹，即固定长度的 Hash 值存于交易的地址位。取证时，对原始证据求 Hash 值，再在区块链上某区块找到含这个值的交易，由时间戳显示，说明在区块产生时，该证据存在，并且之后未被篡改。

上述方法有一点资金损失，是否有资金不损失的方法？可以用多签交易 1 of *n* 来实现，如 *n* 为 2，在交易 OUT 的 1 of 2 中，填写一个真地址、一个假地址，其中，真地址是用于后续交易取该资金的，假地址是存原始证据的 Hash 值的。

这类存证证明了两点：一是某项事实的记录在某区块产生的时间点之前就已经存在，即该记录已经存于这个特定的区块中；二是该记录之后没有被篡改。

图 9.10 所示的是存证的查找线索：区块链中有一交易 x，按上述方法存有一个证据（的指针），具体的电子证据则存在某些网络节点的存储设备（数据库）中。

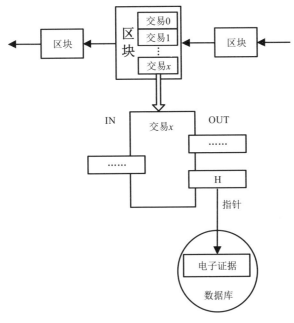

图 9.10　电子证据

9.6.3　证据的精确时间

上节的存证说明"文件存在的时间 t 大于某区块的时间 a"。假定在文件中有一句话"我们发现区块链中第 X 号区块的 Hash 的值为……"，取证时，若能验证文件中这句话为真，就能判断该文件完成的时间小于第 X 号区块的时间 b。

结合这两点就可以判断该文件的完成时间为：$a<t<b$。

区块链时间戳存证技术很适合用于知识产权保护、司法举证、纪念日留念等应用场景。区块链为证据提供了时钟服务，即它证明了提交证据的时间，但它并不能证明证据内容的真实性。

9.7 小结

本章从一种新的交易观念出发,讨论了 UTXO 交易模型。它是比特币区块链所采用的交易模型。

UTXO 交易本身也形成交易链,它与区块链有许多相似的特性。UTXO 模型中讨论了交易的 IN 与 OUT、交易的签名,以及交易的上锁与解锁脚本等。

交易的验证包括两个方面。

(1)验真:交易的真实性通过验证脚本来实现,实际上是验证签名和核对账号;

(2)未花:交易中所使用的币在此之前应处于"未花"状态,避免双花是矿工的责任,通过本地数据库作为辅助数据库来提高检查效率。如果矿工不负责的话,他所打包的区块可能含有双花交易,该区块将在共识中被抛弃。

我们还讨论了其他一些有趣的话题,如存证系统、交易跟踪等。

在本章的附录中,将讨论矿工如何借助本地数据库提高效率、交易格式,以及脚本的运行示例。

9.8* 附:借助本地数据库

既然区块链本身是存数据的,节点为什么还要在本地建立数据库呢?答案是为了效率,必须要借助辅助信息库将"隐性"信息显性化。

我们在区块链图示中知道"链"是有"逻辑"的,但许多信息是"隐性"的,使用很不方便,例如,"长度优先"就是要找出最长的分支,也就是要计算出"链"上每个区块的高度,"区块的高度"就是不包括区块中的"隐性"信息,可从区块链结构中推导出来。从效率角度来讲,应将这些"隐性"信息显性化,并存储起来以便重用该信息,避免每次去推导。

本节内容面向程序员,我们用简单的例子来说明如何使用辅助信息库。在具体实现时还要考虑一些其他因素,如剪枝或改弦易张所带来的本地信息库的变化。

9.8.1 区块的高度

假定我们先前已知区块 X 的高度为 100,则用这个信息可得出后续区块 A 和 C 的高度为 101。但从信任角度上讲,网络节点不会接受别的网络节点推导出的信息,即不会接受"我已推导出区块 X 的高度为 100,请你使用"这个信息。

折中的办法是网络节点建立自用的本地"辅助信息库",也就是根据需要仅从区块链中将隐性信息显性化并存入本地数据库中,即由区块链导出"辅助信息库"。反之不可，这是可信所要求的。

如果你是一个新加入的矿工，即新加入的网络节点，则你应该只信任区块，加入的第一件事就是下载网上的区块，并据此建立自己的"辅助信息库"用于求链长。

我们可以动手设计一个方案。以区块头的指纹作为 Key、区块作为 Value，以 (Key,Value)建表，其中 Key 作为主键。由于可以由区块直接计算出 Key，这样就把所有区块装入了一个表中，对该表增加一列：前序区块的指纹（PreKey），它是包含在区块头 Value 中的，将其单独取出，则区块链转化成区块表 blocktab，即(Key,Value,PreKey)，再对该表增加一列：区块在链中的高度 High，这时 blocktab 为(Key,Value,PreKey,High)，由此表我们可推导出 High 列的值。

```
初始：设创世纪块（Key, Value, if（PreKey==0），则High=0）；
for（游标（Select * from blocktab when High=null）){
         //设当前游标记录为（Key_X, Value_X, PreKey_X, High_X）；
    Update 游标指定的记录 set High_X=（Select High from blocktab when Key
=PreKey_X）+1；
         //为前序区块的高度加1
    }
Select max（High）from blocktab；  //最长分支的高度也即链的长度
```

根据共识机制，对淘汰分支裁剪，即在 blocktab 中删除或删除标记。

建立"辅助信息库"后，该矿工收到新的区块后，就可以很方便地得到它的 High 值，如设新区块为 new，则取上述更新语句使用即可，将"游标指定的记录"定为新区块、*_X 替换为*_new。

仿此你可以建立双向追溯表：(Key,Value,PreKey,PostKey)

在联盟链中，联盟成员常常将自己已经存在的中心数据库作为区块链"辅助信息库"，这样不但大大改善了区块链应用的效率，还可以将不愿公开给盟友的信息放到"辅助信息库"中，而不放到区块链中。

思考题：为何不把区块在链中的"高度"写到区块头中？

9.8.2　判断双重支付

判断是否双花，就要对交易进行筛选，可以应用过滤器方法（回顾我们在第 3 章讲的过滤器）：

将"未花"的 OUT 视为集合 S，实际是它们的 Hash 值，判断要验证的交易的一个 IN 是否在 S 中。

由布隆过滤器原理可知：

A. 算法说"在"，极大可能"在"，即"极少"误报；

B. 算法说"不在"，一定"不在"。

（1）若出现A，则说明OUT很可能在"未花"集中，进一步地在这个集合中找到该OUT，把它花掉；

（2）若出现B，则说明OUT一定不在"未花"集中，即要么该OUT根本不存在，要么它已经被花掉。

当交易通过验证后，该交易花费的OUT被从S中删除，而交易产生的OUT作为新未花的OUT被添进S中。同时，更新过滤器。

上述过程都是在内存中进行的，所以速度很快，当然，这些内容还要持久化，存入数据库中，这可以利用前述的"辅助信息库"。

上一节我们通过建立本地"辅助信息库"求出了区块链上各节点的高度。基于区块链与"交易链"的相似性，我们对比设计交易链的表，用于记录这些UTXO信息。

参照区块链的表blocktab：(Key, Value, PreKey, High)，设计交易链的表tran_tab：($T\_Key, T\_Value, T\_PreKey, Flag$)。

字段说明如下。

- T_Key：本交易的指纹，作为键值。
- T_Value：本交易。
- T_PreKey："前序交易"的指针，从IN中取出。
- Flag：标志本交易是否有后续交易，1为有，0为无。

类似于对区块链表的High赋值，可以对交易链表的Flag赋值。交易存量表形成后，当矿工收到一个新交易，他可通过该交易的IN在交易表中找到其前序交易，若这个前序交易的Flag=1，即表示它有后置交易且已支付，则认为这个新交易是双重支付，直接抛弃；否则就认可该新交易，即交易链长一节，新交易充当了该交易链中最右交易。此时，（1）新交易插入表中，其Flag=0；（2）将其前序交易Flag置为1，表示已支付。收到一个区块，相当于收到了区块中的所有交易，按上述方法逐个交易处理。通过Flag来检验，从而避免双重支付。

这个表是基于每个交易只有一个OUT的简单交易而言的，对于复杂交易，只需要在OUT级别上建立表就可以了，原理是一样的。

下面回答上节的思考题：为何不把区块在链中的"高度"写到区块头中？

（1）假定在区块头中有一个字段"高度"，你收到了该区块，你能填写这个"高度"吗？不能，因区块是防篡改的。

（2）那么这个字段只能在区块产生时填写，但由于"高度优先"的竞争，矿工有虚报"高度"的嫌疑，所以，仍要区块的接收者自己去推算该区块所在的高度,即在公有链中"写与不写"是等效的,故通常采取"不写"的策略。

(3)即使区块头中有"高度"字段且能保证它的正确性,查询起来也不方便,但是将这信息装入数据库,借助数据库的检索功能就方便多了,就像图书馆中的图书有书号,但还是要建一个图书管理系统。因此,区块在链中的"高度"由链"自证",并显式化到辅助库中。

同样的理由,可以解释:为什么已支付的标志 Flag 不直接写在交易上,而要借助辅助信息库?

9.9* 附:交易格式

可以通过命令 bitcoind getrawtransaction 查到交易情况。交易格式从结构上可以看作两个层次。

(1)第一层:{交易 ID,资金来源[ ],资金去向[ ]};

(2)第二层:描述两数组中的元素。

①IN={指针指向前序 OUT,该笔资金拥有者签名},数组的意思是:可能有多笔来源,它们的拥有者可能是同一个人,也可能是多个人,可以是同一个地址,也可以是不同的地址。

②OUT={OUT 编号,金额,去向的地址,验证脚本},数组的意思是:可能有多个去向,如代发工资。

9.9.1 币基交易

每个 Block 里面有多笔交易,其中第一笔为 Generation TX,即币基交易,也称为挖矿交易,币基交易格式如下。

```
查交易 be8f08d7……32db363e, 得到:
{
"txid" : "be8f08d7……32db363e",//64 个子符(32 字节),交易的 Hash
"version" : 1,
"locktime" : 0,
"vin" : [        //IN[], vector of IN,但币基交易输入的不是一个交易,而是带有
                 //coinbase 字段的结构。该字段的值由挖矿人"任意"填写。
    {
    "coinbase" : "043……134",
    "sequence" : 4294967295    //默认值 MAX_INT(无符号整数),32 位二进制数各位
                               //全为 1
    }
    ],    // vin 的结尾处
```

第 9 章 UTXO 交易模型

```
"vout" : [    //OUT[], OUT 向量（通常将数组说成向量）
    {
    "value" : 25.01200000, //挖矿收入 25+交易费 0.012
    "n" : 0,               //第 0 个 OUT，从 0 开始编号
    "scriptPubKey" : {
        "asm": "045b3aa……2a4ad01dce OP_CHECKSIG",
        // 操作码和地址的 Hash160 值
        "reqSigs" : 1,
        "type" : "pubkey",
        "addresses" : "1LgZTvoTJ6quJNCURmBUaJJkWWQZXkQnDn" //34 个字母，
                                                           //地址（账号）
        }
    }
        ],   //end of the vout
} //end of the transaction
```

9.9.2 组合交易

组合交易，即多个 IN 和多个 OUT，格式如下。

```
{
"txid" : "028cfae……111743",//本交易的 Hash，固定 32 字节
"version" : 1,
"locktime" : 0,
"vin" : [  //IN[], vector of IN

    {       //第 0 个 IN，从 0 开始编号，并未显式地给出编号，而是依次序隐式地确定。
    "txid" : "b79a4e……b0f3c9",// 前序交易的 Hash，固定 32 字节
    "vout" : 0,     // 该前序交易的第 0 个 OUT
    "scriptSig" : {// 138 字节长度=1+71+1+65，含有两个部分：公钥+签名
    "hex" :
        "47   // 公钥长度, 0x47 = 71
        3044022055bac1856ecbc377dd5e869b1a84ed1d5228c987b098c095030c12
431a4d5249022055523130a9d0af5fc27828aba43b464ecb1991172ba2a509b5fb
d6cac97ff3af01   //71 字节=142 个字符①
        41 // 签名长度, 0x41 = 65
        048aefd78bba80e2d1686225b755dacea890c9ca1be10ec98173d7d5f2fef
bbf881a6e918f3b051f8aaaa3fcc18bbf65097ce8d30d5a7e5ef8d1005eaafd4b3
fbe"   //65 字节=130 个字符②
        "asm" : "……" //①与②组成
    },
    "sequence" : 4294967295  //0xffffffff = 4294967295（最大值作为默认值），
```

```
                                    //固定 4 字节
    },    //end of IN[0]

    {    //begin of IN[2]
    "txid" : "b79a480301……abf7eb0f3c9",// Tx Hash, 固定 32 字节
    "vout" : 1,
    "scriptSig" : {
    "hex" : "47304402……31026a"
    },
    "sequence" : 4294967295
    },//end of IN[1]

    {    //begin of IN[2]
    "txid" : "da30b2……c4a62086c9",
    "vout" : 1,
    "scriptSig" : {
    "hex" : "483045022040a2……a829f3a8fe2f"
    },
    "sequence" : 4294967295
    }  //end of IN[2]
], //end of the IN[ ]

"vout" : [   //OUT [], vector of OUT

    {          //begin of OUT[0]
    "value" : 0.84000000,    // 输出的币值，即 84000000 satosh
    "n" : 0,   //第 0 个 OUT，从 0 开始编号，显式地给出编号
    "scriptPubKey" : {
    "asm"  :  "OP_DUP  OP_HASH160   634228……a8e0e61b   OP_EQUALVERIFY
OP_CHECKSIG",
        // 操作码和地址的 Hash160 值，
        //地址的 Hash160 值 634228c26cf40a02a05db93f2f98b768a8e0e61b，20 字
        //节（40 字符）
    "hex" : "76a914634228c26cf40a02a05db93f2f98b768a8e0e61b88ac",
        //25 字节（50 字符），由一些操作码与数值构成
        //"hex"是实际存的值，"asm"是对"hex"的解释。
    "reqSigs" : 1,
    "type" : "pubkeyHash",
    "addresses" : [
        "1A3q9pDtR4h8wpvyb8SVpiNPpT8ZNbHY8h"   // 地址，34 个字符
        ]
    }
},
```

```
{          //begin of OUT[1]
    "value" : 156.83000000,
    "n" : 1,        //第 1 个 OUT，从 0 开始编号
    "scriptPubKey" : {
    "asm" : "OP_DUP OP_HASH160 751……c71c74c2 OP_EQUALVERIFY OP_CHECKSIG",
    "hex" : "76a914751408……c71c74c288ac",
    "reqSigs" : 1,
    "type" : "pubkeyHash",
    "addresses" : [
        "1Bg44FZs……8facWYKhGvQ8"
        ]
    }
}
],//end of the OUT[ ]

//如下是该交易的记账情况
"blockHash" : "0000000000007c639f2cb……144bd74611",//前面许多 0 表示满足挖矿
                                                   //的难度要求
"confirmations" : 14…1,//当前已确认数，即该块的深度（从该区块到最新块的长度）
"time" : 130……13,
"blocktime" : 1……13
}
```

9.10* 附：脚本体系

前面我们已经知道，验证脚本由上锁脚本和解锁脚本组成，如上例。
解锁脚本位于 IN 中：

```
"scriptSig" : {// 138 字节长度=1+71+1+65，含有两个部分：公钥+签名
    "asm" : "……" //①与②组成
    3044022055bac1856ecbc377dd5e869b1a84ed1d5228c987b098c095030c12431a
4d5249022055523130a9d0af5fc27828aba43b464ecb1991172ba2a509b5fbd6cac97f
f3af01   //71 字节=142 个字符①
    048aefd78bba80e2d1686225b755dacea890c9ca1be10ec98173d7d5f2fefbbf88
1a6e918f3b051f8aaaa3fcc18bbf65097ce8d30d5a7e5ef8d1005eaaafd4b3fbe"
//65 字节=130 个字符②
}
```

上锁脚本位于 OUT 中：

```
"scriptPubKey" : {
    "asm" : "OP_DUP OP_HASH160 634228……a8e0e61b OP_EQUALVERIFY OP_CHECKSIG",
}
```

当然，这里的两个脚本是位于同一个交易中的。而验证脚本需要的是一对配对的脚本，即 IN 中的解锁脚本与前序 OUT 中的上锁脚本，它们分别位于不同交易中，但格式与上述一样。

验证脚本为 IN 的"scriptSig"和 OUT 的"scriptPubKey"。

脚本由数据和指令构成，假定交易者 A 的地址、公钥、签名分别为 Ak-id、Ak、A-Sig。它们作为脚本的数据，而脚本的指令为：OP_DUP（复制）、OP_HASH160（计算地址）、OP_EQUALVERIFY（比较）、OP_CHECKSIG（验证签名）……

验证脚本为<Ak, A-Sig, OP_DUP, OP_HASH160, Ak-id, OP_EQUALVERIFY, OP_CHECKSIG>。这是基于简单交易的验证脚本，对于组合交易具有类似性。

容易建立"堆栈机"来运行脚本，机制如下所述。

（1）对脚本从左到右执行；

（2）碰到数据就压入栈；

（3）碰到指令，则：

- 从栈中弹出指令所指定的数据，可能是 0 个，如 OP_DUP 复制；
- 依指令进行计算；
- 将计算结果压入栈。

（4）指令执行不符合期望时（如比较、验证），异常则退出。

脚本就是所谓的"智能合约"，以运行的平台环境为栈。比特币的"智能合约"较简单，专门面向"智能合约"的区块链有以太坊，后续章节将讲到。

第 10 章

聚与散

我们知道公有链是去中心化的,这是铁律。但有趣的是,去中心化的公有链需要借助某些中心化设施去实现和支撑。本章就讨论这方面内容。

10.1 核心

公有区块链系统中的"算法"和核心程序,构成区块链的"核心"。

提出和维护这个"核心"的,是包括核心程序员在内的一个特别群体。他们依据"算法"编制的核心程序,向公众公布"算法"并提供下载链接、启动区块链系统、产生"创世纪区块",并开动宣传机器,向公众"布道传教",扩大影响。

随着"信仰"的传播,不断有人"加入",下载核心程序、接入区块链的 P2P 网络、运行核心程序,加入社区充当矿工,逐步形成一个由矿工组成的社区。

当社区人数足够多,核心成员控制不了社区时,社区就成了一个自治的区块链运行社区,走向去中心化。该社区的大门是敞开的,进出自由,且满足"第 5 章 良序社会"中的条件(区块链实现去中心化的前提)。

"核心"的分裂会导致社区分裂,而社区分裂则会产生区块链的硬分叉,我们在第 6 章中已经讨论过。

当然,当矿工无利可图、大量退出时,区块链社区萎缩,则会削弱"去中心化"的力量。公众向"核心"聚集得越多,即信仰该链的人越多,则越"去中心化",反之,公众抛弃"核心"而去,则越易实现"中心化"。

10.2* 矿池

矿池的特征是"组队挖矿",即它通过经济手段组织一批矿工挖矿,但对区块链系统而言,它是以"一个"矿工的身份出现的。

矿池实际上是中心化倾向的:一方面它聚集的强大算力会使其他"个体"矿工无利可图,"个体"矿工要么"退出",要么加入矿池;另一方面,社区逐渐合并、竞争,最终变成几个超大型矿池,这就形成了事实上的中心。

本节我们从技术角度讨论矿池原理。

挖矿就是"寻找"幸运数,这个"寻找"是一个个数去试算,工作量巨大,也称为暴力破解谜题,而验证解却非常容易,就像费力猜谜,结果是否正确,一眼便知。

由第 7 章可知,是在区块头的 Nonce 字段中寻找幸运数的,Nonce 是 4 字节,即 32 位二进制数,这是计算机语言中的最大无符号整数,即有 2^{32} 个数(在第 8 章中我们推导过:2^{32} 是超过 40 亿的大数),足见计算量之巨大,有时搜索完这些数还找不到幸运数,难度越大出现这种情况的可能性就越大,怎么办?

10.2.1 扩展"幸运数"

解决的办法是弥补"变化"(Nonce 位数)不足的问题。

区块头中的时间戳并不要求精准,公有链中也无人相信和验证它的精准性,也就是与前一区块的时间戳比较,允许有一定的误差范围,故可利用这一变化区间进行挖矿,即通过调整时间戳和 Nonce 去破解谜题,但这不是个好办法。

我们知道每个区块都有唯一的与矿工相关的交易 Coinbase,它没有 IN,但 IN 的位置还在,可以由矿工自由处理,因此,可以使用 Coinbase 字段来找幸运数,具体方式描述如下。

组建一个区块体后,保持其不变,仅在 Coinbase 中矿工能自由支配的部分分出一个字段 XX(4 字节,称为 ExtraNonce),改变它的值,改变币基交易 Coinbase 的 Hash 值,进而影响交易的梅克尔树的树根 Root 的值,最终改变了区块头。在此新区块头的基础上,再对 Nonce 字段找"幸运数",若还没有找到,就再调节 XX 字段的值。可以用 for 语句对 XX 逐一取值,直至找到"幸运数",即解出谜题时的 ExtraNonce 和 Nonce——一个组合"幸运数"。

从程序角度讲,这是一个双重循环,搜寻范围更大。

```
for( XX 从 0 到最大值)
{
```

```
        计算币基交易的 Hash 值；
        计算出新的梅克尔树根 Root；
        for (Nonce 从 0 到最大值)
        {
            计算区块头的 Hash；
            If 达到了谜题要求，则返回；  //此时即为找到了"幸运数"
        }
}
```

上述程序段是一个基于字段 XX 进行挖矿的进程，我们可以再在 Coinbase 中分出另一个字段 YY，基于该字段又可以创建一个挖矿进程，依此类推，可以建立更多的挖矿进程。矿工能自由支配的 Coinbase 字段是足够长的，通过分段方法可以建立不少的挖矿进程。

更强大的是组合，我们以三段为例来说明：[XX,YY,ZZ]，固定 ZZ 和 YY 就可以得到一个上述的基于 XX 的矿区。而 ZZ 和 YY 各有 2^{32} 个数，它们联合起来则可"固定"为 2^{64} 个数，即有 2^{64} 个基于 XX 的矿区，这样，就可以在若干台计算机上开足够多的进程对这些矿区挖矿。

10.2.2 矿池的控制中心

将这些挖矿进程分配给不同的矿工，就形成了合作挖矿的矿池。矿工提供各自的算力，积少成多，形成强大的算力机器。另外，虽然矿池中有许多矿工，但对区块链网络而言，一个矿池对外只是一个"单一的矿工"。

矿池有一个控制中心：

（1）控制中心负责分配与调度各进程的挖矿范围；

（2）一旦有一个矿工找到了"幸运数"，即挖到了矿，就向控制中心报告，控制中心就向区块链网络提交含有"幸运数"的区块；

（3）一旦收到了需要的区块，不管是本矿池的矿工挖到的还是网络上传过来的，控制中心就通知矿池的各矿工，停止本轮挖矿，进入下一轮挖矿；

（4）控制中心负责矿工之间的利益分配，有不同的分配协议，本书不做讨论；

（5）还可以分配更小的挖矿范围，如将"0 到最大值"分为若干段，分配给若干个挖矿进程，每个挖矿进程负责一段，即将上面的"For(XX 从 0 到最大值)"改为"For (XX 属于本进程负责的矿区)"。

10.2.3 算力合并的效果

在第 6 章中，我们知道"分蛋糕"的效果是矿工不断追求增加算力，增加算力的办法有两个：一是增加投入，购买更多的算力，形成对外一个矿工，对内是很多进程的矿池；二是矿工算力"合并"，形成对外一个矿工，对内是很多矿工的矿池。实际的情况是上是两种办法的混合，即组建矿池是增大算力的有效手段。

从如下例子模型中可以看到增加算力对提高胜率效果明显，有兴趣可以做更深入的分析。

模型1：两个机器人跑步比赛，其中一个机器人的速度是另一个的2倍，两人的跑道长是随机变量：独立的且都服从（0,1］范围内的均匀分布，求它俩获胜概率的关系。

我们用图10.1来解答这道题。

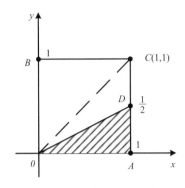

图10.1 获胜概率比较

设两机器人为A和B，由条件知，A的速度V_a和B的速度V_b满足关系：$V_a = 2V_b$，A的跑道长a为x轴坐标，B的跑道长b为y轴坐标，两者组合(a,b)为矩形$OACB$中的点，且在该矩形中均匀分布。

设D是线段AC的中点，当点(a,b)落入线段OD上时，$a=2b$，而$V_a = 2V_b$，故此时A和B同时到达终点，不分胜负。当点(a,b)落入阴影三角形$\triangle ADO$中时，$a>2b$，而$V_a = 2V_b$，故此时B先于A到达终点，即这时B获胜。比较矩形中的阴影和非阴影的面积可知，A胜的概率是B胜的3倍。

即A的速度是B的2倍，而A胜的概率却是B胜的3倍。将速度视为算力，距离就是谜题答案的"幸运数"，它是在区间（0,1］均匀分布的随机数，则矿工竞争解谜题，即寻找"幸运数"，就相当于这里的跑步比赛。

模型2：假定只有10个矿工，且他们的算力相等，这时，他们获胜的概率均为1/10，若对他们进行配对合并情况如何？

若有两个矿工合并，记为"1+1"，设这时单个矿工的获胜概率为x，则由模型1

知:"1+1"的获胜概率为 $3x$,这时有 8 个单个矿工和一个"1+1"矿工,由此有:$8x+3x=1$,则 $x=1/11$,即单个矿工获胜概率为 1/11;

若再合并两个矿工,则单个矿工获胜概率降为 1/12,依此类推,单个矿工获胜概率逐步降为 1/13、1/14、1/15。

在合并过程中,随着"1+1"逐步增多,"1+1"的获胜概率也逐步下降:3/11、3/12、…、3/15。最后的 3/15,即表示 10 个矿工最后变为 5 个"1+1",每个矿工获胜概率均为 1/5。这时,若外部觉得有利可图,再涌入 5 个"1+1"矿工,则 10 个"1+1"矿工的每个获胜概率又回到了 1/10。

以上说明:

(1)模型 1 说明与算力的倍数关系对应的获胜概率倍数关系被放大;
(2)模型 2 说明随着合并加剧,算力劣势者的获胜概率逐步下降;
(3)模型 2 说明随着均匀化,算力占优者的获胜概率逐步下降;
(4)外部算力的进入,使得老矿工的获胜概率下降。

10.3* 交易所

公有链的虚拟货币是由矿工挖出的,矿工可以通过区块链系统提供的"转账"功能也就是区块链中的交易将货币转给他人。与该"转账"交易对应的是"商品"流动,如用虚拟币买东西,比特币的第一笔交易是用 10 000 个比特币买了两个比萨饼。

当交易的"商品"为法定货币或其他虚拟货币等特殊商品时,就成了不同的货币间的交换,类似于外汇买卖交易所。

虚拟货币交易所等交易平台就是一个中心化的机构,它将虚拟币用户同区块链系统关联并隔离起来,为普通用户提供各种币的交换服务,形成普通用户交易虚拟货币的二级市场。

本节从原理角度讨论交易所。

10.3.1 关联

如图 10.2 所示,法定货币 B_1 在银行体系内流通,虚拟货币 B_2 在公有区块链内流通,交易平台 A 的功能是进行 B_1 与 B_2 之间的兑换,兑换的意思是将手中持有的 B_1 变成持有 B_2,当然,并不是把 B_1 变成了 B_2,它们仍在各自的体系内。

对于客户 a,他的账户是成对出现的,且一方在交易平台 A 中:若他在银行的

账户为 aB_1（标识中含客户 a 和币种 B_1，其他类似），则他在交易平台 A 中有对应的账户 B_1a（为表示对应，反过来标识）；同样地，他在区块链中的账户为 aB_2，则他在交易平台 A 中有对应的账户 B_2a。如果再多一种虚拟货币的话，则再增加一对账户，等等。

对于交易平台 A 本身而言，它也建立成对的账户：AB_1 与 B_1A，AB_2 与 B_2A，等等。但它们的成对关系与客户账户的对应关系不同，它们是"影子"关系，称为"影子"等式，即 $AB_1=B_1A$，$AB_2=B_2A$。注：这里是表示金额相等而不是账户相等，后续也会出现这类情况，要通过上下文来看，表示的是账户还是金额。

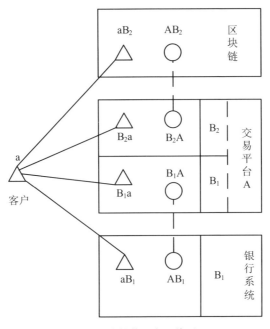

图 10.2 虚拟货币交易体系

建立了这样的体系后，就可以实现币种间的兑换。我们先讨论"充值"与"取现"。

下述对货币 B_1 讨论"充值"与"取现"，对货币 B_2 也是一样的。

（1）充值。

客户 a 把他在银行账户中的 B_1 变为他在交易平台账户中的 B_1，这个过程称为"充值"，即将他在账户 aB_1 中的货币充值到他的账户 B_1a 中来，这两个账户是在不同的体系中的，所以不能直接通过"转账"来实现。它是这样实现的：

①aB_1 向 AB_1 "转账"，可通过银行体系转账或第三方支付转账，即 $aB_1(-y)$、

AB_1（+y）；

②B_1a（+y）、B_1A（+y），客户只关心前者，而不关心后者。这个动作是由交易平台完成的，即交易平台是可信任的中心。

（1）取现。

"取现"是"充值"的逆过程：

①B_1a（-y）、B_1A（-y）；

②AB_1向aB_1"转账"，即aB_1（+y）、AB_1（-y）。

交易平台通常会鼓励"充值"而限制"取现"，即对前者不收交易费而对后者收交易费。为此，交易平台可以建立交易费收入专户，如B_1x，B_2x，B_3x…，设交易费为z，则取现过程修改为

③B_1a（-y）、B_1x（+z）、B_1A（-y+z）；

④AB_1向aB_1"转账"，即aB_1（+(y-z)）、AB_1（-(y-z)）。

交易平台通过设置对应账户的方式，建立起与货币的原流通系统的关联关系，而客户在"充值"和"取现"时使用该关联关系。当客户a不使用某币种进行"充值"和"取现"时，则会出现"单边"账户，如有B_3a账户而没有aB_3账户，a可以利用B_3a账户买入B_3币，之后可以卖出B_3币，由于a没有aB_3账户，因此他最终是通过虚拟币间的买卖，而不是通过"取现"来清空B_3a的。

10.3.2 隔离

如图10.3所示，从交易平台的视角来看，它提供多种币种间的互换，因此，每个客户都有多个账户，如客户a，他有账户B_1a、B_2a、B_3a……

作为交易平台的主人，他可以作为客户开立自己的账户系列，还应开立交易费收入专户账户序列，或将这两个同属于主人的账户序列合并为一个序列。

从前述的"充值"与"取现"过程中，我们看到，由交易平台的"影子"等式可以得到如下关系式：

$B_1A=B_1a+B_1b+B_1c+\cdots+B_1x$

$B_2A=B_2a+B_2b+B_2c+\cdots+B_2x$

……

在前述"充值"和"取现"处理过程中，第①点就是保证"影子"等式不变。

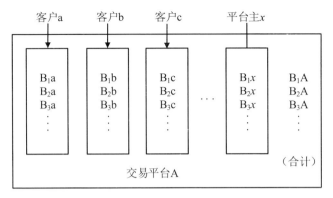

图 10.3 交易平台账户系列

如图 10.4 所示,从功能角度看,交易平台有"行情展示""客户挂单""交易撮合"等主要模块,还应包括"其他"功能。

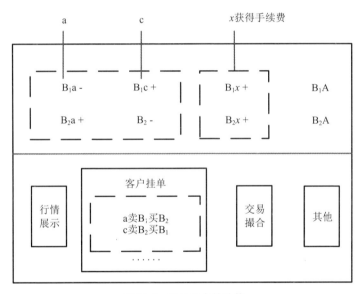

图 10.4 交易平台的功能

假定客户 a 与 c 通过了解当前行情各自挂单交易:a 希望卖出 B_1 买入 B_2,以 B_1 计价,报价为 X;c 希望卖出 B_2 买入 B_1,报价为 Y,取满足 $Y \leqslant X$ 的报价,即卖出价不高于买入价,再采取价格优先和时间优先等策略,并取新的成交价为 X、Y、Z 中居中者。注:不同的系统定义的撮合策略可能不一样,这里以一种常用的策略示例。

假定客户 a 和 c 以某种价格撮合成功。如果双方的额度不一致，则以最小额度为成交额度，超额的部分参与后续的撮合。

如图 10.4 所示，账户中的金额变化为

（1）计价币种 B_1：B_1a（-）、B_1c（+）、B_1x（+）；

（2）买卖币种 B_2：B_2a（+）、B_2c（-）、B_2x（+）。

显然，交易后"影子"账户的等式关系式仍然不变。上述交易双方都收交易费，也可以只收一方的。

这样，通过交易平台就隔离了用户与银行或区块链体系等货币原系统之间的关系，即各种货币之间的买卖、互换只需要在交易平台中进行，不需要与银行及区块链系统发生关系，也就是说交易平台充当了这些货币的"存款银行"，你换来的货币是存在你开在交易平台上的账户中的。

10.3.3 风险

我国目前已经取缔了虚拟币的交易平台。我们在这里结合上述交易平台体系与运作形式，分析一下交易平台有哪些风险。

（1）交易平台充当了虚拟货币的"存款银行"，而"银行"需要很高的安全等级和更强的监管措施，显然，交易平台难以达到，著名的比特币交易平台门头沟（MT.Gox）曾因大量比特币被盗而申请破产。2011 年 9 月，"门头沟"热钱包的私钥被盗，黑客不停地使用此私钥偷窃比特币。到 2013 年中，黑客已盗取了 63 万比特币。

（2）交易平台可以挪用客户的资金，如 AB_1、AB_2、AB_3 等账户中的资金是客户"充值"的结果，交易平台主人可以拿去使用，类似于运营商挪用客户押金，只要留有足够的额度应对"取现"即可，如果不发生"挤兑"情况，客户就不会发现。

（3）破坏"影子"等式。本来有等式 $B_1A=AB_1$（以银行系统 B_1 为例，区块链系统 B_2 等类似），但交易平台主人可以对自己的账户 B_1x 进行"假充值"：B_1x（+）、B_1A（+），这时，银行中的账务 xB_1、AB_1 均没有变化，这样，就使得交易平台主人虚增了 B_1x（+）资金，他可以用这个虚增的资金同其他客户的虚拟币进行买卖，甚至可利用虚增的资金去"放贷"，如贷给客户用于"加杠杆"。

（4）交易平台可以操纵市场，甚至通过自编"行情"欺骗客户，通过虚假"撮合"让客户受损。

10.4 小结

本章我们从"去中心化"与"中心化"这两个矛盾的角度,剖析了公有链在"去中心化"前提下的一些"中心化"场景:

(1)核心程序是一个像"上帝"一样存在的中心;

(2)矿工们因逐利行为而聚众成矿池,形成中心化趋势;

(3)虚拟货币交易所是以中心化的形式向普通用户提供虚拟货币交易的二级市场。由于虚拟货币交易所等交易平台会扰乱金融市场,我国目前已经从制度层面进行了取缔。

思考题:公有链中,"去中心化"是所采用技术的原因还是结果?

第 11 章

萤火与闪电

把小额交易放在区块链之外处理，即比特币闪电网络。该技术由 Poon 和 Dryja 在 2015 年提出，并于 2016 年初发布 DRAFT 版《比特币闪电网络（白皮书）：可扩展的链下即时支付》(*The Bitcoin Lightning Network:Scalable Off-Chain Instant Payments*)。

本章是笔者对比特币闪电网络的通俗解读。

11.1 老板与农民工模型

常有拖欠农民工工资的事件曝光，如何来保证弱势群体的利益？除了法律手段，还应有技术手段。例如，每天一结，即每天付一次工资。但这类高频交易会导致较多的交易费，而大量的高频交易也会使区块链不堪重负。

考虑用技术和经济结合的手段来解决：（1）项目建立保证金；（2）过程采用链下交易；（3）最终进行链上结算。

11.1.1 保证金

设 A 为老板，B 为农民工，两个人协商 B 给 A 打工一个月的付款事宜。A 作为成功人士，声誉很重要，只要有钱，他不会拖欠农民工工资。B 也知道这个情况，就怕结算时 A 没钱，因此，他要求 A 将一个月的工钱先打到一个"保证金"账户中，该账户由 A 与 B 共同控制。

第 9 章中的"共管账户"刚好用到这里。即"保证金"账户为 $H(A\|B)$，表示 A 与 B 拼接在一起后再哈希，A 与 B 表示公钥，注：为简便，通常只用同一个大写字

母来表示，如 A 或 B，既表示"人"又表示该人的公开身份，即账户地址或公钥，通过上下文来理解即可。

因此，A 要进行保证金交易（Funding Transaction），将其资金支付到"保证金"账户 $H(A\|B)$，该交易为一个支付到 Script Hash 交易（即 P2SH，参见第 9 章）。从原理上讲，保证金相关交易如图 11.1 所示。

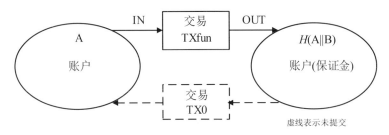

图 11.1 保证金相关交易

TXfund：{IN：[pre-OUT, <A,A 签名>], OUT1：[30R,$H(A\|B)$，2 of 2（A,B）…], OUT2：[…]}

交易的意思是：A 签名同意从 A 账户转出金额 30R 至 $H(A\|B)$ 这个"保证金"账户……即 OUT1 后续使用该资金的交易是 2 of 2 的多重签名交易。注：B 每天工资为 R，为简便起见，不考虑工休情况。

现在的问题是，一旦这个交易生效了，当 B 不签名跑路时，则该交易所涉资金就用不了，成为死的资金。因此，A 要求共同签署该交易 TXfund 的反交易（退款交易，Refund Transaction）TX0，A 承诺：只要 B 不跑路，这个 TX0 他就不会放到网络上去。若他放到网上去了，则 TXfund 与其反交易 TX0 相抵消，"保证金"账户余额为 0，资金返回到原账户。

TX0：{IN：[TXfund-OUT1, <A 签名,A>, <B 签名,B>], OUT：[30R,A]}

交易的意思是：A 和 B 已签名同意将"保证金"账户中的 30R 转出给 A。TXfund-OUT1 表示 TXfund 中的 OUT1，<A 签名,A>分别表示 A 的签名和 A 的公钥，该交易是 TXfund 的反交易，它能使保证金账户中的资金返回给 A。注：未考虑交易的交易费情况，若考虑，则资金稍小于 30R。为简单起见，不考虑交易费，下同。

这里的情况是，B 对 A 信任，而 A 对 B 不信任。实际情况也是这样，农民工 B 流动性大，A 先前不认识 B，大家都认识老板 A，老板 A 不会为这点小钱而丧失声誉。

TXfund 应在 TX0 签署好了之后，才提交给网络，并由矿工将其入账并打包进区块链，而 TX0 暂不提交网络，由 A 留作应对后手。

11.1.2 链下交易系列

若 B 干了一天，不想干了，则该专用"保证金"账户应该被结清，交易为

TX1：{IN：[X-OUT1，<A 签名,A>，<B 签名,B>]，OUT1：[29R,A]，OUT2：[1R,B]}

交易的意思是：A 和 B 已签名同意将 $H(A\|B)$ "保证金"账户中的 29R 转出给 A，1R 转出给 B，这样 B 就获得一天的工资。

双方签名 TX1 后，A 对 B 说："该交易先不提交网络，今晚你再好好考虑一下，如果确实不想干，你明天早上再将这个交易提交给网络即可。"此时交易未提交给网络就不会生效，就像你的辞职信，虽然写好了但没有提交。

比较 TX1 和 TX0，它们的 IN 是一样的，都是要分配"保证金"账户中的资金。TX1 实际上取代了 TX0，已签署但暂不提交。

就这样，B 每工作一天，就做一个待发布的交易取代前一个，形成一个交易系列。如图 11.2 所示。

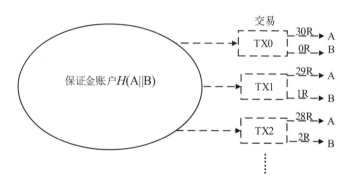

图 11.2　链下交易系列

TX0 的资金分配为[30R,A]，[0 ,B]

TX1 的资金分配为[29R,A]，[1R,B]

TX2 的资金分配为[28R,A]，[2R,B]

TX3 的资金分配为[27R,A]，[3R,B]

……

TX30 的资金分配为[0,A]，[30R,B]

这些交易常被称为 Updated Transaction，或者被叫 Commitment Transaction，如果不提前结束合同，那这些交易只会在 A、B 之间传递，不会广播到网络上。

这些交易是对资金的分配进行不断调整的，B 如果工作干满 30 天，就向网络提

交第 30 号交易作为结算交易，否则像第一天一样向网络提交当天的交易作为结算交易。交易提交后，保证金账户被清零，资金 30R 在 A、B 间按结算交易进行分配。

因此，交易对 A 与 B 而言，是一系列的，但对于区块链来说，只是两个交易：保证金交易（Funding Transaction）和结算交易（Settlement Transaction）。

11.1.3 预约交易

上述讨论中，B 对 A 是信任的，而且 A 也的确是可信的，假定 A 是不可信的情况，会如何？

例如，在本应该提交交易 TX30 作为结算交易时，A 却提交交易 TX20 作为结算交易，甚至提交 TX0 作为结算交易。

显然，A 更愿意提交序号小的作为结算交易，而 B 则更愿意提交序号大的作为结算交易，由于交易是每天一签的，从实际上来说按当时最大号的交易，即最后签订的交易来提交更为合理。

可以在技术上设计这样一个机关：预约时间、B 能提交。

假定 A、B 执行合同的时间为 3 月份，那么，我们可以按如下方式预约各交易：
TX0 预约 4 月 30 日，TX1 预约 4 月 29 日……TX29 预约 4 月 1 日，TX30 即时交易。其中，TX30 是 B 干完合同确定的 30 天时共同签署的交易，是一个即时交易，表明双方履行完合同。

假定 B 干完 20 天后不想干了，那么会发生什么情况？

由于 A、B 每天签署一个交易，所以累计的工资不同，预约的时间也不同，3 月 20 日晚，已经签署了交易 TX0、TX1、TX3……TX20，其中，TX0 对 A 最有利，TX20 对 B 最有利也是最公平的。由于 B 已经干了 20 天，所以应该提交 TX20 交易，但如果由 A 负责提交交易的话，那么他可能不会提交 TX20，而是有选择性地提交一个交易，如 TX0，由于只提交一个交易，没有竞争性，所以到了预约时间，该交易就自动生效了。因此，应该由 B 提交交易。即每天晚上的结账应该是这样的：A 在交易 TXn 上签名交给 B，B 在交易 TXn 上签名提交给区块链系统。

这样，区块链系统的矿工那里就有：TX0、TX1、TX2……TX20，到了 4 月 10 日 TX20 的预约时间，它就被矿工记账了，即被写入了区块链，至此 A 与 B 的合同履行完毕。到了 4 月 11 日，TX19 的预约时间到，矿工试图对它入账，但在检查"双花"时没通过，因为"保证金"账户的该笔资金已经被 TX20 使用，故 TX19 作为非法交易被抛弃。其他交易也同理被抛弃。

这个技术的实质是利用交易预约的时间差，使后提交的交易"插队"到先提交的交易之前入块，再通过"双花"判断使先提交的交易无效。

这就实现了"去信任"机制，就可以在互不认识的、不同地点的两人之间进行某项频繁的交易了。虽然有大量交易但只有很少交易写入区块链，即每个交易序列只有一个交易写入区块链。这对减轻区块链压力和减少用户交易费都有好处。

11.1.4 损失风险

（1）TXfund 应在 TX0 签署好了之后，才能提交给区块链网络。否则，若出现 B 不签署 TX0 及之后的 TX1、TX2……的情况，则 A 转入"保证金"账户中的资金将会成为"死资金"。那么，能否先签署 TX0 再签署 TXfund？不行，因为 TX0 作为 TXfund 的后续交易，需要用到 TXfund 的指纹作为指向前序交易的指针。

（2）前述交易序列 TX1、TX2……具有单向递增的特性，即对 B 而言收款越来越多，应由递增方 B 来掌控，也就是每个交易先由 A 签名，再由 B 签名。对于需要两人签名的交易，谁最后签名就由谁掌控交易，即他掌握着向区块链提交该交易的权力，区块链从不认可"半成品交易"。若 B 不掌控该交易序列，则 A 可以提交序号较小的交易，这时，虽然该交易在等待期中，但 B 没有掌控序号大的交易使序号小的交易无效，而序号越大的交易表示 B 工作的天数越多，获得的累计工资越多，所以，如果 A 这样操作，B 就受到了损失。

（3）以上是每干完一天活更新一次交易，若某天 A 认为 B 干活的质量不合格，不愿意签署当天的交易，则 B 只能提交前一天的交易，这样，B 就损失了一天的工资。反之，若采取先更新交易再干活的方式，则可能出现 B 签完交易后跑路的情况，这时，A 就损失了一天的工钱。

上述情况（1）和（2）的损失是可以避免的，而情况（3）的损失是无法避免的，就像电子商务中买卖双方需要一个绝对可信任的第三方平台才可以避免损失风险。该风险不妨称为"最后一单"风险。为减少"最后一单"风险，"单"应尽可能小，例如，如果觉得一天的"单"有点大，可以以半天作为一"单"。

11.2 预约与撤销

"预约交易"也被称为交易成熟度。预约交易的预约时间有绝对时间和相对时间两种。

11.2.1 绝对时间

首先，我们看看在区块链中，如何表示时间。

（1）时间戳：这个很容易理解，每个区块都带有时间戳。

（2）区块链长度：在匀速的情况下，时间与距离可以互为表示，如某星球距地球 10 万光年，而以工作量证明为共识基础的区块链，就是设计在平均意义下匀速成长的，因此，可以用区块链长度表示时间。区块链长度有两种：绝对长度和相对长度。绝对长度即区块链的高度，如某交易所在的区块链高度为 1 000 个区块；而表示两区块之间间隔为 50 个区块就是指相对长度。

因此，要实现"预约交易"，则：一要将前述的预约时间转化为区块链的时间（区块链系统能识别）；二要在交易中增加一个字段 nLockTime 来描述锁定时间，该时间段内交易不入账（不被矿工写入区块）：

（1）当 nLockTime ≥ 5 亿时，其值代表一个未来的时间戳，说明当时间（链上区块的时间戳）超过该时间戳时，该交易才被打包进入区块链。注：时间戳的起点为1970 年跨年 0 点，单位为秒，目前是 15 亿多秒。

（2）当 nLockTime < 5 亿时，其值代表区块链的高度，说明当整个区块链的高度达到 nLockTime 指定的值时，才将该交易打包到区块链里。

（3）当 nLockTime =0 时，表示矿工收到该交易时就可以打包入区块，无须等待，但是否马上打包是由矿工决定的，这是通常交易的情况。

矿工在收到未到锁定时间的交易时，不能将其打包入区块。随着时间的推移或区块链的成长，该交易逐步成熟，当达到 nLockTime 指定的时间要求时，该交易才被打包入区块。

其他矿工收到该区块后，在验证区块时，也要对其中的交易锁定时间是否满足要求进行验证。在脚本语言里，有一个对应的操作符可用来验证 nLockTime 属性，叫作 OP_CHECKLOCKTIMEVERIFY，简称 CLTV。

nLockTime 属性是交易级别的，即整个交易要等待锁定时间过后才能入账，在等待期间，该交易可能会被更成熟的交易所取代，如上述例子中，交易 TX20 可被交易 TX30 所取代，因为交易 TX30 是该交易序列的最后的一个交易，可以将它的 nLockTime 置为 0。

一般而言，交易序列有个特点：Update Transaction 的 nLockTime 是逐级减小的，所以最新的 Update Transaction 即获利最多的交易被广播到网络上之后，肯定会被最先打包，因为 nLockTime 最小，之前所提交的 Update Transaction 就不会被打包了，否则会出现"双花"的情况。

该方法可以被推广到任何两个交易对手之间，只要他俩交易频繁就可以节省大量的交易费和区块链资源，该方法称为**微支付通道**（MicroPayment Channel）。

微支付通道解决了 A 给 B 转账的大量小额交易问题，但它也有缺点。

（1）单向性：它只能用于 A 给 B 转账。如果反过来，则需要另外再建立一个 B 给 A 转账的通道。

（2）nLockTime 限制：需要等到提交的 Updated Transaction 的 nLockTime 到期后，其中的资金才能被使用。

（3）"替代"失效：设交易 TX1 的 nLockTime 为 T1，其替代交易 TX2 的 nLockTime 为 T2，且 T2<T1，满足前面已描述的 TX2 对 TX1 的替代原理。但如果当时间到了 T1 之后，再提交 TX1 和 TX2，此时意味着它俩都到了预约时间，即在 T1 之后它俩都成了即时交易，没有"替代"的时间间隔，则"替代"失效。注：出现替代失效情况是指替代交易和预约交易不能被确定哪一个有效。例如，前面提及的 TX1 预约 4 月 29 日，TX2 预约 4 月 28 日，如果时间在 4 月 29 日之前，TX1 和 TX2 都被提交，则 TX2 有效而 TX1 无效，即 TX2 可以替代 TX1。如果时间在 4 月 29 日或之后才提交 TX1 和 TX2，则替代性失效，若先后被提交，则谁先被提交谁有效；若几乎同时被提交，则无法确定谁有效。

11.2.2　相对时间

上述的预约时间是绝对时间，有时需要的是相对时间，如何设计相对时间呢？

我们知道交易的 IN 中有一个前序 OUT，由前序交易和 OUT 的编号组成，前序交易已被打包入块了，因此，可以以前序交易所在的区块作为起点来计算相对时间。有两种方案：

（1）相对时间设置在 IN 级别上，起点设为该 IN 对应的前序交易所在的区块，不妨称为其前序区块；

（2）相对时间设置在交易级别上，起点设为所有 IN 的前序区块中的最新区块。

显然，用方案（1）比较方便，即在 IN 中增加一个字段 Sequence Number，表示要等到该 IN 所指向的交易，即前序交易所在的区块后面跟随了 Sequence Number 个区块，之后该交易才能被矿工打包入区块。对此要求的验证操作符为 OP_CHECKSEQUENCEVERIFY，简称 CSV。

如图 11.3 所示，预约交易和其前置交易之间有一个时间差，即需要从前置交易入区块开始计时，经过"seq=n"个区块后，预约交易才能被打包入区块，在这个时间差之间可以提交一个"替代"交易来撤销原来的预约交易。

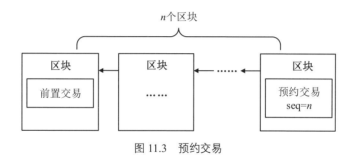

图 11.3 预约交易

为了表述方便,我们称这对交易为原交易和替代交易。如图 11.4 所示。

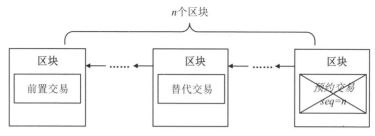

图 11.4 原交易和替代交易

值得注意的是:若时间过了预约时间,即从前置交易入区块开始计时,经过了"seq=n"个区块之后,再提交替代交易,则会像绝对时间预约交易那样,出现"替代"失效的情况。这时替代交易和原交易哪一个有效是不能确定的。为避免失效情况发生,替代交易掌控方要"紧盯"区块链,一旦发现前置交易进入区块链,在时间差内要及时提交替代交易。注意:是盯前置交易,而不是盯原交易。因为,原交易可在时间进入"替代失效"后再提交。

比较 nLockTime 与 Sequence Number 还是挺有意思的。

(1) nLockTime 与 Sequence Number 都表示交易因成熟度不足而需要延期入账,在等待期间内有可能被其他更成熟的竞争交易所取代,从而实现交易的修改;

(2) nLockTime 是交易级别的,Sequence Number 是 IN 级别的,但整个交易都受其牵连,从这个角度上看,它也是交易级别的。注:回到第 9 章的交易格式中,我们可以看到 LockTime 和 Sequence 这两个字段的位置和默认值。前者的默认值为 0,后者的默认值为 MAX_INT,表示此交易不是预约交易,可以立即被记入区块中;

(3) nLockTime 是绝对时间,而 Sequence Number 为相对时间;

（4）Sequence Number 依前置交易所在的区块开始计时，故可以通过"紧盯"前置交易来避免"替代失效"，而 nLockTime 没有这样的机制。二者在预约时间到期后，都会出现"替代失效"的情况，故需要进行替代的话，应在预约时间到期前处理好替代交易。

11.2.3 阻止与撤销

不管预约时间是绝对时间还是相对时间，上述预约交易都可以创建"替代交易"。若让"替代交易"充当惩罚者，则可以"阻止"某些行为。

如图 11.5 所示，预约交易 ORa 与其替代交易 BRb 有共同的前置交易 TXa，当这三个交易提交到区块链系统中时，预约交易 ORa 失效（叉号表示），替代交易 BRb 生效。

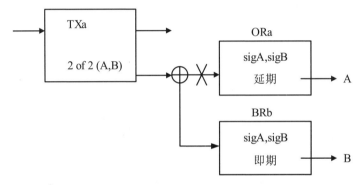

图 11.5 阻止和撤销

我们以小写字母 a 与 b 表示 A 与 B 各自掌控的交易，即 A 掌控交易 TXa、ORa；B 掌控交易 BRb。前置交易 TXa 指示该 OUT 的后续交易需要 A 与 B 两个人的签名，共同签名的交易怎么由一个人来掌控呢？最后签名者即为掌控者。如 ORa 由 B 签名后交给 A 此时该交易为"半成品"，再由 A 签名但不交给 B（交易变为"成品"）。

设 A 与 B 是利益的相反方，预约交易 ORa 的 OUT 资金给 A，而替代交易 BRb 的 OUT 资金给 B，对于 A 来说，替代交易 BRb 具有惩罚性，因为本应给自己的资金给了 B。A 为了避免该惩罚，只得不提交前置交易 TXa。故替代交易 BRb 可以被称为"阻止交易"，它阻止 A 向区块链系统提交前置交易 TXa。这就形成了什么都不会发生的情况：A 不提交交易 TXa 而 B 也不提交交易 BRb 的"僵局"状态。这种什么都不会发生的"僵局"状态，从事实上就相当于"撤销"了交易 TXa。

因此，要"撤销"A 的交易 TXa，需要 B 准备交易 BRb，而准备交易 BRb 需要 A 与 B 的交互：

（1）B 生成"半成品"交易 BRb，输出到 B 的某个地址，IN 中签名部分为空；

（2）B 将自己未签名的该"半成品"交易 BRb 发送给 A；

（3）A 对该"半成品"交易 BRb 的 IN 中需要自己签名的地方，用自己的私钥签名；

（4）A 将自己已签名的"半成品"交易 BRb 发送给 B；

（5）B 掌控着该"半成品"交易 BRb，在需要提交给区块链系统前签名即可。

上述需要交互的唯一原因是需要 A 用自己的私钥签名，该私钥是在其前置交易 TXa 中通过对应的公钥地址而指定的，故上述流程可简化为两步：

（1）A 向 B 公布交易私钥，该私钥是 TXa 中指定的、BRb 需要的，B 验证该私钥，因 B 有 TXa 的"半成品"，故 B 知道该私钥对应的公钥地址，由此进行验证；

（2）在需要向区块链系统提交 BRb 时，B 构建 BRb 并用自己的私钥和 A 的私钥签名。

由于在前述的惩罚作用下，产生了什么都不会发生的"僵局"，导致第（2）步没有机会去做，即 A 向 B 公布 TXa 指定的自己的交易私钥，这就意味着 A 的交易 TXa"撤销"。

阻止交易与预约交易具有如下关联特征：

（1）阻止交易是即期的，即它只有将预约交易的预约改为即期才有机会"替代"；

（2）阻止交易的受益方是原交易受益方的对方，即它将原预约交易 OUT 中的资金接收方改为对方，以便惩罚提交预约交易者；

（3）阻止交易与预约交易是由各自的受益方所掌控的，是利益相反的两方；

（4）阻止交易与预约交易的 IN 指向同一个前置交易，且均需要 A 与 B 双方的共同签名，表示资金来源同一个"共同账户"，即前置交易 OUT 中指定了"共同账户"，如 $H(A\|B)$；

（5）阻止交易不必真的"生成"，只要获得了对方的私钥，在必要的时候"生成"即可通过公布私钥来"撤销"预约交易。

11.3 两赌徒模型

前面我们讨论了老板与民工场景，现将场景转换成一对小赌徒 A 与 B，他们相隔万里，玩对赌的网络游戏，额度小但赌得频繁，而且他们不想借助中心机构来进行输赢支付。

11.3.1 问题来了

如果我们按老板与农民工模型处理两赌徒情况,看看有没有问题?

首先,谁出"保证金"?他们地位平等,经过协商,共同出资且一样多,如各出 10 个单位,这样,就有了一个"保证金"交易和它的反交易 TX0。

再者,交易序列 TX1、TX2……由谁掌控?在老板与民工的模型中,该交易序列具有单向递增的特性,当合同终止,不管是异常终止还是到期终止,进而清算时,从交易公平性的角度,以及从农民工利益最大化的角度,均应向区块链系统提交最新交易,二者不谋而合,所以只需要由农民工掌控交易序列即可。而在赌徒模型中,在交易序列中两赌徒互有输赢,故最新交易可能不是任一赌徒的利益最大化交易。因此,赌徒向区块链系统提交最新交易的动力不足。

最后,在老板与民工模型中,合同有一个明确的固定期限,而赌徒的战斗,何时结束是不固定的。

因此,我们需要更复杂的模型,不妨将其称为"两赌徒模型"。

11.3.2 共同基金

两赌徒在开始游戏之前,要像老板与农民工模型那样,需要一笔"保证金",其不同点是"老板与民式模型"是一方出资的,而这里需要共同出资,因此,不妨称之为"共同基金"。

就像建立"保证金"账户那样,最简单的"共同基金"账户为 $H(A\|B)$,式中 A 与 B 表示公钥,H 表示哈希函数,账户由 A 与 B 共同控制。

建立共同基金的交易为 TXABfund,这个交易有至少两个 IN 指向的前置 OUT 分别代表 A 与 B 的资金,这就是第 9 章的"合资交易"。

交易 TXABfund 中除了"找零"OUT,有一个 OUT 指定接收资金的账户为"共同基金"账户 $H(A\|B)$,这就是第 9 章的"共管账户"。

共同基金中 A 与 B 的出资额可以不相同,极端情况是由一个人出资,像老板与农民工模型那样,本章后续均以双方出资额相等来进行讨论,但同样适用双方出资额不等的情况。

11.3.3 调整份额交易

共同基金交易 TXABfund 中,A 与 B 各出资 10 个单位,他俩有相同的地位,即在开始游戏之前，谁都可以反悔，这里的"反悔"是指不愿参赌，并不是指对赌的结局反悔，因为他们都有"愿赌服输"的口碑。因此，就需要为反悔提供反交易，即 ATX0 和 BTX0，分别由 A 和 B 掌控，这种由交易双方各掌控一个交易的对等交易，称为一对孪生交易。但是双方又都希望对方不反悔，故在反交易中可增加对提交者的"轻微惩罚"，来阻止一些反悔，"轻微惩罚"是指谁提交谁被"延期"（见本章附节：RSMC 型交易）。反交易 ATX0 和 BTX0 均向 A 和 B 各返还 10 个单位的出资额，又分别"轻微惩罚" A 和 B。

赌徒 A 与 B 用他们在"共同基金"账户 $H(A\|B)$ 中的资金作为赌资，随着赌局的进行，他们在"共同基金"账户 $H(A\|B)$ 中的份额不断发生变化，即对于赌博而言，交易就是要调整"共同基金"账户 $H(A\|B)$ 中的资金份额。如 A 与 B 开始的份额为 (10,10)，一局之后 A 赢了 6，则份额变为 (16,4)，再一局之后，A 输了 8，则份额变为 (8,12)……所以，不妨称之为调整份额交易。显然，赌局的调整份额交易反映赌局进行到当时的份额状态。

赌局形成了一系列的调整份额交易，而区块链只能接受其中的一个交易来结算"共同基金"账户 $H(A\|B)$ 中的资金，若让 A 来提交结算交易，他当然会提交对自己有利的交易，如他会提交份额为 (16,4) 的交易，而不是提交份额为 (8,12) 的交易。

然而，赌局所要求的是：在赌局结束后提交最后一个调整份额交易进行结算。如何来保证提交"最后一个"交易呢？在老板与民工模型中我们使用过这一策略：在产生新的交易的同时，撤销前一个交易。下面我们将详细讨论该策略如何在两赌徒模型中实施。

11.3.4 "萤火虫"

赌了一局之后，双方的应得金额发生了变化，调整份额交易 ATX0 和 BTX0 将不再适用，不应各返还 10 个单位，这时可根据新的应得金额，双方签署新的调整份额交易 ATX1 和 BTX1，分别由 A 和 B 掌控。注：ATX1 中的资金分配是在 ATX0 的基础上加上本次赌局输赢额，例如，本次赌局 A 赢了 3 个单位，又已知 ATX0 的资金分配为 (10,10)，则 ATX1 的资金分配为 (13,7)，即它是资金累计的结果，之后的 ATX2 中的资金分配是在 ATX1 基础上根据第二局输赢情况进行的，等等。

这样，就可以得到两个调整份额交易系列，从 A 的角度有：ATX0、ATX1、ATX2……从 B 的角度有：BTX0、BTX1、BTX2……这些交易都没有向区块链系统提交，它们的 IN 都是指向基金交易 TXABfund 的 OUT。若提交它们，则区块链系统只接收最先提交的，因为区块链系统会避免"双花"（参见第 5 章）。

那么，如何控制提交正确的调整份额交易呢？

以第一局结束为例，这时，A 掌控着交易 ATX0 和 ATX1，所以应该以交易 ATX1 为准，也就是说应该废除交易 ATX0。虽然还没有好的办法去"废除它"，但我们可以想办法去"阻止它"。

本章的附节会论述"轻微惩罚交易"（RSMC 型交易）ATX 有对应的"阻止交易"B-ATX。应用到这里，就是 ATX0 有对应的"阻止交易"B-ATX0，它由 B 掌控；BTX0 有对应的"阻止交易"A-BTX0，它由 A 掌控。

第一局结束后，就应签署新的调整份额交易为 ATX1 和 BTX1，分别由 A 和 B 掌控。同时，"撤销"初始的交易 ATX0 和 BTX0，即签署初始的交易 ATX0 和 BTX0 的"阻止交易"B-ATX0 和 A-BTX0。

假定 A 和 B 决定继续对赌，那么第二局结束后，A 和 B 的资金分配又发生了变化，再用上述方法，签署"阻止交易"B-ATX1 和 A-BTX1 来"撤销"第一局的交易，同时，按第二局后双方累计结果签署新的交易 ATX2 和 BTX2，再进行第三局……依此类推，直至其中一方主动结束对赌或因所出资金已输完而被动结束。这时 A 向区块链系统提交交易 $ATXn$ 或 B 向区块链系统提交交易 $BTXn$，当然，提交时，对应的阻止交易没有生成，这里 A 的阻止交易为 $B\text{-}ATXn$，B 的阻止交易为 $A\text{-}BTXn$。

从过程来看，需要向区块链系统提交两个交易：以建立共同基金交易开始，它由 A 与 B 共同出资到一个共管账户中；以返还共同基金交易结束，它将共同基金账户中的资金按赌博结果返还给 A 和 B。其间，不断地"生成赌局结果调整交易，然后又撤销"，这一系列的"生成、撤销"动作，类似于"萤火虫"（Lightning Bug）一亮一灭的行为。

如图 11.6 所示，从结果来看，最后向区块链系统提交的一个交易，代表了一系列交易的整体情况，即它的结果与按局向区块链系统提交输赢的结果一致。当然，如果每局频繁提交，则由于提交的交易多，需要向区块链矿工缴纳更多的交易费。而"萤火虫"方式只需提交一个交易，就能把一系列赌局全搞定。

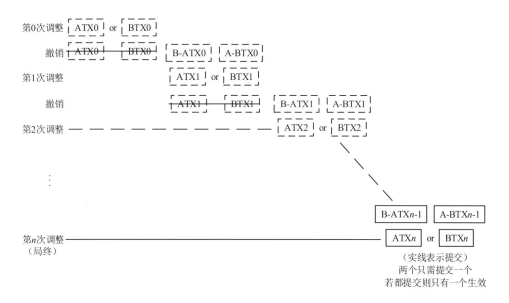

图 11.6　按局调整

11.3.5　开通与关闭通道

上述讨论的支付手段,不妨称之为两赌徒模型支付通道,它是赌局系列的闪电支付。建立共同基金被称为开通支付通道,赌局结束后向区块链系统提交最后的调整份额交易结算被称为关闭通道。

开通与关闭通道是区块链交易,需要缴纳交易费,通常有最低交易费。开通交易 TXABfund 中 IN 指向的 OUT 中的资金之和大于 TXABfund 的各 OUT 中的资金之和,差额部分即为交易费。所以关闭交易 ATXn(或 BTXn)应进行改造:一要含有交易费,二要取消"轻微惩罚"。即开通与关闭通道是有成本(交易费)的。

注:为了简化起见,本章交易示例中我们均省略了对交易费的描述,实际上所有签署的交易中需包含由双方共同承担的交易费。

老板与民工模型建立的是单向通道,即老板向民工付款;而两赌徒模型建立的是双向通道,即双方都可以向对方付款。

开通与关闭通道时都只向区块链提交一个交易,在开通与关闭通道的交易期间,对手之间的成千上万次交易反复采用"调整""撤销"策略,用不着提交给区块链。这样,开通与关闭通道的两个交易"代表"了期间的所有交易,产生如下结果。

(1)变相地对区块链起到了扩容作用。假定大量广泛地使用通道技术,扩容能力就不可限量。这也是经典比特币核心开发成员坚持不对区块大小进行扩容的理由之一。

（2）节省了大量的交易费。即在该支付通道中，无论有多少交易，只需要缴纳两个交易（开通与关闭）的交易费。

11.3.6 损失风险

如老板与民工模型所述，"最后一单"风险是不可避免的，还有没有其他风险？

假定 A 与 B 只赌了两局，A 方可提交的交易有 ATX0、ATX1、ATX2，B 有阻止前两者提交的"阻止交易"B-ATX0、B-ATX1，那么，问题来了：生成交易是有顺序的，在此之间的空隙中是否有风险？

显然，从原理上讲，B-ATX1 是在 ATX1 之后生成的，ATX2 也是在 ATX1 之后的，而 B-ATX1 与 ATX2 的生成次序不定：

（1）如果 B-ATX1 在 ATX2 之前生成，就面临着 B 不签署 ATX2 的风险，这时，A 所掌控的 ATX0 和 ATX1，B 都有对应的"阻止交易"，即若 A 提交，则 B 可通过提交对应的"阻止交易"，将 A 的所得归入自己的账户。因此，A 不会提交，这样就造成了损失；

（2）如果 B-ATX1 在 ATX2 之后生成，若 ATX1 相比 ATX2 而言，更有利于 A 的话，则可能出现 A 不签署 B-ATX1，就演变成"最后一单"风险。

因此，应避免上述（1）的风险。

上述分析对于将 A 与 B 的位置对调一样成立，这就是对称性。

总之，"最后一单"风险在技术上是不可避免的，为了减少该风险，RSMC 也被定位用于小额支付的场景。

当 A 与 B 是大额支付项目时，一般不适合采用这里的方法。但若能被分解成多个子项目，且每个子项目都可以用上述小额支付办法解决的话，则可以并行或串行地以小额支付实现大额支付。

11.4 借道

我们视前述两赌徒模型中的 A 与 B 为熟人。本节我们将讨论如何在两个陌生人之间实现链下支付。当然，这里的"两个陌生人"还是要满足一定条件的：在他俩之间可以找到熟人连接，即以熟人关系连线，则他俩就是连通的。本节讨论两个陌生人如何借助熟人通道进行支付。

11.4.1 购"物"

网上交易通常物流与资金流是脱节的,证明货款支付通常需要靠可信的第三方交易平台,那么,不经过第三方,交易的双方能否有支付依据呢?

我们知道,若购买的"物"也是电子的话,如电子书籍,则在网上就有付款依据。我们可以虚构一个购买"物"来支付。这样,就可以实现转移付款,即付款给持有该"物"的人。假定 A 需要向 C 付款,C 欠 B 的钱,C 希望 A 直接付款给 B。即本来 A 要向 C 买一个虚拟物,C 把该虚拟物转移给 B,再由 A 向 B 购买。

我们知道哈希算法具有不可逆性,因此,可以使用哈希来构造支付过程。实现上述转移支付的步骤如下:

(1) C 任意选定一个随机数 R,并计算其哈希值 H=Hash(R),R 为卖出"物",H 用于检验 R 的真伪;

(2) C 将 R 和 H 分别发送给 B 和 A;

(3) 在一定的时间内,B 向 A 发送 R;

(4) A 用 H 检验 R,检验通过后付款给 B。

上面就是 A 通过购买一个"物" R,实现了将款项支付给 B。

11.4.2 特殊的赌博

现在我们考虑上述步骤中的第(4)步,假定 A 与 B 是一对赌徒。

由"两赌徒模型"可知,A 与 B 之间有一条双向支付通道,我们可以利用这条支付通道来完成上述第(4)步,即将其视为一次"特殊的赌博":买卖 R 成交或未成交。只要这个"特殊的赌博"能像其他赌博交易一样,构建它的资金分配交易,并且也能被下一局交易结果撤销。

设 A 与 B 有一个用于赌博的"共同账户" $H(A\|B)$,为简便起见,我们将账户与账户中的金额用"="号连接,例如,开始时:$H(A\|B)=10$,赌到这时 A 与 B 之间的资金分配为:A=6,B=4。

现在 A 向 B "购买 R",价格为 1.5,这时,$H(A\|B)=10$ 分为两部分:

(1) 确定部分 (8.5):A1=4.5(从 A=6 中拿出 1.5 来用于购买 R),B1=4。(A1 表示 A 的另一个账户,其余类似);

(2) 不确定部分 (1.5):若在规定的时间内成交,则 B2=1.5(收款),否则 A2=1.5(退款)。

上述"购买 R"符合本章附节中组合交易 V 型的应用场景,即上述"购买 R"可以构建组合交易:A 掌控的承诺交易(Commitment Transaction)为 Ca,B 掌控的承诺交易为 Cb，其中，"交易期间"为组合交易 V 型中的绝对时间。Ca 和 Cb 又可以通过公开私钥来撤销。

由此可见，"特殊的赌博"的承诺交易能建立和撤销，因此，可以纳入赌局系列交易中，即利用两赌徒模型的支付通道，实现 A 向 B "购买 R"。

11.4.3　三赌徒模型

上述交易可视为卖个"秘密"，由此我们可以建立"三赌徒模型"。

假定 A、B、C 三人的关系是，A 与 B 是一对赌徒，B 与 C 是一对赌徒，A 与 C 不是对赌的赌徒，即 A 与 B 有支付通道，B 与 C 有支付通道，而 A 与 C 没有支付通道。

假定 A 要向 C 付款 1.5，那么，用上述"购买 R"的方式，分别：

（1）在 A 与 B 支付通道上，A 将 1.5 付给 B，通过 A 向 B "购买 R"来实现；

（2）在 B 与 C 支付通道上，B 将 1.5 付给 C，通过 B 向 C "购买 R"来实现。

如前所述，R 由 C 生成，因此，应该先操作步骤（2），B 获得 R，再操作步骤（1），否则，B 没有 R 则进行不了步骤（1）。

那么问题来了：如果 B 不愿意无偿做这件事，怎么办？

我们可以通过交易费的方式使 B 愿意。假定交易费由转出方 A 付（收款方 C 付与此类似），协商的交易费为 0.01。那么我们来改进"三赌徒模型"，如图 11.7（下面的第（1）步与第（2）步因不涉及 B 故没有画出）所示。

（1）收款人 C 任意选定一个随机数 R，并计算其哈希值 $H=\text{Hash}(R)$，R 为将被卖出的"物"，H 用作检验 R 的真伪；

（2）收款人 C 将 H 发送给付款人 A；

（3）A 告诉他的赌友 B，说他愿意以 1.5+0.01 的价收购一个 R，并将检验 R 的 H 发给 B；

（4）C 与他的赌友 B 协商，说他愿意以 1.5 的价卖出一个 R，于是 B 看中了两边的差价，将其作为小费收入，承担起中间人角色；也可以改为同（3）一致的说法：B 告诉他的赌友 C，说他愿意以 1.5 的价收购一个 R，并将检验 R 的 H 发给 C；

（5）C 向 B 展示 R，B 验证通过，B 给 C 支付 1.5，该笔支付纳入 B 与 C 的赌局系列支付中；

（6）B 向 A 展示 R，A 验证通过，A 给 B 支付 1.5+0.01，该笔支付纳入 A 与 B 的赌局系列支付中。

在上述流程中，R 的价格协商过程是从付款人 A 开始的，毕竟出多少小费是由他确定的。而卖出 R 的次序正好相反，因为，在开始时 R 是由 C 持有的。协商的过程对应于 H 的传递，付款的过程对应于 R 的传递。如图 11.7 中标号所示。

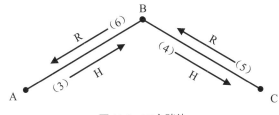

图 11.7　三个赌徒

在前述"两赌徒模型"的支付通道上"购买 R"时，有一个"交易期间"，设 A 与 B 间的交易期间为 Tab，B 与 C 间的交易期间为 Tbc，依据步骤的前后项关系，则应有：Tab>Tbc。我们将上述流程中加上交易期间，如 Tab=2 天，Tbc=1 天：

（5′）若在 1 天内，C 向 B 展示 R，B 验证通过，则 B 给 C 支付 1.5，该笔支付纳入 B 与 C 的赌局系列支付中。

（6′）若在 2 天内，B 向 A 展示 R，A 验证通过，则 A 给 B 支付 1.5+0.01，该笔支付纳入 A 与 B 的赌局系列支付中。

上述流程是 A 向 C 支付，对于 C 向 A 支付则对称处理。即 A 与 C 之间是双向的。

后来，三个赌徒改邪归正不再嗜赌，但仍然保留了资金往来通道，即 A 与 B 在"生意季"开通支付通道，只有必要时才关闭通道（提交最后的调整份额交易作为结算），期间按"赌局系列支付"方式进行支付。B 与 C 之间的情况也是一样的。

A 与 C 之间偶尔转转账，则需要借助已经建立的 AB 和 BC 通道，相当于 A 与 C 之间有一条虚拟通道，虚拟通道的工作原理即为上述步骤，且虚拟通道也是双向的。

11.4.4　一串赌徒模型

我们将"三赌徒模型"推广成"一串赌徒模型"：将"两对赌的赌徒"视为一条线段，当两个陌生人之间支付资金时，若能找到若干条相连的线段使得他俩能被连通，则可以用与"三赌徒模型"相同的"借道"技术实现转账。

如图 11.8 所示，假定 A 需要向 F 支付资金：

（1）收款人 F 任意选定一个随机数 R，并计算其哈希值 H=Hash(R)，R 为将被卖出的"物"，H 用作检验 R 的真伪；

（2）收款人 F 将 H 发送给付款人 A；

（3）从付款人 A 开始向右，逐条线段处理，即线段的两端是从左端向右端买 R 的，协商购买"物" R 的价格 P 及"交易期间" T，并将检验 R 的 H 从左端传向右端传递；

（4）从收款人 F 开始向左，逐条线段处理，即线段的两端是从右端向左端收款的，按先前协商好的价格进行交易，右端已知"物" R，则右端卖出、左端买入"物" R，这样，该线段右端获得资金、左端获得 R。这时，左端已知"物" R，其将被作为下一条线段的右端，对下一条线段采用同样方法向左推进。

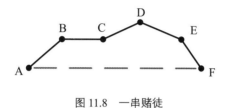

图 11.8　一串赌徒

在上述流程中，R 的价格协商过程是从付款人 A 开始逐段走向收款人 F，而卖出 R 的次序正好相反，从收款人 F 开始逐段走向付款人 A。

在此过程中，对价格 P 和"交易期间" T 两个参数有如下要求：

（1）从左至右，价格 P 递减。即 $Pab>Pbc>Pcd>Pde>Pef$，其中 Pab 表示 A、B 间协商的价格，其他之间的价格类似。$Pab>Pbc$ 表示二者之间有差额，表示 B 以低价 Pbc 从 C 买入 R，以高价 Pab 向 A 卖出 R，差额即为 B 的交易费，其他依此类推；

（2）从左至右，"交易期间" T 递减。即 $Tab>Tbc>Tcd>Tde>Tef$，其中，$Tde>Tef$，表示先 F 向 E 收款，做 E、F 间的支付，再 E 向 D 收款，做 D、E 间的支付，依此类推，自右至左逐段收款。

上述流程是 A 向 F 支付，F 向 A 支付可对称处理，即 A 与 F 之间是双向的。

A 与 F 之间的路径还可以管理起来，下次再用。在有多条路径时，还可以选择最短的路径或费用最小的路径，协商的费用也可以长期固定下来。

基于将路径用表管理起来再利用的想法，就产生了专门从事转账业务的网络节点。该网络节点还可以帮用户"盯住"对方，因为，在支付交易序列中，交易都是处于"待提交"状态的，需要"盯住"对方是否提交，以便及时采取应对措施。

11.5 小结

本章通过建立多个模型的方式，对闪电网络白皮书进行了全面解读。

（1）预约交易：预约分为绝对时间和相对时间的预约，既然是预约就有一个"时间缓冲期"，在此期间就可以被其他交易所"替代"。

（2）"共同账户"：交易双方可以建立一个"共同账户"，该账户中的资金处理需要双方的签名。

（3）支付通道：在区块链上建立"共同账户"就是开通支付通道；把小额支付视为"共同账户"中的资金份额的重新分配，链下不断地对"共同账户"的资金份额重新分配调整对应于支付系列；关闭通道就是将最后的分配结果提交给区块链。

（4）孪生交易：由于支付交易双方的利益不同，故不能由一方掌控交易提交，为了保证支付交易"能"被提交到区块链中，对每笔支付交易构造对应的孪生交易，分别由收款方和付款方各自掌控。孪生交易通常是"组合交易"。

（5）保持链下：为保证小额支付能在链下的支付通道上进行，也需要采取经济手段，一是需要缴纳链上交易费，二是对提交者进行"轻微惩罚"。

（6）交易撤销：由于支付交易是在链下的，需要阻止过期交易提交到区块链上，这就是交易的"撤销"。首先，一个交易是由某一方如 A 方掌控的预约交易，而对方 B 掌控一个对应的"替代"交易；其次，该"替代"交易具有"从严惩罚"的性质：A 提交预约交易，B 提交"替代"交易，导致"替代"交易使得本应分配给 A 的资金分配给了 B。这样就从经济角度迫使 A 不提交其掌控的交易，起到了"撤销"该交易的效果。

（7）支付系列：在支付通道上是这样形成支付系列的，一是保持链下；二是每个支付由双方各自掌控孪生交易之一；三是生成新的支付交易，即调整双方的份额，并撤销旧的支付交易，即撤销旧的份额分配。

（8）借道支付：上述的支付通道是指两者之间建立的长期关系，两个"陌生人"之间的偶尔支付可以借助这些支付通道进行，只要能找到一条由若干个支付通道使他们连通的通道即可。

本章所述的"组合交易"是指链下的、逻辑意义上的，链上的交易仍是单个的 UTXO 型交易。

另外，"Lightning"一词的意思很微妙：既表示"萤火虫"（Lightning Bug）小亮光的一亮一灭，又表示天空中宏大而迅猛的"闪电"。笔者更倾向于前者，故将本章其中一小节取名为"萤火虫"。因为，交易者之间要多次交互、要制作新交易和撤销旧交易，借道支付还要在整条通道上进行协商，没有看出"快"在哪里。

当然，若说它具有"闪电"之快，那也是相对而言的。也就是说，链下交易相对链上而言，不用组装到区块中参与共识，即不受区块产生速度限制的影响，把链上视为平常的情况，那它可不就是"闪电"吗？若再在链下大量使用支付通道，则该公有区块链的吞吐量将不可限量，从而展现出宏大而迅猛的"闪电"。

11.6* 附：预约与撤销（续）

11.6.1 RSMC 交易及其阻止交易

1. 组合交易 I 型

前述的 Locktime 和 Sequence 分别是绝对时间和相对时间，那么能否在一个交易中，一个 OUT 遵循绝对时间，一个 OUT 遵循相对时间？不行，因为，交易是一个整体，先到时间的会受后到时间的拖累，即整个交易的所有 OUT 会以最后的时间为准。

但我们可以做一个由两个交易组成的"组合交易"，使其符合要求。如图 11.9 所示，交易 TX1 含有绝对时间 Locktime，交易 TX1 按绝对时间入链，产生两个 OUT，其中 OUT1 输出到 2 of 2 (A,B)，OUT2 输出到 B。交易 TX2 的 IN 中由 A 与 B 签名并含有相对时间 Sequence，交易 TX2 按相对时间入链，产生一个 OUT 输出到 A。将交易 TX1 与交易 TX2 视为一个"组合交易"TX，则它的两个 OUT 中，一个按绝对时间输出 B，一个按相对时间输出 A，符合要求。

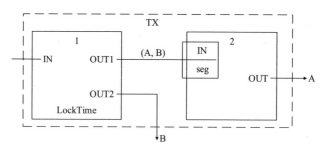

图 11.9　组合交易 I 型

2. 组合交易 II 型

上述"组合交易 I 型"有一个特别情况：当 Locktime=0 时，交易 TX 的一个输出是即时入账 B，一个输出是延期入账 A。显然，对于延期入账的 A，在等待期间，交易 TX2 可以由其竞争交易取代。即使没有交易去取代交易 TX2，该"组合交易"

因为 B 即时入账而 A 延期入账，显然情况对 B 有利，对 A 不利。对一方有延期的交易称为"轻微惩罚"交易，不妨叫此"轻微惩罚交易"为组合交易Ⅱ型。

如图 11.10 所示，该"轻微惩罚交易"对 A 不利，故应由 A 掌控，将此交易记为 ATX。注："A 掌控"意即 B 对该原始交易签字后，将其交给 A，A 有这个"半成品"交易，他可以签名后提交给区块链系统，也可以选择暂时不签名，而等到必要时才签名。

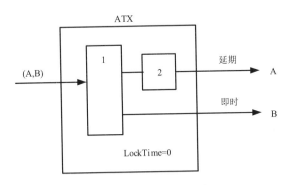

图 11.10　组合交易Ⅱ型

上述交易是 A 掌控的，由于 A 与 B 的对等地位，对应的有 B 掌控的"轻微惩罚交易"，即组合交易Ⅱ型是成对的，不妨称为之孪生交易。与上述交易对应的孪生交易为 BTX，即时入账 A、延期入账 B，由 B 掌控。注：这里孪生交易仅是交换了"即时"和"延期"，并没有交换 A 与 B 的金额，即 A 与 B 的金额不变。

孪生交易中由 A 掌控的交易用 a 标识、由 B 掌控的交易用 b 标识，因此，组合交易Ⅱ型的孪生交易为：组合交易Ⅱ型 a 和组合交易Ⅱ型 b。

3. 组合交易Ⅱ型的阻止

前面的知识告诉我们：具有绝对时间和相对时间的预约交易，在一定的时间内，都可以被相应的交易取代。

假定上述"轻微惩罚交易"ATX 还没有被提交到区块链中，是否可以阻止该交易的提交？

针对 ATX 中的交易 TX2，我们可以做一个能取而代之的对应交易 TX-2：① 由 OUT 给 A 改为 OUT 给 B；② IN 中的延期改为即期，即交易 TX-2 就能取代交易 TX2，它入账（入区块链）的效果是本应延期给 A 的钱，却即期给了 B。由交易 TX1 知，交易 TX-2 需由 A、B 共同签名。显然，交易 TX-2 应由 B 掌控，否则毫无意义，因为，它只有一个 OUT 给 B。

现在有两个交易 ATX 和 TX-2，前者由 A 掌控，后者由 B 掌控，且都处于未提交状态。下面我们看看它们的提交情况：

（1）若只提交交易 ATX，则 A 和 B 各得到自己的资金，其中，A 延期获得，B 即期获得；

（2）若只提交交易 TX-2，则什么都不会发生，因为，交易 TX-2 的前序交易（ATX 中交易 TX1），未提交给区块链系统，交易 TX-2 因找不到其前序交易而被认为是非法交易，故不能入账；

（3）若提交交易 ATX 和交易 TX-2，则交易 TX-2 取代了 ATX 中的交易 TX2。这时，全部的资金都给 B 了。

显然，上述（3）不会发生，因为一旦有了交易 TX-2，A 就不应该提交 ATX，否则 A 就会失去自己的资金。故不妨将交易 TX-2 称为"阻止交易"，它会阻止 A 提交 ATX。阻止交易由对手 B 掌控着。

由于 B 与 A 有利害关系，B 会紧盯着 A 的提交行为，并尽可能地去实现上述（3）。所以只有在还未签署交易 TX-2 时，才能实现上述（1）。

这里讨论的就是 RSMC（Revocable Sequence Maturity Contract，即可撤销的、基于 Sequence 成熟度的合约）。"Sequence 成熟度"即是指 ATX 中含有 Sequence 表示的相对时间，"Revocable"则表示通过"阻止交易"而实现"撤销"交易的目的。"轻微惩罚交易"称为 RSMC 型交易。

（1）在"轻微惩罚交易"中，交易 TX1 "要求"交易 TX2 延期，这里的"要求"并不是在交易 TX1 中写明，反而是在交易 TX2 中写明，为了表明这层关系，我们记交易 TX1 中与交易 TX2 对应的 OUT 为 RSMC，对应的交易 TX2 记为 RD（Revocable Delivery Transaction），交易 TX1 中其他 OUT 对应的即时交易记为 D（Delivery Transaction），再标明掌控者和序号，如 RDa3 即为 A 掌控的第 3 个 RD 交易，Db3 即为 B 掌控的第 3 个 D 交易。

（2）上述阻止交易 TX-2，记为 B-RD（Breach Remedy Transaction），如 RDa3 的取代交易为 B-RDa3。将交易 TX-2 视为"阻止"ATX 的交易，则它又可记为 B-ATX。即在"轻微惩罚交易"（RSMC 型组合交易）中，延期交易 RD 的阻止交易 B-RD，可以使得整个组合交易失效。我们知道"轻微惩罚交易"有对应的孪生交易，对其孪生交易同样可以制造出对应的阻止交易。

11.6.2 HTLC 交易及其阻止交易

1. 组合交易Ⅲ型

在前述组合交易Ⅰ型中，交易 TX1 的两个不同的分支是由其两个不同的 OUT 确定的，因此，两条分支都成立。我们这里再看一种新的组合交易，它的两个不同的分支从同一个 OUT 中分出，因此，这两条分支是互斥的，即只有一条分支成立。该组合交易涉及三个交易，如图 11.11 所示。

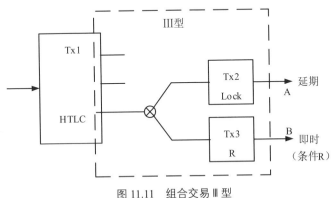

图 11.11 组合交易Ⅲ型

新的组合交易中，含有三个交易，其中交易 TX1 中有一个 OUT：将交易资金打入一个"共同账户"，并指定后续取这笔资金的 OUT 具有两个不同的分支，由该 OUT 的脚本操作码 OP_IF...OP_ELSE...OP_ENDIF 来表达。我们通常将其称为 HTLC 型 OUT。整个混合型交易不妨称为 HTLC 型组合交易，即组合交易Ⅲ型。

"猜谜题"就是一个例子。有道谜题，谜面为 H，谜底为 R。A 与 B 打赌：若 B 在三天内找到了 R，则 A 付给 B 一笔资金 x，即"见 R 即付"。这样就可以构造一个组合交易 TX，A 与 B 通过签名交易 TX1 将资金 x 锁定到 HTLC_OUT 中，交易 TX2 为一个延期交易，TX2 的作用是：三天后，如果该笔交易未被提走，则返还给 A。三天内，若 B 找到了答案 R，他就可以构造出交易 TX3，即在 IN 中填入答案 R，并将 TX3 设为即时交易，所以它将优先于 TX2，从而区块链系统会选择 TX3，B 因此获得资金 x。

区块链系统是这样验证的：TX1 的 HTLC_OUT 中对应于 TX3 的脚本分支中含有谜面 H，TX3 的 IN 中含有 R，它们是配对关系，就像公钥地址与私钥签名，具有配对关系就可以通过运算验证是否相配。而 TX2 只验证签名是否正确，延期是决定何时才能将其打包进入区块链中，交易验证时不对其进行判断，因此，交易脚本中没有对是否符合"延期"进行检验。

组合交易Ⅲ型中的即期与Ⅱ型中的不同，前者是有条件的，需要知道 R，后者是无条件的。

谜面 H 与谜底 R 的关系，通常为：$H=Hash(R)$，记为 $H(R)$。

如图 11.11 所示，组合交易Ⅲ型中延期部分 TX2 由付款方 A 掌控，即期部分 TX3 由收款方 B 掌控，TX3 是有条件的即时，因为需要 B 出示 R。

HTLC（Hashed Time Lock Contract）可视为通过 Hash(R) 来锁住该笔资金，即 TX1 的 OUT 中有一个分支，包含……$H(R)$，$H(B)$……，即它要求后续交易需提供"秘密" R 和公钥 B 来解锁，当然还有 B 的签名。

2. 组合交易Ⅳ型

我们已经知道，在"轻微惩罚交易"中，对其中的延期交易 RD 可以设计一个阻止交易 B-RD，该阻止交易使得整个组合交易失效。

我们知道只能对"延期"交易进行阻止，依此思路来看如何对组合交易Ⅲ型进行改造，使之能被"阻止交易"阻止。

（1）当组合交易Ⅲ型被付款方 A 控制时。

在图 11.11 中，若组合交易Ⅲ型的领头交易 TX1 被 A 掌控时，称该组合交易Ⅲ型被付款方 A 控制。

为了阻止 A 提交领头交易 TX1，只需要使 A 掌控的 TX2 具有可替代性即可。A 的延期交易 TX2 是绝对时间的预约，而绝对时间的预约交易的"替代"性正如前面论述那样会失效，相对时间的预约交易的"替代"性通过紧盯前置交易不会失效。为了避免失效，我们需要对 HTLC 型组合交易进行改造：增加一个相对时间交易，这样，该组合交易就含有四个交易，如图 11.12 所示。

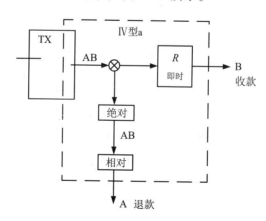

图 11.12　组合交易Ⅳ型 a

其中，OUT 线所标示的字母表示后续交易需要签名，即表示资金给谁，如标示为 AB，表示资金给 $H(A\|B)$，后续交易需要 A 与 B 签名。标记为"R，即时"的交易由 B 掌控，其余均为 A 所掌控。

该组合交易Ⅲ型改造后的交易称为组合交易Ⅳ型 a，其中，字母 a 表示其领头交易 TX 被 A 掌控。

（2）当组合交易Ⅲ型被收款方 B 控制时。

在图 11.11 中，组合交易Ⅲ型的领头交易 TX1 被 B 掌控，称该组合交易Ⅲ型被收款方 B 控制。

此时，B 既掌控了领头交易 TX1，又掌控了条件即时交易 TX3，为了阻止 B 提交领头交易 TX1，只需要令 B 掌控的条件即时交易 TX3 具有可替代性即可。为了具有可"替代"性，显然，需要增加一个相对时间交易，这样该组合交易就含有四个交易，如图 11.13 所示。

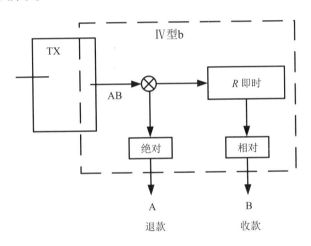

图 11.13　组合交易Ⅳ型 b

该组合交易Ⅲ型改造后的交易称为组合交易Ⅳ型 b，其中，字母 b 表示其领头交易 TX 被 B 掌控。

组合交易Ⅲ型经过上述改造后，得到两个对应交易，不妨称它俩为孪生交易：Ⅳ型 a 与Ⅳ型 b。显然，它俩是不对称的，这与"轻微惩罚交易"的孪生交易不同。

孪生交易Ⅳ型 a 与Ⅳ型 b 的功能是等效的，只不过是因为加了相对时间，所以谁提交就对谁有"轻微惩罚"。

3. 组合交易Ⅳ型的阻止

利用前述绝对时间预约交易和相对时间预约交易构造阻止交易的方法，针对组合交易Ⅳ型中的孪生交易，我们可以构造出对应的阻止交易，即对其中的"绝对时间"预约交易和"相对时间"预约交易各构造一个阻止交易即可，具体方法同前。

阻止交易是通过构造"惩罚交易"来阻止的。如 B 阻止 A 提交，即一旦 A 提交，B 就提交相应的阻止交易，把本应给 A 的资金全部给 B，反之亦然。

11.6.3　HTLC 与 RSMC 组合

1. 组合交易Ⅴ型

（1）A 掌控的组合交易Ⅴ型 a。

在组合交易Ⅱ型和组合交易Ⅳ型中，分别选取 A 掌控的孪生交易Ⅱ型 a 和Ⅳ型 a，整合成组合交易Ⅴ型 a，如图 11.14 所示，即 A 掌控了领头交易 Ca。

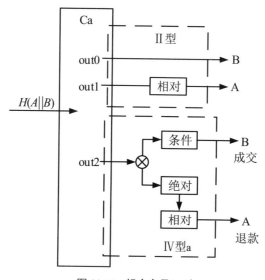

图 11.14　组合交易Ⅴ型

（2）B 掌控的组合交易Ⅴ型 b。

同样，在组合交易Ⅱ型和组合交易Ⅳ型中，分别选取 B 掌控的孪生交易Ⅱ型 b 和Ⅳ型 b，整合成组合交易Ⅴ型 b，即 B 掌控了领头交易 Cb。图略。

A 掌控的组合交易Ⅴ型 a 与 B 掌控的组合交易Ⅴ型 b 不妨称为组合交易Ⅴ型的孪生交易。

2. 组合交易V型的阻止

组合交易V型可以对其所包含的组合交易Ⅱ型和组合交易Ⅳ型构造对应的阻止交易，这些阻止交易共同组成了组合交易V型的阻止交易。

3. 组合交易V型的撤销

前面我们已经知道，阻止交易不必真的"生成"，只要获得了对方的私钥，在必要的时候"生成"即可，即可通过私钥来实现"撤销"预约交易。

如图 11.14 所示，由于组合交易V型内有多个交易，如果仅用一对私钥，就会使 A 失去掌控交易 Ca 的能力。好在私钥可以有无限多（见第 8 章），因此，我们可以用不同的私钥。

改造图 11.14，即交易的 OUT 指定后续交易使用不同的私钥，如 K1，表示 A 与 B 的第一对私钥"K1a，K1b"，得到的结果如图 11.15 所示。

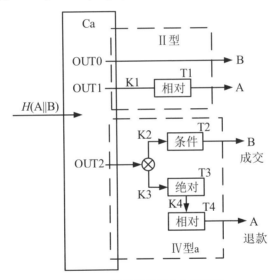

图 11.15 改造后的组合交易V型

改造后的组合交易V型 a 需要四对私钥：交易 Ca 的 OUT1 指定交易 T1 使用第一对私钥 K1，OUT2 指定交易 T2 使用第二对私钥 K2……在这五个交易中，A 掌控四个交易：Ca、T1、T3、T4，B 掌控一个交易 T2，显然，T1、T3、T4 均为预约交易，有对应的阻止交易，因此，只需 A 向 B 公开 K1a、K3a、K4a 就能撤销该组合交易V型 a，在这里需要公开一批交易的私钥，如果按第 8 章利用密钥树的知识组织密钥的话，只需公开一个 Master Key 作为种子就相当于公开了该 Master 下的所有

Child Key。也就是说公开了一个 Master Key 就撤销了该组合交易 V 型 a。

对组合交易 V 型 b 可以进行类似的分析。

采用公开密钥来撤销交易的方法,要求只在必要的时候才生成"阻止交易"。这样,一方面过程简洁,另一方面能节省大量的"阻止交易"所需要的存储。

11.6.4 组合交易的应用模型

1. 购买一个"物" R

组合交易 V 型可用于购买一个"秘密" R。

设 A 与 B 有一个"共同账户" $H(A‖B)$,为简便起见,我们将账户与账户中的金额用"="号连接,例如:$H(A‖B)=10$,A=6,B=4。

现在 A 向 B 购买 R,价格为 1.5,因此,$H(A‖B)=10$ 分为两部分:

(1)确定部分 8.5:A1=4.5,B1=4。

(2)不确定部分 1.5:若在规定的期间内成交,则 B2=1.5 作为收款,否则 A2=1.5 作为退款。

根据前面的知识我们知道,对于确定部分 8.5,可以用组合交易 II 型分配 A 与 B 之间的资金;对于不确定部分 1.5,我们可以用组合交易 IV 型中的条件分支处理。

A 掌控的承诺交易,即 Ca,含有三个 OUT:OUT0 处理 B=4;OUT1 处理 A=4.5;OUT2 处理不确定的 A=1.5 或 B=1.5。这些 OUT 及其后续交易共同组成了组合交易 V 型。

"交易期间"对应至组合交易 V 型中的绝对时间。

图 11.15 中为组合交易 V 型 a,同样,可以得到其孪生交易,即组合交易 V 型 b。

最迟在交易到期时,就知道了结果——购买"物" R 交易成交或未成交,这时可以把交易"结果"视为赌博结果,签署对应的赌博调整份额交易。例如,若购买"物" R 交易成交,即 C 向 B 出示了 R,A 与 B 在 $H(A‖B)$ 中的份额由"A=6,B=4"调整为"AX=7.5,BX=5.5",这里 AX 表示 A 换了新的账户,BX 表示 B 换了新的账户;若未成交,则份额由"A=6,B=4"调整为"AX=6,BX=4",即份额未变;调整份额交易的相关内容见"两赌徒模型"。

当然,签署了对应的调整份额交易后,就可以撤销掉购买"秘密" R 交易,其方法为上面所述的组合交易 V 型的阻止或撤销。

2. 三赌徒模型(续)

前面我们讨论了"三赌徒模型",这里我们继续讨论它的一些细节。

下面是"三赌徒模型"的支付流程：

（1）收款人 C 任意选定一个随机数 R，并计算其哈希值 $H=\text{Hash}(R)$，R 为将卖出的"物"，H 用作检验 R 的真伪；

（2）收款人 C 将 H 发送给付款人 A；

（3）A 同赌友 B 协商，说他愿意以 1.5+0.01 的价收购一个 R，并将检验 R 的 H 发给 B；

（4）B 同赌友 C 协商，说他愿意以 1.5 的价收购一个 R，并将检验 R 的 H 发给 C；

（5）若在交易期间 Tbc（如 1 天）内，C 向 B 展示 R，B 验证通过，则 B 给 C 支付 1.5，该笔支付纳入 B 与 C 的赌局系列支付中；

（6）若在交易期间 Tab（如 2 天）内，B 向 A 展示 R，A 验证通过，则 A 给 B 支付 1.5+0.01，该笔支付纳入 A 与 B 的赌局系列支付中。

那么，问题来了：上述（5）中，若 B 已完成向 C 的支付，但却进行不了步骤（6），如 A 不签署支付交易，那么 B 就损失了。

为避免发生该风险，将签署交易的动作移到"协商"阶段，但这时，B 所掌控的与 A 之间的交易是"半成品"的，因为其中的 R 还为空。这样，一旦 B 已完成向 C 的支付，他就获得了 R，这时他就可以将"半成品"交易完善成"成品"，就可以进行步骤（6）了。

因为在协商阶段已经完成交易的"半成品"，故有如下结论。

（1）若在"交易期间"内，收款方向付款方出示 R，则支付总会成功，方法有两种，其一是：依前述将该支付纳入赌局系列支付中，即签署对应的调整份额交易，之后，废掉购买"物" R 交易。其二是：若付款方不愿付款，即不愿签署对应的调整份额交易，则收款方可以将 R 填入他已掌控"半成品"交易中，形成"成品"交易向区块链提交，从而获得成功支付。即有了"半成品"交易后，收款方占主动地位，只要他启动支付（向区块链提交该交易）总会成功。

（2）向区块链提交是有交易费的，为简化描述，在上述交易示例中我们省略了交易费的描述，也就是说实际签署的交易中需含有由双方共同承担的交易费。另外向区块链提交交易也关闭了该支付通道，再次开通会有成本。因此，从经济角度来说，签署对应的调整份额交易是理性的选择，后续的论述也依照这种选择。

（3）若 B 向 C 支付成功，即 C 在 Tbc 内向 B 出示了 R，这时 B 处于"垫付"资金的状态，且他有 R 和 A 与 B 间交易的"半成品"，所以他有积极性也有条件同 A 完成交易。故，一旦 C 启动该支付，向 B 出示 R，则从经济理性的角度看，后续支付均会成功，即 B 向 C 支付和 A 向 B 支付这两个异步交易可以被视为一个"事务"。

3. 改进后的"三赌徒模型"

（1）准备阶段。

收款人 C 任意选定一个随机数 R，并计算其哈希值 H=Hash(R)，R 为将卖出的"物"，H 用作检验 R 的真伪；收款人 C 将 H 发送给付款人 A。

（2）承诺阶段。

A 同赌友 B 协商，愿意在时间 Tab 内以价格 Pab 收购一个 R，协商同意就签署承诺交易，即含 Pab、H 和 Tab 但不含 R 的"半成品"交易，孪生交易双方各掌控一个。

B 同赌友 C 协商，愿意在时间 Tbc 内以价格 Pbc 收购一个 R，协商同意就签署承诺交易，含 Pbc、H 和 Tbc 但不含 R 的"半成品"交易，孪生交易双方各掌控一个。注：Tab>Tbc，Pab>Pbc。

（3）支付阶段。

B 同 C 间交易。

若在 Tbc 内 C 向 B 出示 R，则：

{ B 与 C 签署对应的调整份额交易，之后，撤销掉购买"秘密"R 交易。}；

否则：

{ 等到 Tbc 时间到期，B 与 C 签署对应的调整份额交易（份额未变），之后，撤销掉购买"秘密"R 交易。}；

A 同 B 间交易：

若在 Tab 内 B 向 A 出示 R，则：

{A 与 B 签署对应的调整份额交易，之后，撤销掉购买"秘密"R 交易。完成 }；

否则：

{ 等到 Tbc 时间到期，A 与 B 签署对应的调整份额交易，之后，撤销掉购买"秘密"R 交易。完成 }；

还有一个问题是关于"余额不足"问题。

在 B 与 C 之间签署"半成品"交易时，需要验证共同账户 H(B,C)中付款方 B 的份额是否足够付款，如果"余额不足"，则不能完成 B 与 C 之间"半成品"交易的签署。反之，就能完成签署。一旦签署交易，该笔付款金额就被锁定到"半成品"交易的 OUT 中，这时共同账户 H(B,C)中的全部资金实际上都被这个交易锁定了，虽然没有向区块链提交交易，若 B 想另行使用共同账户 H(B,C)中的资金，C 是不会签名的，除非 B 偷了 C 的私钥，代他签名。由此可知，"余额不足"是在签署"半成品"交易时进行判断的，一旦进入支付阶段，则表明各环节不存在"余额不足"

问题，且资金已被锁定。

上述为 A 向 C 的付款过程。C 向 A 的付款过程为对称过程。

4．一串赌徒模型（续）

我们将"三赌徒模型"推广成"一串赌徒模型"：将"两对赌的赌徒"视为一条线段，当两个陌生人之间支付资金时，若能找到若干条相连的线段使得他俩能被连通，则可以用与"三赌徒模型"相同的"借道"技术实现转账。类似地，有如下阶段。

（1）准备阶段：收款方有 R，付款方有 H，$H=Hash(R)$；

（2）承诺阶段：由收款方向付款方方向，沿各线段逐段协商，并传递 H，形成各段支付的"半成品"交易；

（3）支付阶段：由付款方向收款方方向，沿各线段逐段收款，并传递 R，由收款方通过"半成品"交易和 R 主动发起收款。虽然是一连串交易，但从经济理性的角度看，这一连串的异步交易可以被视为一个"事务"。

"三赌徒模型"和"一串赌徒模型"可以用于"跨链"的情况，只要这些链都是 UTXO 交易模型的，或这些链间能建立类似的通道。如在"三赌徒模型"中，若 B 在链 L1 上与 A 是赌友，B 在链 L2 上与 C 是赌友，则 A 向 C 支付就可以使用前述方法，仅在协商价格时考虑不同链上的虚拟币之间的汇率即可。

第 12 章

链上机器人

前面基本上在讲比特币区块链,本章会从原理角度上谈谈以太坊区块链,简称以太坊,在专业篇(*)中我们将对以太坊有较深入的讲解。

我们知道,以太坊是在充分研究比特币区块链的基础上发展起来的,故此,我们采取对比的方式来介绍,且与比特币相同的原理部分将不再重复。

12.1 账户及状态

在比特币系统中,我们是以 UTXO 模型为基础来建立交易体系的,在以太坊中我们将以传统的"账户余额"为基础来建立交易体系。

12.1.1 账户余额

就像银行体系一样,每个账户中都有"当前余额"。在以太坊中,我们引入一个观点:把账户的"当前余额"视为账户的状态,那么,余额的变化就是状态的变化,但这里的"状态"本质上是"无限的"而不是"有限的",因为,余额作为变量是连续的。当然,在计算机上由于精度的限制,体现出来的是"有限的",另外,从时间维度上它也是连续的。但可以通过对运动的物体的拍照——"快照"采样。

每个账户都有一个与之关联的状态 State 和一个 20 字节的地址 Address。后续为描述简单起见,我们通常不区分账户和账户地址,具体理解请结合上下文。

<账户;余额>变为<账户;状态>,如<张三;State:E=100>,表示张三账户中有 100 个以太币 Eth。当张三转出 20,则变为<张三;State:E=80>。

为了保证交易不被重复提交,我们对账户提交交易进行计数 Nonce,并将计数

也视为状态的一部分。<账户；状态>变为<Address；State（Nonce，Balance）>。

12.1.2　世界状态（一）

将以太坊中全体的<账户；状态>作为一个整体，不妨称为"世界状态"，例如，每一个"转账交易"都使得转出方和转入方的<账户；状态>中的状态发生变化，即"世界状态"（局部）发生了变化。

随着时间的推移，"世界状态"不断变化，我们要怎么取得"世界状态"的"快照"呢？

在区块链的世界里，我们通常以"区块"作为时间单位，故此可以以"区块"相同的频率来进行"快照"：设区块链中的区块系列为 B0、B1、B2、B3……，对应的"世界状态"的"快照"系列为 S0、S1、S2、S3……，则有 B0、S0、B1、S1、B2、S2、B3、S3……

B0 为创世纪区块，S0 为创世纪区块所对应的"世界状态"称为创世纪状态（Genesis State），然后，经过执行区块 B1 所包含的全部交易后，"世界状态"变为 S1，依此类推。因此，以太坊的本质就是一个基于交易的状态机（Transaction-based State Machine），它不断驱动着"世界状态"的变化。

如图 12.1 所示，在某一时间点世界状态的"快照"。

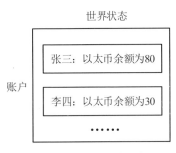

图 12.1　世界状态（一）

12.2　智能合约机器人

与比特币区块链相比，以太坊有更为丰富的处理能力和更广泛的应用场景，体现在以太坊虚拟机（EVM）环境和以太坊区块链的有机结合，以及在其中运行的各种智能合约上。

以太坊中三大元素的关系可以这样理解：智能合约是面向用户的应用系统，EVM 是智能合约赖以运行的"操作系统"环境，而以太坊区块链则是智能合约运行时记录数据及状态的数据库系统。

12.2.1 图灵两难

为了研究可计算问题，图灵构思出了一个抽象计算模型——图灵机，它就是现在计算机的雏形。图灵完备（Turing Complete）的意思就是可以做到图灵机所能做到的所有事情。现代计算机系统就是一个图灵机，常用的编程语言都是图灵完备的。若编程语言对程序做出某种"限制"，例如，编程语言不允许程序循环，则该编程语言就变为图灵不完备，或者叫作非图灵完备。

图灵完备的语言有顺序执行、循环执行、判断分支等语句。其优点是理论上任何算法都可用该语言来编程实现。它的一个显著特点就是支持程序循环。缺点也是循环所带来的，就是有可能进入死循环而导致系统崩溃。

出于安全问题的考虑，比特币采用了一种图灵不完备的堆栈语言，它不能做到图灵机所能做到的所有事情，不支持循环语句。这种非图灵完备的区块链代码协议的优点是很安全，从 2009 年诞生至今，在区块链中发生过无数起黑客攻击事件，但比特币几乎从未因本身交易脚本的原因出现过资金损失。

那么问题来了：比特币虽然安全，但是在其系统上不能开发复杂的逻辑程序。这就使得在比特币区块链上开发的应用十分少见。

为了使区块链能够支持各类应用系统的开发运行，迫切需要一个安全的、图灵完备的区块链系统，于是，以太坊应运而生。设计图灵完备的系统不难，难的是如何解决"安全"问题，即在非人工干预下解决"死循环"问题。以太坊巧妙地引入经济手段使得这一问题迎刃而解，即运行消耗 Gas，也就是消耗交易者的以太币。

以太坊采用的是智能合约语言，是一个图灵完备的区块链系统，建立了一个 EVM 环境，在其上可运行智能合约，即应用程序满足各种现实应用场景的开发。程序员既可以利用以太坊的智能合约来编写数字资产的代码，创建新的数字资产，也可以通过编写智能合约的代码，创造非数字资产的功能，如目前市场上的各种 DApp。

12.2.2 "机器人"

将以太坊中的智能合约拟人化地视为"机器人"，我们以此来解开学习以太坊的若干疑团。

首先，拟人化的机器人当然需要一个标识，就是账户地址，那么，怎么去定义机器人的账户地址？这里我们把将机器人部署到以太坊中的"人"称为"爸爸"，而"爸爸"提交部署交易时的交易计数 Nonce 为出生时间。我们找它的出生——"爸爸"

及部署时间，以"出生"来给它命名是再自然不过的事了，如 Address=Hash(FatherAddress,FatherNonce)，其中，左边是机器人的账户地址，右边为它"爸爸"的要素。注：通常账户指实体，而地址即该实体的标识，其关系就像身份证与身份证编号一样，但在行文中又没有太严格地去区分它们。

其次，机器人也有其账户状态：交易计数 Nonce、以太币余额 Balance、机器人对应的代码、机器人作为记账员维护自己的账本 Storage。其中，代码及账本另外存储，仅将其 Hash 纳入状态中作为代表。

以太坊中将人类账户和机器人账户统一起来，将前者称为外部账户，后者称为合约账户或者内部账户，状态列表取其并集，如图 12.2 所示，即 <Address;State:Nonce,Balance,HashCode,HashStorage>，显然，人类账户即外部账户中 HashCode 与 HashStorage 为空。

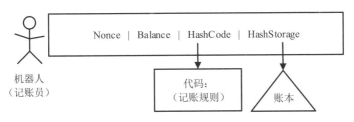

图 12.2　机器人（记账员）

人类账户中 Balance 由该账户的所有人凭私钥进行管理，机器人账户中 Balance（以太币余额，如第 6 章图 6.2 中的 ETC）及 Storage（积分账本，第 6 章图 6.2 中的 DAO）由该机器人的代码进行管理。智能合约的代码被视为记账规则，由机器人记账员执行。

12.2.3　机器人的小世界

前面我们已经知道，以太坊作为状态机维护着"世界状态"，其实机器人作为记账员通过账本 Storage 也维护着自己的小世界状态，账本中的记录也为<账户;状态>，只不过这里的状态是该机器人所维护的，如积分记账机器人维护的是各注册账户的积分余额。为了加以区别，通常将小世界的<账户；状态>抽象成<键;值>对，即<Key;Value>。

机器人的每次运作，Nonce 加 1，在 Storage 中做一次改变，例如，一个积分记账机器人维护一个积分账本：张三积分为 100，李四积分为 40……当人类指示机器人：张三给李四转积分 30，则积分账本更新为：张三积分为 70，李四积分为 70……

12.2.4 世界状态（二）

上一小节描述了在以太坊世界中全部人类账户中的"原生币"以太币的余额情况。现在将"世界状态"概念扩充至包含以太坊世界中全部机器人账户的"小世界"。

机器人的小世界就是它名下的 Storage，小世界状态是大世界状态的一部分，小世界的状态发生改变，其 HashStorage 亦改变，从而大世界状态<Address;State:…HashStorage>也就改变了。

同样地，我们要基于区块对不断变化的世界状态做快照，并将快照与该区块关联。

如图 12.3 所示，世界状态包含了机器人账户。注意，图中的外部账户和内部账户都是针对以太币而言的，而"积分"（代币）等账户是由机器人自己去定义（开户）和管理的。

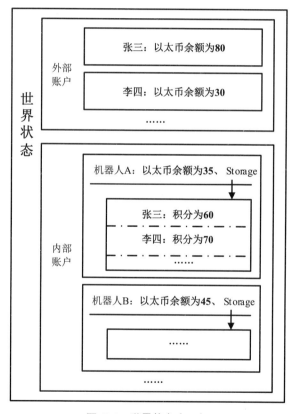

图 12.3　世界状态（二）

12.2.5 别让机器人累死

由前述可知，以太坊是具有图灵完备性的虚拟机，简而言之，它是一个可以模拟运行任何计算机算法的机器，当然，允许有循环。

那么，如果程序出现死循环怎么办？注：死循环有可能是程序员无意留下的Bug，更有可能是恶意的黑客通过执行包含无限循环的程序去攻击以太坊。

还用老办法来解决以太坊中机器人的停机问题：借助经济措施。对以太坊中的运行进行计费，这个费用称为"Gas"（意即机器人工作要烧汽油）。而Gas又由以太币Ether来购买。由此，费用保护区块链网络不受蓄意攻击。

交易发送者对每个交易设置两个参数：GasLimit 和 GasPrice。GasLimit 也称为 StartGas，表示交易者为此交易所愿意花费的 Gas 的数量；GasPrice 表示使用以太坊币 Ether 购买 Gas 的单价，其中，以太坊币 Ether 的基本单位为"wei"，而 Gas 以"Gwei"作为最小计价单位，这里 Gwei=10^9wei。因此，GasLimit 和 GasPrice 就共同决定着交易者愿意为执行该交易而支付的以太币 Gwei 的最大值，计算方式为 GasLimit × GasPrice。

如果在交易者的账户余额中有足够的 Ether 且设置了足够大的 GasLimit，那么运行该交易就没问题，并且在交易结束时任何未用完的 Gas 会被兑换成以太币返回给交易者。

如果交易者没有提供足够的 Gas 来执行交易，那么交易执行就会出现"Gas 不足"，然后交易就会被认为是无效的。在这种情况下，交易处理就会被终止，并且所有已改变的状态将会被恢复，即回退到了交易之前的状态，就像这笔交易从来没有发生。虽然交易中途回退了，但耗尽了交易者为此交易所提供的 Gas，且消耗的 Gas 不会返回给交易者，即白白冤枉消耗了 Gas。

那么，机器人运行某个功能要花多少 Gas？

一个功能就是一段程序，对应于 EMV 的一串指令，因此，EMV 只要维护一张"价目表"，如指令 ADD 为 3 个 Gas，累加各指令所需的 Gas 即可得到该功能要花多少 Gas。价目表示例如下。

ADD（加法操作）：3Gas

MUL（乘法操作）：5Gas

SUB（减法操作）：3Gas

DIV（除法操作）：5Gas

Hash（计算哈希值）：30Gas

……

另外，存储也会产生费用。

然而，我们没有知道该功能要花多少 Gas 的必要性，只需要在机器人的运行过程中，动态地在 GasLimit 中逐步扣减每执行一步指令所花掉的 Gas，直至机器人"停机"：（1）程序执行完；（2）程序没有执行完但 GasLimit 已消耗完。前者是机器人完成了功能，后者是机器人白忙活。特别是，若程序中存在死循环或长循环，则直至 GasLimit 消耗完，程序还没有执行完，此时，所有的改变回退到开始状态，即消耗掉了 GasLimit 中的全部 Gas，而没有做任何功。这样就有效地避免了死循环或长循环的攻击。

另外，如果机器人在执行中因为其他异常而停止，如堆栈溢出、无效的跳转目标或者无效的指令等，Gas 也不会被返还给交易者，并且状态也会恢复到转账之前的状态。

12.2.6 人类指使机器人

前面所述的积分管理机器人就是一个积分应用，含有用户注册、商户注册、发放积分、使用积分、积分转让等功能。

张三提交一个交易，交易通过调用该机器人的积分转让功能就能实现"张三向李四转让积分 30"，可理解为张三向该机器人发送消息，启动该机器人执行命令。交易实际上分为两部分：一是人向机器人下达任务；二是机器人执行任务。其中，后者就是机器人维护着自己的小世界，自不必再说；而前者就是个任务单：指定调用该机器人对象中的某方法及相关条件，这些相关条件包括：要传入机器人执行该函数所需的相关参数"from:张三,to:李四,value:30"，同时，还要指定由谁及以什么价格（GasPrice）向机器人提供所需的 Gas。

对于用户而言，通常 GasLimit 可由客户端软件根据"任务"来自动评估，因而不必输入，而 GasPrice 是用户的意愿，需要输入，当然，如果不输入也有默认值来填充。

交易者用自己账户中的以太币按价格（GasPrice）购买 Gas，指使机器人干活，在干活过程中消耗 Gas，消耗掉的 Gas 又按 GasPrice 转换成以太币，作为交易的交易费付给矿工，条件是该矿工要将此交易打包入区块并使该区块成功入链。

前述已知，每个 EVM 中的命令都被设置了相应的 Gas 消耗值。设 GasUsed 是所有被执行的命令的 Gas 消耗值总和，即交易费 = GasUsed× GasPrice。

为什么不设统一价 GasPrice？这是因为市场机制的引入。

虽然，交易者可以随意指定 GasPrice，但矿工也可以任意地忽略某个交易。一个高 Gas 价格的交易将花费交易者更多的以太币,也就将移交给矿工更多的以太币,因此,这个交易自然会被更多的矿工选择打包进区块。当交易拥挤时,矿工采取"价高优先"的原则,即高价格交易优先"记账"入链。通常来说,矿工会公告他们近期执行交易的最低 Gas 价格,交易者们也就可以据此来提供一个具体的价格,即 GasPrice 是由市场机制形成的。

12.2.7　对机器人查账

人类抱着对机器人不信任的态度,要求机器人在记账过程中,将一些重要的过程信息记录下来,作为"日志",以便在后续验证及证明时使用。

比如在不同网络节点的相互同步过程中,待同步区块的日志有助于验证同步中收到的区块是否正确和完整,因此,区块与对应的日志通常会被单独同步(传输)。

1. 保留收据

在日常工作中,为了方便日后的查账,在工作过程中通常会保留一些"痕迹",如时间、事件,其中时间以交易在区块链中的位置体现,事件以日志的形式体现。

在以太坊黄皮书中定义了一个结构:交易收据 Receipt,简写为 R,是一个包含四个条目的元组 $R \equiv (Ru, Rb, Rl, Rz)$,下面详细解释。

(1)交易收据 R 对应于交易 TX,而交易在区块中,且是"有序"的,即每区块中的全体交易是依某种方式规定了执行次序的,宏观上并非并行执行,区块链中交易的排序即形成了时间轴,从而可知事件发生的"时间";

(2)Ru 是指该区块中执行完交易 TX 时,Gas 的累积使用量;

(3)交易过程中创建的日志集合 Rl,即在程序中设置一些日志收集点,收集你认为的关键信息,形成一个交易的多条日志;

(4)对日志集合 Rl 配上一个 Bloom 过滤器 Rb,Bloom 过滤器原理见第 3 章;

(5)交易执行的结果 Rz。

交易收据的主体部分为交易日志。

实现 Receipt 时,还可以多加一些方便以后使用的信息,例如,因交易是排序的,每个交易后的世界状态"快照"是唯一的,即将执行该交易且创建该 Receipt 对象时的世界状态"快照"保存到 Receipt 中。

2. 记录事件

智能合约通常用 Solidity 语言编写,运行在以太坊节点的 EVM 上。用户客户端通常用 web3.js 编写，web3.js 跟某些以太坊节点相连。

Solidity 和 web3.js 中以事件（Event）方式实现交易日志功能。在 Solidity 智能合约中，事件只有声明，没有实现的代码。这很不好理解，这里我们变通一下说法就容易理解了：

（1）内部已经实现了记日志的接口，取名为 event；

（2）然后以 event 作为关键字，去定义事件，如声明：event MyEvent（…）；其中括号中的"…"填入你要记录的变量；

（3）将事件名 MyEvent 视为接口 event 的别名；

（4）然后，在需要记日志的地方，即在调用 event 的地方，调用别名 MyEvent；

（5）再以别名实现多态，即别名不同则跟踪的变量不同。

以事件来记日志还有一个好处是：事件是可以被广播和监听的，利用这一点，客户端可以知道交易情况。例如，我们发送交易来调用某个智能合约。但由于是异步交易：该交易当前只是被发送，距离被打包、执行还有一段时间。此时返回给客户端的只是"回执"，如 TXID 或 TX Hash 值，即无法及时获得智能合约的返回值。这时，我们可以在客户端 web3.js 中开通对智能合约的某事件的监控，即可在该事件触发后，及时获取相关信息，类似于实时的"短信提醒"。

另外，日志的存储比 Storage 消耗的 Gas 少，因此，设计智能合约时，可以考虑将本来计划放入 Storage 中的一些信息转移到日志中。

12.2.8 制造与安装机器人

1. 制造机器人

我们知道机器人就是智能合约，简称合约，也就是一个完整的业务应用。那么，制造机器人就是：

（1）编写合约。通常可用 Solidity 等高级语言编写，称为源码。

（2）编译合约。因为高级语言编写的程序是面向人类的，即人写给人看的，所以它需要被转换成计算机能识别的语言。有两种方案：一是一次性地转换后执行，称为编译执行；二是边执行边转换，称为解释执行。以太坊采用前者，编译合约得到 ABI 和 EVM Code。

- ABI（Interface）：应用程序二进制接口，它为后续调用该合约中的函数提供接口，如函数名、参数说明等。
- EVM Code（ByteCode）：EVM 执行的二进制码 Code，即用于执行的指令和数据的编码。

注：源码、ABI 和 EVM Code 为同一合约的三种表达形式，其中 ABI 是不完整的，类似于只写了函数头还没写函数体。

2．安装机器人

有两种方法实现将合约部署到区块链上，即安装机器人。

方法一

步骤 1：依据 ABI 定义合约。

步骤 2：将该合约实例化 New 到区块链上，EVM Code 作为参数 Data，又因为这项是一个区块链交易，有相应的参数：谁出该交易的 Gas、价格多少等。

方法二

步骤 1：通过组装，初始化出一个出厂机器人，即 Deploy，参数有：EVM Code 以及构造函数所需的信息，可视为这个机器人已组装并设置好了用户参数。

步骤 2：通过交易将该机器人发送到区块链中，当然需要交易的相应参数：谁出该交易的 Gas、价格多少等。

安装完成后，获得机器人账户地址，即前述的机器人标识，之后，通过机器人标识来使用机器人。

对比传统应用程序的安装，有趣的是：安装机器人实际上是智能合约"类"的实例化安装，即执行类的构造函数，再抛弃构造函数，仅安装类的方法函数。

12.3* 矿工的以太币

矿工是经济驱动的产物，为获得以太币而工作，本节我们看看矿工能获得哪些以太币。

矿工获得的以太币不是通过交易入账的，而是由矿工在创造区块时依规定"直接入账"的，即不需要交易直接调整世界状态中相关账户的以太币余额。矿工在验证区块时也是通过验证入账金额及入账账户，来验证这种直接入账是否正确的。

12.3.1 竞争协议

为了确定哪个路径才是最有效的，以及防止多条链的产生，以太坊使用了一个叫作 GHOST（Greedy Heaviest-Observed SubTree）的数学机制。

简单来说，GHOST 协议就是让我们必须选择一个在其上完成计算量最多的路径。由于产块速度快，任何网络节点观察到的区块链是一个生长的子树，协议要求贪婪地选择最重的子树，即承载着挖矿算力最多的子树。路径长度在以太坊中是显式标明的，即用子树的叶子区块的区块号表示，区块号代表着当前路径上总的区块数。区块号越大，路径就会越长，就说明为达到叶子区块，越多的挖矿算力被消耗在此路径上。

矿工各自站在自己的立场上选取路径并在此基础上产生新的区块，而为了获得奖励而让自己的区块在最长路径上，矿工会"尽量"选择正确的路径，这样就实现了 PoW 共识，细节参见本书前面描述。

以太坊同比特币区块链一样，虽然都采用 PoW 作为共识协议，但它设定的出块速度为十几秒，这比比特币设定的 10 分钟左右要快得多。

在同样的网络环境中，更快的产块速度意味着更多的分叉，降低网速来想一想，就像电影中的慢镜头，会发生什么：新块还没有传达到最远端，又产生了更新的区块，发生了网络的局部共识现象，网络上的地缘关系，使强者更强，从而加速了中心化进程。

12.3.2 挖矿奖励

目前，每产生一个新区块就会产生 5 个新以太币，奖励给产生该区块的矿工，挖矿奖励是固定的。

同其他矿工奖励一样，即使是废弃的区块也含有这个奖励的记录，只有竞争获胜的区块这种奖励才生效，称为被确认，且需要足够次数的被确认。

12.3.3 交易费

当矿工成为某一区块的王者，即在 PoW 竞争中获胜时，该区块的交易才有效。这些交易所消耗的 Gas 被折算成以太币，称为交易费或者手续费。交易费归产生该区块的矿工所有，类似地，即使是废弃的区块也含有该项，只有当其成为王者时，这种所有才会被"坐实"。

交易费的多少是浮动的，为了获得更多的交易费，矿工的策略有二：一是尽量在区块中多装些交易，当然，交易量要有控制，后面会谈到；二是价格（GasPrice）优先，即在打包区块时，尽量选取价格（GasPrice）高的交易，对于用户而言，高价就是含加速费。

12.3.4 叔祖先区块

我们先来看看族谱：你上一辈的近亲称为你的叔父（Uncle），再上一辈，你父亲的叔父称为你的叔爷爷，依此类推。

以太坊使用了一个词"Ommer"来概括此类叔祖先区块，一个区块的上一代 Ommer 则为 Uncle 区块，上二代 Ommer 则为叔爷爷区块，依此类推。

我们知道，工作量证明是采取"成者为王"的策略，即竞争获胜者获得奖励，这样会使得屈居第二的玩家放弃矿工身份而"不跟你玩"，矿工的减少就加速了中心化进程，为了减缓这种情况，以太坊让败者也有机会获得"安抚奖"。

12.3.5 "助人奖"与"安抚奖"

为了鼓励矿工向 Ommer 颁发"安抚奖"的行为，矿工通过该行为可以获得"助人奖"1/32 以太币。这就是采用了"利人利己"的经济手段。

至此，该区块矿工的奖励由三部分组成：挖矿奖励+交易费+助人奖。这三部分都是发给该区块矿工的，不妨统一称为该区块的"矿工奖金"，而"安抚奖"是发给该区块的 Ommer 的。

区块颁发"安抚奖"的规则如下：

（1）区块至多可以奖励两个 Ommer，具体奖励哪两个 Ommer，则由产生该区块的矿工自己决定，实际上矿工将策略放到程序中。

（2）"安抚奖"算法：若 Ommer 为其 Uncle 区块，则 Ommer 的安抚奖奖金为其"矿工奖金"的 7/8，若 Ommer 为其叔爷爷区块，则 Ommer 的安抚奖奖金为其"矿工奖金"的 6/8，依此类推。该算法表明：与该区块越亲近奖励越多，若隔的代数太远则没有奖励，且还与颁发"安抚奖"的矿工的"矿工奖金"成正比。

每一个区块编号都能竞争出一个王者，只有王者区块才有效，从而连带地生效了该区块的矿工奖金和该区块的两个 Ommer 的"安抚奖"。注意：虽然 Ommer 获得了"安抚奖"，但 Ommer 中的交易是废交易，仍不被区块链认可。

12.4 以太坊交易

我们知道，比特币的交易采用 UTXO 模式，除币基交易发行以太币外，仅用于比特币的转账。以太坊交易除用于以太币的转账外，还能做更多的事情。以太坊交易也有固定的格式。

12.4.1 交易发起人

交易通常是由拥有外部账户的自然人发起的，因为，交易需要发起人签名和支付 Gas 费用，这两项都需要该自然人的账户。

然而，进行以太币转账的账户没有内外账户的限制，如 DAO（见 6.4 节）就是一个内部账户，在筹集资金时，是从外部账户向内部账户进行以太币转账的。当使用该资金时，则是从内部账户（DAO）向外部账户进行以太币转账的。而 DAO 对应的代币则由该内部账户的机器人（智能合约）负责发行、转账及回收等。

交易除有发送者外，通常还有接收者，因此，以太坊中将交易视为发送者向接收者发送"消息"：

（1）若消息的接收者是一个自然人，则是一个原生币的转账交易；

（2）若消息的接收者是一个机器人，则是前述的人类指使机器人干活，代币及其转账就是在这里实现的，因此，可以开发各种代币（对应不同的机器人），例如前述的积分。

机器人收到消息后，就会执行已存在于其内部账户中的相关联的代码，即智能合约。在执行过程中，可能需要向其他机器人发送请求帮忙的消息，形成机器人间协作的场景，当然，所消耗的 Gas 仍由交易发起"人"所提供。

以太坊向用户提供统一的接口，即交易。接口规范即为下节的"交易结构"。从用户角度来看，有三种类型的交易。

（1）以太币转账；

（2）智能合约部署，即安装机器人，这项通常是由程序员来做的；

（3）调用智能合约。

12.4.2　交易结构

一个交易 T 就是指由自然人生成的加密签名的一段指令，序列化之后提交给区块链。有两种类型的交易：消息调用（Message Calls）和合约创建（Contract Creations），其中，合约创建意即由该交易去安装一个机器人。

这两种类型的交易都有一些共同的字段。

- Nonce：由交易发送者发出的交易的编号，即发送者账户中的 Nonce 为新交易的 Nonce，可视为交易发送者的交易序号，这里的 Nonce 每次都会加 1，不会重复。
- GasPrice：执行这个交易所需要的每单位 Gas 的价格，即交易发送者购买 Gas 的出价意愿。
- GasLimit：执行这个交易所需要的最大 Gas 数量。这个值须在交易开始前设置，且设定后不能再增加。
- To：对于消息调用交易，它表示 160 位的消息接收者地址；对于合约创建交易，代表为空，用"null"表示。
- Value：转移到接收者账户的以太币 wei 的数量；对于合约创建，则代表给新建合约地址的初始捐款。
- V, R, S：与交易签名相符的若干数值，用于确定交易的发送者。思考个问题：交易中为什么不直接包含发送者的信息？

此外，合约创建还包含字段 Init：一个不限制大小的字节数组，用来指定账户初始化程序的 EVM 代码，对应于合约类中的构造函数。Init 代码仅会在合约创建时被执行一次，得到合约类的一个实例，即安装好机器人，然后就会被丢弃。

与此相对，消息调用包含字段 data：一个不限制大小的字节数组，用来指定消息调用的输入数据，即传给机器人的指令及参数数据。

以太坊同比特币一样，也采用椭圆加密算法（ECDSA）体系。但以太坊的交易签名较比特币更复杂，我们简单理解一下。

（1）算法1：私钥生成公钥 Pu 进而得到地址——此算法在产生外部账户时使用。

（2）算法2：私钥对交易的 Hash 值 E 进行签名，并"分解"成(V, R, S)三元组来代表签名——此算法在发送交易时使用。

（3）算法3：由（2）在交易中公开的(E, V, R, S)四元组，恢复出公钥 Pu 进而得到地址——此算法在验证交易时使用，即它能得出的发送者地址，再到账户列表中去查找该发送者账户，若是没有找到发送者账户，则验证不通过。因此，交易中不必显式地填写地址或公钥 Pu，即使填了也要去验、去找。

12.5* 区块结构

区块结构涉及哈希指针、MPT 树和 RLP 等工具。其中，哈希指针我们已经讨论过了，MPT 树和 RLP 将在本章附节中详细讨论。有了这些工具，我们就可以构造出以太坊的区块来。

12.5.1 三棵树

以太坊区块的完整区块体由三棵 MPT 树构成。

（1）交易树：将本区块所涉及的所有交易按交易的次序排序，其中，前述的奖励机制没有显式的交易对应。交易作为叶子节点，构造相应的 MPT 树。

（2）世界状态树：由前述可知，每个区块的时间点有一个"世界状态快照"，这些状态都是用键/值对<Key,Value>来表达的，其中，键 Key 为账户地址，值 Value

为状态 State。这些状态可以依键 Key 排序，将其作为一排叶子节点，即可构造出相应的 MPT 树。

（3）收据树：由前述可知，每一个交易对应一个收据，因此，一棵交易树自然就对应着一棵收据树，收据树同样是一棵 MPT 树。

三棵 MPT 树的树根都嵌入区块头中，使区块形成与比特币区块一样的"头"与"体"分离的结构。

12.5.2 Storage 树

我们知道每个机器人可以管理一个账本，账本放在被称为 Storage 的存储体中。显然，账本具有键/值对<Key,Value>的结构，也可以将其组织成 MPT 树，称为 Storage 树。

一个机器人作为一个合约账户，当然是世界状态树的一个叶子节点。由合约账户状态结构可知：Storage 树的树根被嵌入世界状态树的对应的叶子节点中，即 Storage 树是挂在世界状态树的叶子节点上的，反过来，世界状态树的每个合约账户叶子节点都挂一棵 Storage 树。

Storage 树的变化将引起其树根的变化，从而引起世界状态树的变化。Storage 树可被视为世界状态树的不可分割的部分。

12.5.3 区块头

区块链实际上是区块头组成的链，故区块头最重要。区块头包含的信息如下。

- ParentHash：父区块头的 256 位哈希值，使用 Keccak 256 算法。正由于有了这一项才使得区块头连接成链。
- OmmersHash：当前区块的 Ommers 列表，256 位哈希指针。这是前述的"安抚奖"所必需的，Ommers 中提供"安抚奖"的接收地址。
- Beneficiary：成功挖到这个区块的矿工的或该矿工指定的 160 位接收地址，接收前述的"矿工的以太币"。注：当该区块头为另一区块头的 Ommer 时，该地址接收其安抚奖。
- StateRoot：所有交易被执行完且区块定稿后的状态树根节点的 256 位哈希值，作为指针指向世界状态树，即当前的世界状态。
- TransactionsRoot：由当前区块中的所有交易所组成的树结构根节点的 256 位哈希值，作为指针指向本区块的交易树。
- ReceiptsRoot：由当前区块中所有交易的收据所组成的树结构根节点的 256 位

哈希值，作为指针指向本区块对应的收据树。
- LogsBloom：由当前区块中所有交易的收据数据中的可索引信息，包含产生日志的地址和日志主题，组成的布隆过滤器。即在日志检索时提升效率（参见第3章）。
- Difficulty：当前区块难度水平的纯量值，它可以根据前一个区块的难度水平和时间戳计算得到。
- Number：当前区块的直系祖先的数量，也称为区块高度。创世区块的数量为 0。
- GasLimit：该区块中所有交易使用 Gas 的上限，有一个固定量再加一定的浮动策略。
- GasUsed：当前区块的所有交易所用掉的 Gas 之和。
- TimeStamp：当前区块初始化时的 UNIX 时间戳。
- ExtraData：与当前区块相关的任意字节数据，视为备用字段，但必须在 32 字节以内。
- MixHash：找到的幸运数 m，一个 256 位的哈希值，用来与 Nonce 一起证明当前区块已经承载了足够的计算量。
- Nonce：找到的幸运数 n，一个 64 位的哈希值，与 MixHash 一起被用于证明当前区块已经承载了足够的计算量。由于长度足够，故可以用于挖矿（参见本书中比特币的矿池）。注：比特币的 PoW 只需找一个幸运数，而以太坊需要找两个幸运数 m 和 n，这是由于以太坊为了抵抗专用挖矿芯片 ASIC 而采用了特别的 Hash 算法，被命名为 EtHash。

12.5.4 区块

将区块头链作为可信源，将网络节点作为不可信源，P2P 网络上完成信息同步的通常做法是：从可信源拿数据块的哈希值，从不可信源拿数据块并计算其哈希值，比较两个哈希值，确定数据块是否正确，若不正确则换一个地方拿数据块。

由上述同步机制及区块头结构可知，新加入的网络节点可以同步区块链的已有信息：假定通过听广播的方式，获得了一个较新的区块头，则通过区块头中的 ParentHash，可追溯地获得从创世纪块头开始到这个区块头的所有区块，形成区块头链，再通过区块头链的每个区块的 StateRoot、TransactionsRoot 和 ReceiptsRoot 获得区块的三棵树。

假定一个矿工通过上述方式同步了最新信息，并在此基础上挖出了一个新区块，为了让其他矿工尽快验证该区块，他应该至少主动广播些什么？即把区块定义成矿工验证工作所必需的最少信息，结合前述知识，显然，区块头是必需的，包含的交易是需要尽快拿回来验证的，世界状态树主体可以通过交易树来转换。但矿工获得以太币不是通过交易表示的，而需要另外的信息，即创造本区块的矿工 Beneficiary 和 Ommer 区块的矿工 Beneficiary，故此，区块 B 应由三部分组成：区块头 BH、区块的两个 Ommer 的区块头列表 BU（此项实际上在 BH 中，为强调单列出来），以及一系列的交易 BT（交易树）。因此，一个区块可以表示为 B ≡ (BH,BT,BU)。

12.6* 其他特色

与比特币相比，以太坊还有其他特色。

12.6.1 区块大小

由前面的章节可知，比特币的区块有大小的限制。但以太坊区块没有直接规定区块大小，而是通过区块 GasLimit 间接地限制区块大小。

以太坊中，GasLimit 根据不同位置扮演不同角色，分为交易 GasLimit 与区块 GasLimit。交易 GasLimit 在代码中通常记为 tx.Gas，控制机器人停机，其作用是不让机器人"累死"；区块 GasLimit 在代码中通常记为 herader.GasLimit，控制区块大小。

区块 GasLimit 限制着该区块中所有交易的交易 GasLimit 之和，也就是单个区块允许消耗的最多 Gas 总量。这是系统设定的一个参数，所有矿工在打包区块时必须遵循，以此决定单个区块中能打包多少笔交易。

假设区块的 GasLimit 是 4 712 357 Gas，即表示着大约 224 笔以太坊"转账"交易可以被打包进一个区块。但对于调用合约的交易，则交易数是不定的，极端情况是一个区块只能装下一个短短的交易，交易虽短，但有一个长循环，如批量作业交易，因此区块的 GasLimit 被它消耗后，所剩额度不足以完成第二个交易。

GasLimit 还可以提供调节机制，如若父区块 Gas 使用量大于 GasLimit 的某个比例，则会较上次加大 GasLimit，反之减小。但每次仅仅是不到千分之一的微调，不过累计起来就非常可观了，相当于自动扩容。

每个智能合约（机器人）都带一个自己的账本（树），随着公众不断向以太坊部署新的智能合约，账本会越来越多，但区块仅以"增量"方式记录当前的交易，全量数据需要借助数据库进行存储。然而，无论多么强大的数据库，随着时间的推移，也会越来越不堪重负。如何解决历史数据的重页也是一个重要的研究方向。

12.6.2 抵抗专用芯片

为了提高在比特币挖矿中的竞争力，人们开发出了专门用于计算 Hash 的芯片 ASIC。抑制这种竞争的方法是设计一个可抵抗 ASIC 的工作量证明函数，要求难以在专用硬件上执行，或者在专用硬件上执行时并不划算，其设计有两个方向：第一个方向是设计一个需要大量的内存和带宽来使这些内存不能被用于并行计算 Nonce 的算法；第二个方向是让计算变得更有通用目的（General Purpose）。

以太坊 1.0 中选择了第一个方向。以太坊调整的 Hash 算法被命名为 EtHash，需要大量内存，即计算 EtHash 的效率不是由算力，而是由内存决定的。

此算法的大概原理是通过扫描已共识部分的区块头链，来为每个区块计算得到一个种子。根据种子得到一个初始大小为 Jcacheinit 字节的伪随机 Cache。根据 Cache，生成一个初始大小为 Jdatasetinit 字节的数据集，数据集中的每个条目仅依赖于 Cache 中的一小部分条目。数据集会随时间线性增长。而数据集会定期地对每 Jepoch 个区块进行更新，因此矿工的大多数工作都只是读取，并不改变这个数据集。全节点客户端和矿工保存整个数据集。挖矿则是在数据集中选取随机的部分，通过切片、组合并运算成 MixHash，然后结合 Nonce 及区块头的其他项，将它们一起进行哈希运算，不断调整 m 和 n 使哈希值满足当前的难度要求。轻客户端可以根据 Cache 仅生成验证所需的部分，这样就可以使用少量内存完成验证，即验证者仅需要保存 Cache 即可。

12.7 小结

本章将智能合约拟人化为机器人，纳入统一的账户体系中，从与比特币的比较中，讲清以太坊的原理，如下所示。

（1）账户结构及状态。账户分为外部账户和内部账户，外部账户是自然人，而内部账户是"机器人"。以太坊是状态机。它通过交易使账户状态转化。

（2）智能合约。这里的"智能"二字并不是指 AI 中的"智能"。一个智能合约一般是一个应用，应用的数据以树的方式存储于该机器人内部账户的 Storage 中。

（3）交易。交易由自然人发起，可分为三种：① 简单的以太币转账；② 驱动智能合约运行，即让机器人工作，代币数字资产应用就是一个方面；③ 部署智能合约，即安装机器人，为②做准备。交易消耗发送者的以太币用于购买 Gas，以太坊通过交易的 GasLimit 控制机器人的停机，通过区块的 GasLimit 控制区块的大小。

（4）区块的奖励机制。工作量证明（PoW）的获胜者获得的奖励生效，矿工通过此途径获得以太币，包括挖矿奖励、交易费、助人奖和安抚奖。

（5）数据结构。区块头形成链，区块头和区块体是分离的。区块头，交易和区块有固定的结构，区块对应的三棵树，即世界状态树、交易树和收据树，也有固定的结构，但智能合约没有固定的结构，由此衍变出区块链的各种不同应用。

12.8* 附：MPT

12.8.1 简介

MPT（Merkle Patricia Tree，梅克尔帕特里夏树）是一种用来组织数据的树形结构，是在梅克尔树的基础上对查询进行优化改进而来的。这种树形结构有以下几个节点：

（1）数据节点：树形结构的叶子节点，只会出现在 MPT 底部，存储着实际数据；

（2）扩展节点：仅有一个子节点的父节点，包含一个任意长度字符串 Key 和另一个指向其他节点的 Value，Value 指向子节点；

（3）分支节点：可以有 1 至 16 个子节点的父节点，有一个容量为 16 的哈希值数组。数组中的这 16 个位置分别对应十六进制数 0~9 和 a~f，并且分别有可能指向一个子节点。

这里扩展节点和分支节点作为父节点，指向子节点中所说的指向，是指父节点中存储子节点的哈希值，哈希值本身是不可以还原对应的子节点的，但可以借助 LevelDB 数据库系统查到子节点（相当于还原）。

与梅克尔树相比，MPT 的优点正在于扩展节点上，如果某个父节点只有一个子节点，那么这两个父子节点将会"合体"成拓展节点，缩短了查询路径。

12.8.2 先躺着

下面用以下数据来构造一个 MPT：

Key	Value
abc12b5	100
ab567cd	12.34
abc1235	fenghm

首先对所有 Key 按 ASCII 码排序，如下：

Key	Value
ab567cd	12.34
abc1235	fenghm
abc12b5	100

然后对所有数据的 Key 进行从左至右分析，如果相同则合并，如果不相同则分裂。三个 key 有共同的前缀"ab"，然后分裂成"5"和"c"两种情况，而"5"后面只有"67cd"一种情况，而"c"后面经历相同的"12"之后继续分裂成"3"和"b"两种情况，"3"和"b"后面各自跟自己的"5"。分析完之后，各个 Key 的分布如图 12.4 所示。

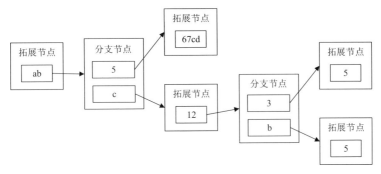

图 12.4 Key 的分布

如图 12.4 所示，"相同"即对应 MPT 中的拓展节点，"分裂"即对应 MPT 中的分支节点，这样 MPT 就顺利完成对所有 Key 的组织了。注意，如果一开始分析这些 Key 时，发现并没有相同的前缀，即这个例子里的"ab"，那么构成 MPT 的根节点也可以不是拓展节点而是分支节点。

12.8.3 查增删

接上面的例子，我们稍候会把 Value 追加到最右面，但在此之前，我们先来学习一下怎么对这种结构进行查询、增加、删除，改就是删和增的组合，因此不需要单独介绍。

1. 查询

先来看看查询，假设现在需要查询 Key 为"abc1235"的数据。

如图 12.5 所示，查询的逻辑比较简单，就是从左边进入这个结构体，按着 Key 本身的内容"abc1235"作为路线说明，一路走到底就可以了，当遇到分叉路口，如左边第一个分支节点有"5"和"c"两个方向时，根据 Key 的内容对应位置的"c"

选择下面那条路就对了，后面的做法是一样的。

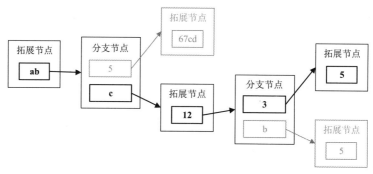

图 12.5　查询 Key

2．增加

我们尝试在这个结构的基础上，增加一个 Key，假设为"abc4092"，如图 12.6 所示，与查询 Key 类似，以要增加的 Key 的内容"abc4092"作为指引，从结构体的左边进入，经过"abc"后发现并没有"4"这个分叉路口可以选择，那么就把原来的拓展节点"12"给拆成"1"和"2"，而"1"和要增加的"4"就可以组成一个新的分支节点了。剩下来的"2"和"092"可以各自作为拓展节点，这个结构体的其他部分不需要改变。

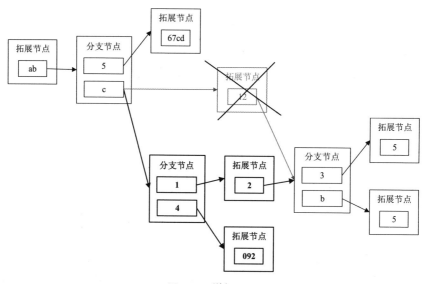

图 12.6　增加 Key

3. 删除

我们尝试把这个已经增加的"abc4092"删除掉,如图 12.7 所示,与查询和增加不同,删除是从尾部即这个结构体的右边向左遍历的,先把右边的"092"这个拓展节点删除了,然后发现"4"已经无所指向了,就把"4"也删除了。此时,原来的分支节点实际上只剩下"1"了,没有分裂的分支节点会变成拓展节点,然后又发现子节点"2"也是一个拓展节点,于是就合并成新的拓展节点"12"了。

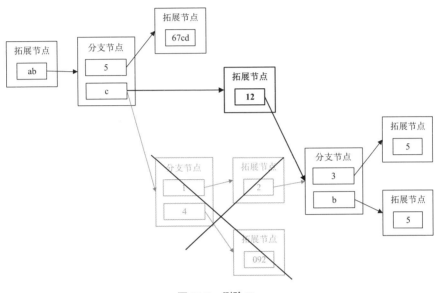

图 12.7　删除 Key

12.8.4　"站"起来

在了解了 MPT 怎么组织和操作这些 Key 之后,我们可以完成最后的收尾工作,使之成为真正的 MPT。

如图 12.8 所示,要变成真正的 MPT 只需要以下三步。

(1)让原来"躺"着的结构体"站"起来,原来的左边变为现在的顶部,原来的右边变为现在的底部。

(2)把 Value 作为数据节点挂到对应的 Key 的路径下。

(3)从各个数据节点开始,由下至上地把每个子节点的哈希值计算出来,填入父节点。注意,分支节点实际上有 16 个哈希"插槽",对于那个还没有指向子节点的地方,填 null 即可。

至此,我们构造完一个真正的 MPT 了。

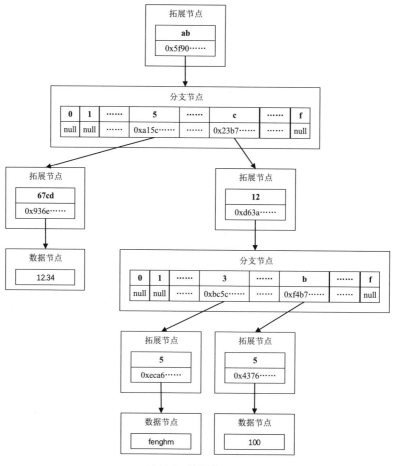

图 12.8 真正的 MPT

12.8.5 防篡改

现在假设往这个 MPT 再插入一条数据（最后一行）：

Key	Value
ab567cd	12.34
abc1235	fenghm
abc12b5	100
abc12f8	test789

那么 MPT 会发生什么变化呢？如图 12.9 所示，新增数据的 Key"abc12f8"，与原来的数据的 Key"abc1235"和"abc12b5"有共同的前缀"abc12"，所以会在该共

同的分支上进行分裂，增加新拓展节点，再由拓展节点指向存有"test789"的数据节点。

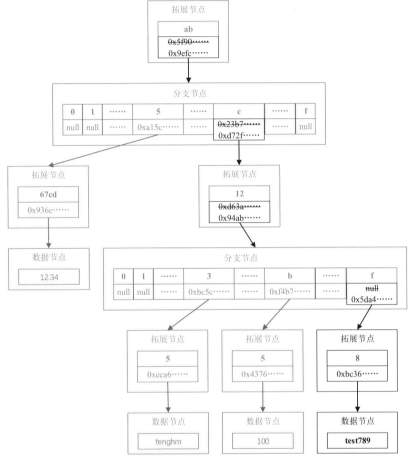

图 12.9　MPT 的查询

另外我们还能发现，不仅仅是增加了拓展节点和数据节点这么简单，还启用了作为父节点的"f"位置的哈希值，这是因为上文说到，父节点指向子节点是以存储子节点哈希值的方式进行的。可是这样一来，"abc12f8""abc1235"和"abc12b5"三者共同的分支节点则发生了变化（指哈希值发生了变化），导致父节点存储的内容也跟着发生了变化，这种影响会一直递归到整个 MPT 的根节点处，所以最终我们会发现根节点，包括根节点本身的哈希值也会改变。

也就是说，对 MPT 的任何一个改动，都会影响到根节点，使其发生变化，以太坊正是利用了 MPT 这一特性，达到了区块链防篡改的目的。

12.9* 附：RLP

12.9.1 RLP 简介

RLP（Recursive Length Prefix，递归长度前缀）编码，是以太坊用来对数据进行序列化的方式，主要用于描述数据在以太坊网络中传输和存储的格式。比起 JSON 编码，RLP 最大的优势就是序列化结果的长度更小，节省更多的空间。

RLP 会把字符串看成基于 ASCII 编码的字节串，每个字节的大小范围为 [0, 255]，等等。ASCII 编码的范围不是只有 [0, 127] 吗？那是因为 [128, 255] 在 RLP 编码里是有特殊含义的，这一点将在下面解释。有关 ASCII 编码可以回顾一下第 2 章的内容，虽然计算机实际都是按二进制处理的但是为了方便阅读，下面例子中的 ASCII 编码使用十进制书写。

12.9.2 表达单个字符

当网络中的甲向乙传递消息时，如果仅仅传递一些前后没有关联的字符，那么字符的 ASCII 编码本身就是其 RLP 编码，取值范围为[0, 127]。

如图 12.10 所示，当甲希望向乙传递信息为"abc"，其中"a""b"和"c"每个都作为单独的字符存在，前后没有关联，那么实际传输只需要分别使用其本身的 ASCII 编码，即"97 98 99"，乙只需要把收到的信息逐个翻译过来就可以得到信息"abc"了。

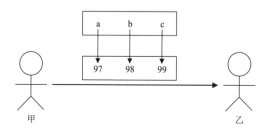

图 12.10 表达每个字符

12.9.3 表达短字符串

现在需求升级，甲希望向乙表达一个由若干单词组成的句子，如"Blockchain is very powerful"，如果直接按上面的方法把"Blockchainisverypowerful"（注意这里没有空格）中的每个字符的 ASCII 编码拼接起来再传给对方，对方收到后是不知道这些字符应该按怎样的结构来理解的，到底是"Block chainisve rypowe rful"，还是

"Blockcha inisv eryp ower ful"呢？（乙所使用的机器并不懂英文哦。）

这个时候，就需要在每个字符串（即单词）开头，加上一个字节，这个字节有两方面作用一方面表示接下来的是一个字符串，另一方面表达这个字符串的长度（即到哪里结束）。当然，为了不与上文所说的单个字条的情况冲突，这个特殊字节的值的大小不能使用 [0, 127]，而使用 [128, 183]。实际表达的长度，需要把这个特殊字节的值减去 128，所以最大可以表达长度为 55（183 减去 128）的字符串。

如图 12.11 所示，把"Blockchain is very powerful"中的每个单词拿出来单独处理，如"Blockchain"，首先把单词中的每个字条直译成 ASCII 编码得到"66 108 111 99 107 99 104 97 105 110"，再把长度 10 加上 128 得到 138 放到最前面。后面的"is"等也如法炮制。这样，接收方收到"138"时就知道，接下来是一个长度为 10 的字符串，收到"130"时就知道，接下来是一个长度为 2 的字符串，依此类推。

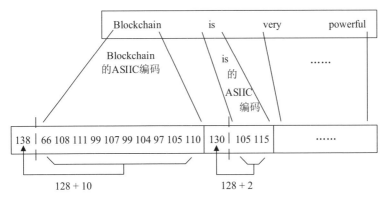

图 12.11　表达短字符串

12.9.4　表达长字符串

使用上面的方法，最大可以表达长度为 55 的字符串，那如果有一个奇怪的字符串，其长度超过了 55，怎么办呢？

方法就是，先把字符串的长度直接（不需要加上任何数字了）放在前面，再在最前面加上一个字节，用来表达这个字符串的长度的长度。这个特殊字节的大小为字符串的长度的长度加上 183，其取值范围为 [184, 191]。

下面我们用单词"Llanfairpwllgwyngyllgogerychwyrndrobwllllantysiliogogogoch"（长度 58，为英国威尔士一村庄名，原为爱尔兰语）为例讲解。

如图 12.12 所示，先把这个长度为 58 的单词直译成 ASCII 编码后，在前面拼上长度"58"，再在最前面拼上"184"（183 加上 1，因为"58"只占用一个字节）。当接收方收到包含这个长单词的信息后，读到"184"便知道接下来是一个长字符串，其长度由接下来1(184减去183)个字节表达，再读这个接下来的字节，发现是"58"，也就是这个长字符串的长度了。

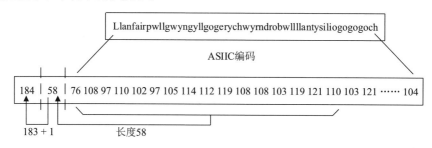

图 12.12　表达长字符串

12.9.5　表达短列表

现在表达由多个单词组成的一句话没有问题了，但是断句该怎么表达？如"BlockchainisverypowerfulBlockchainisaseriesofdatablocksthatareassociatedusingcryptographymethodsEachblockcontainsinformationaboutanetworktransactionTheinformationisusedtoverifythevalidityofitstransactionandgeneratethenextblock"，机器根本不懂英语语法，怎么知道这里面包含了几个句子，每个句子的长度又是多少？

前面我们把一个字符比成一个字母，把一个字符串比成一个单词，那么一个句子其实就是一个包含多个字符串的列表罢了。所以只需要在列表前面加上一个字节，表达这个列表的长度就可以了。这个字节的大小为实际长度加上 192，取值范围为 [192, 247]，可以表达长度不大于 55 的列表。

下面我们揭晓谜底，把这段话里的第一句"Blockchain is very powerful"作为一个句子表达。

如图 12.13 所示，先把"Blockchain is very powerful"中的"Blockchain""is""very"和"powerful"每个单词先译成 RLP 编码，RLP 编码结果的长度分别为 11、3、5 和 9，再拼接起来，此时长度之和为 28，再在最前面拼上一个特殊字节，这个字节的大小为拼接后的长度之和 28 加上 192，得到 220。当接收方收到包含这个句子的信息后，读到"220"即知晓接下来是一个 RLP 编码长度为 28（220 减去 192）的列表了。

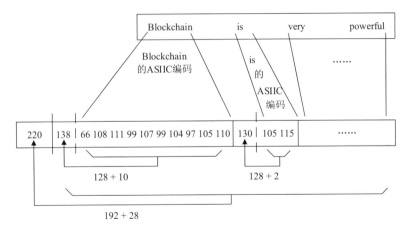

图 12.13 表达短列表

12.9.6 表达长列表

跟字符串一样，列表遇到相同的问题，就是当长度超过 55 时，该怎么表达呢？方法也跟表达长字符串一样，只需要在每个字符串的 RLP 编码拼接的基础上，在前面直接（不需要加上任何数字）拼上拼接之后的长度，再在最前面拼上一个特殊字节，该字节的大小为 247 加上拼接之后的长度的长度，取值范围为 [248, 255]。

以上述那一段话中的第二句 "Blockchain is a series of data blocks that are associated using cryptography methods" 为例讲解。

如图 12.14 所示，先把这个句子中的每个单词译成 RLP 编码之后拼接在一起，把拼接之后的长度之和 "84" 拼在前面，再在最前面拼上 248（247 加上 1，"84" 本身只占用一个字节）。当接收方收到包含这句话的信息时，读到 "248" 便知晓接下来是一个长度大于 55 的句子，接下来 1（248 减去 247）个字节 "84" 为这个句子的实际 RLP 编码长度。

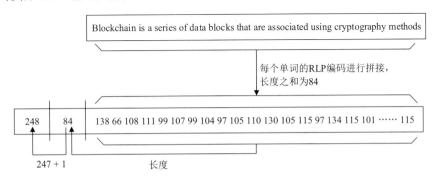

图 12.14 表达长列表

12.9.7 递归

至此,我们已经可以用 RLP 编码来表达单个字符(字母)、短字符串(短单词)、长字符串(长单词)、短句子(短列表)、长句子(长列表)了,那么怎么表达多个段,甚至是多个章节呢?我们当表达多个句子时,把一个句子当成一个列表,这个列表中的每个元素为一个字符串,那么,当表达一个段时,也可以把这个段当成一个列表,列表中的每个元素为一个句子。同理,想表达多个章节时也是一样的,甚至表达多本书时也是一样的。

列表中的元素也可以是一个列表,甚至这个子列表中的元素也可以还是列表,RLP 中的 "R"(Recursive,递归)正是这个意思。

第 13 章

公链上的"货币"发行

区块链因数字货币而生,之后又主要应用于数字货币和数字资产。本章我们再从区块链数字货币发行的角度来讨论相关技术。

13.1 比特币的发行

在公有链系统中,既需发行一种数字货币,又要以此数字货币作为激励记账的手段。这两种需求在工作量证明(PoW)中通过币基交易得到了完美体现,且合二为一。

13.1.1 挖矿发行

由前面的章节可知,比特币矿工竞争获胜者会使得自己创造的区块生效,该区块中有对自己进行奖励的"奖励交易",即币基交易。奖励分为两部分:一是交易费,它源于该区块交易中 IN 和 OUT 的资金差额,交易费是由交易者提供的,在交易之前这些资金已经存在区块链中了;二是挖矿奖励,这笔资金先前并不存在区块链中,而是"无中生有"的。另外,并不存在其他途径的无中生有,交易费也是先前某位矿工的挖矿奖励。因此,比特币通过挖矿奖励来是唯一方式。

2009 年 1 月 3 日,中本聪发布了比特币程序,并通过该程序创造了第一个区块,即"创世纪区块",该区块的挖矿奖励为 50 比特币,标志着比特币的正式诞生。

13.1.2 控制总量

比特币是控制总量的,如何设计一个控制总量的发行系统?

由于公有链不是一个中心化系统，也就是说，不能一次将总量发行到某个机构再分配到人。故此，货币发行应直接发行到人，而不是分级下发，比特币就是直接发行到矿工的，这是其特征。控制总量可以从两个方面来考虑：一是控制发行速度；二是控制每次的发行量。

既然是通过挖矿奖励来发行的，那么，发行速度就是区块的产生速度，比特币采用了一个巧妙的办法来控制产生区块的速度：在工作量证明中增加谜题难度作为调节因素，当速度过快时，让谜题变难，当速度变慢时，让谜题变易。使其产生区块的速度维持在10分钟每个的均值水平。

每次的发行量，既可以是等量的，又可以是递减的。显然，为了实现总量控制，前者会产生"戛然而止"的不良情形，而后者则对先入局者有利，在初期会刺激公众更多、更快地入局，这显然有利于市场培育。因此，比特币采用了递减发行的模式。

那么，问题又来了，采用什么样的递减方式呢？

在计算机中，"减半"就是该二进制数向左移一位，运算非常方便，故考虑减半的递减方式。

以《庄子·天下》中"一尺之棰，日取其半，万世不竭"为例，将"一尺之棰"记为100，则：

$100 = 50 + 25 + 12.5 + 6.25 + 3.125 + \ldots$

对于货币的发行，则发行总量是每次发行量的累加，即将上式反过来：

$50 + 25 + 12.5 + 6.25 + 3.125 + \ldots = 100$

再将调整周期从"日"改为"4年"，那么产生的区块量：比特币10分钟会产生一个区块，每小时6个区块的速度乘以24小时，再乘以365天，最后乘上4年，结果是一个周期共产生21万个区块。则上式变为

$(50 + 25 + 12.5 + 6.25 + 3.125 + \ldots) \times 21万 = 2100万$

2100万就是比特币的发行总量。

但计算机是处理离散数字的，即由于精度的原因达不到"万世不竭"，体现为上述二进制数每次向左移一位，最终会使得数值全部被移出，变为0。也就是说，我们在算术中，在固定精度下，每次除以2，最后，太小的数经四舍五入后为0。

这种情形将发生在2140年，即到2140年，比特币将被全部挖出。

在精度限制下，四舍五入后会使总量达不到2100万。准确地说，比特币的总量是 20 999 999 97690000 个，比2100万少一点点。而这个数的小数点后的长度体现出了精度。

13.1.3　总量的耗损

虽然，比特币的发行总量为 2100 万，但它有耗损，即存在不断丢失的情况。

我们知道，比特币体现在比特币地址中，但花费该比特币则需要对应的私钥，如下两种情况使得该比特币地址中的比特币永远得不到使用，相当于永久性丢失，即被销毁了。

（1）私钥永久性丢失，如存放的介质毁坏、持有人死亡等；

（2）比特币地址不是通过私钥按规则生成的，如本章后面的"以太坊项目"小节中的 Btc_address、"零地址"等。事实上，配上标志和校验后，满足指定长度的任意数，都可以作为比特币地址，理论上存在私钥与它对应，但寻找私钥的过程即是破译的过程，因此这种地址用私钥破译是不可行的。

任何以<私钥,公钥>对进行管理的数字货币都存在这种耗损，如以太币。

13.2　利息发行

就像银行体系一样，每个账户中货币都可以记录它的"币龄"，银行，称它为"积数"，类似于一种积分，如账户持币 1000，保持了 50 日，则"积数"为 50000。当然，区块链中以块数进行时间计数，如将"日"改为"块"，即保持了 50 个区块。

"积数"可以以某种比例（如日利率）换算成货币（利息）。再将利息作为矿工记账的奖励，这就是权益证明（Proof of Stake，PoS）共识算法的原理。矿工以自己的"积数"作为一种权益，在记账正确的前提下，看谁的"积数"最多，权益最大、最多者获胜，获胜者的"积数"转化为货币，同时将已使用的"积数"清零，之后对所持货币重新开始计算"积数"。简而言之，矿工"囤币、示权、得息"。

要想获胜，得"积数"大，也就是要么持币多，要么持币时间长。这两种情况都表示你对该币有信心，并且为了你的经济利益，会竭力维护该币的安全，故 PoS 背后的理念是让有利益者充当其守护神。

当然，实施 PoS 需要一定的前提条件：

（1）区块链中需要有货币，否则账户中没有货币，哪来的"积数"？

（2）区块链中已有货币且足够分散，否则，只是几家持币大户轮流坐庄，哪称公有链？

故此，通常先通过如 PoW 等的其他方式发行足够的货币，足够分散之后再切换到 PoS。也可以设计成 PoS 与 PoW 相结合的模式：如将"积数"作为谜题难度的参数之一，即"积数"越大，难度越小。

13.3 以太坊项目

为了筹措开发以太坊所需要的资金，创始人维塔里克·布特林（Vitalik Buterin）发起了一次众筹，时间是 2014 年 7 月 22 日至 2014 年 9 月 2 日。

毫无疑问，这次众筹是极为成功的，正是这次成功的众筹，以太坊项目组有足够的启动经费。在众筹成功一年后的 2015 年 7 月 30 日，项目开发完成，以太坊正式发布。项目团队兑现了承诺，创世区块中包含了向出资者发放以太币的交易，还包含了支付给以太坊基金会的以太币。

13.3.1 众筹比特币

区块链上的众筹一般称为首次公开电子币发行 ICO（Initial Coin Offering）。

为了与比特币接轨、保持用户隐私性，并希望借助比特币已培育的市场与用户，以太坊众筹与一般的众筹不同，这次众筹只面向比特币用户，只接受比特币，并承诺：在以太坊正式发布后，以以太坊中的通用货币以太币 ETH 作为回报。

众筹公告通常包含：众筹额度、分配规则、接收众筹的地址，项目团队成员及技术白皮书等。其中分配规则可以是：参与众筹者瓜分总额的 80% 左右，基金会占余下的 20% 左右。

众筹成功后，所有众筹交易都体现在以太坊的创世纪区块中，即以太坊创世区块是根据这些众筹交易预先生成的，其生成的脚本为 genesis_block_generator.py。

众筹组织者虽然是中心化的，却是非权威机构，甚至连一个公司也不是，只是一个因项目而存在的团队，所以，需要用技术手段解决信任问题。

思考题：以太坊为什么不众筹美元或其他法定货币？

13.3.2 团队的证明

公众是因为信任开发团队而参与众筹的。

以太坊团队需要向公众证明众筹的地址是在以太坊团队控制之下的。以太坊团队在众筹开始之前，通过 UTXO 交易及交易 ID 向公众展示能在这个地址中花费一点比特币，这样，就将以太坊团队与该比特币地址关联起来了，证明了他们持有这个地址的私钥，由他们控制这个地址。

保持众筹过程公开透明比较容易，因为比特币链是公开的，筹到了多少比特币 BTC，只要看一看比特币区块链中的众筹地址在众筹期间收到了多少 BTC 即可。

13.3.3 出资者的证明

众筹项目成功后，项目方要向出资者发放以太币，那么，出资者怎么向团队证明自己出资了？

根据设计，将要开发的以太坊与已经存在的比特币从根本上是两个区块链，完全没有任何交集。然而，出资者是在比特币区块链上支付比特币，在以太坊区块链上获得以太坊币的，怎么建立起出资者在两条区块链上的对应关系呢？我们有一个巧妙的设计，这个设计需要执行以下步骤来完成。

（1）在以太坊环境的地址中：

- 出资者自己生成自己的私/公钥对(Priv,Pub)；
- 对公钥 Pub 求哈希值 Hash，再生成以太坊地址 Eth_address。

（2）在比特币环境的地址中：

- 出资者视 xxx、Eth_address 为自己的在比特币环境中的私、公钥对，其中 xxx 表示不知道私钥；
- 在比特币环境中用公钥 Eth_address 生成一个比特币地址 Btc_address。注意，Btc_address 与 Eth_address 不同，而且这个地址 Btc_address 找不到它对应的私钥 xxx。

（3）在比特币中转账。

有了上述准备后，出资者在比特币系统中通过 UTXO 交易向两个地址支付比特币。

a. 小额：如 0.0001BTC，支付到 Btc_address 作为证明；

b. 大额：出资金额支付到众筹地址，即以太坊团队收到该笔资金。

当然，还有一定的小额作为交易费。这两笔支付在同一个交易中，由两个 OUT 体现，即这两笔支付是捆绑在一起的。

（4）出示证明。

出资者通过邮件等方式把 Eth_address 信息发送给以太坊团队。

（5）团队验证证明。

- 以太坊团队从邮件中收到的 Eth_address 可推导出 Btc_address。注：根据上述（1）和（2）以及密码学相关算法，有 Priv→Eth_address→Btc_address，即从左可推出右，由算法的单向性，反向却推导不出来；
- 以太坊团队在众筹地址收款的 UTXO 交易集中，找到含有该 Btc_address 的 UTXO 交易，小额付款就是（3）中的 a；
- 由该交易获得他的出资额，即（3）中的 b，这就完成了对出资者及出资额的证明。即出资者向以太坊团队提供了两个地址 Eth_address 和 Btc_address，以及出资额的绑定。

（6）团队发放以太币。

- 出资者在（1）时已生成自己的私/公钥对(Priv,Pub)及 Eth_address；
- 待以太坊项目完成后，以太坊团队根据上述的捆绑地址及收到的比特币量，在创世纪区块中向 Eth_address 地址发放对应比例的以太币。

（7）出资者获得以太币。

出资者保管好以太坊地址 Eth_address 对应的私钥 Priv，以后凭此私钥消费该以太坊地址中的以太币。

上述步骤的全视图如图 13.1 所示。

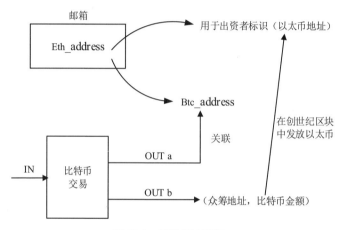

图 13.1　出资者的证明

但还有一个问题：出资者支付到前述 Btc_address 中的比特币是用不了的，因为，这个 Btc_address 不是按正常途径生成的（正常途径参见第 8 章），要想花费该地址内的资金，就得找到该地址所对应的私钥，这是不可能的，因为不能反推出私钥。因而，这些比特币将永远被销毁，好在不多，就视为证明费的交付吧。

13.4　以太币

以太坊中发行的原生数字货币为以太币。

上一节已描述了通过众筹方式向以太坊项目的出资者发行以太币。它不是挖矿发行，因此，也被称为"矿前发行"。正是由于已经有了比特币，才使得以太访项目可以通过匿名方式筹集资金，虽然，众筹时以太坊只停留在方案阶段，一行代码都没写。

前一章我们知道，以太坊的矿工可以有机会获得交易费外的奖金：挖矿奖励、助人奖和安抚奖，这些都是"无中生有"的以太币，即在 PoW 方式下"挖矿发行"以太币。与比特币不同的是以太坊的"挖矿奖励"是一个常数，并没有采取"递减"的方式，即依目前模式以太币的发行量无总额控制，而且发币速度远远大于比特币，比特币设定的出块速度是 10 分钟每个，以太坊设定的出块速度是 12 秒每个。

根据以太坊项目的规划，以后以太坊将切换到用 PoS 方式达成共识，即那时将通过利息方式发行以太币。

13.5 以太坊代币

由上一章我们知道，以太坊的特色就是其上可以运行各类机器人。这些机器人中有的管理着某种数字资产，这就是代币 Token，也音译为"通证"。

13.5.1 代币存在哪儿

回顾上一章，资产管理机器人有一个内部账户，内部账户结构上体现了它管理的两类资产：一是 Balance，即该账户的以太币；二是该账户 Storage，即该机器人作为记账员的账本，它记录了各用户的代币余额，即代币在机器人的小世界里。

一个机器人就可以管理一种代币，因此，只要以太坊能承载得起，以太坊上可能运行多种代币。每种代币均有自己的名称，通常对应于智能合约的名称。

13.5.2 众筹发行

项目团队公布项目白皮书或向投资者呈现 PPT 或开展宣传攻势，其目的是让投资者认为有利可图而出资，当然，该投资是风险投资，更恰当的名称叫"捐款"。

与以太坊项目一样，众筹公告通常包含：项目名称及项目团队成员、技术白皮书、众筹额度、分配规则（公众额度、基金会额度、开发团队额度等）、接收众筹的地址（智能合约机器人账户）等。

项目团队为该众筹在以太坊上部署专门的机器人：该机器人账户的 Balance 用于接收捐款，它只接收以太币；Storage 用于发放与捐款对应的代币。之后，以太坊用户就可以向该机器人捐款而获得某种代币。

该机器人，即智能合约，应基本包含以下功能。

（1）捐款：任何人在规定时间之内，都可以用以太币对机器人进行捐款，捐款的数量是随意的；

（2）使用众筹款：若在规定时间内达到了预定数量的众筹款，则众筹成功，项目发布人，即该机器人的部署者可以取出众筹款应用于该项目；

（3）捐款人取回自己的捐款：若到达规定时间却没有筹到预定的款项，则众筹不成功，捐款人就可以取回自己的捐款了；

（4）转让：即代币的转账功能；

（5）其他：如用户管理、用户注册等。

假定你没有以太币又想投资该项目怎么办？有两种方式可以将你手头的法定货币转化成以太币：一是将以太币视为虚拟商品，只需购买；二是将以太币视为数字货币，在数字货币交易平台上通过交易的方式获得。注：目前我国已禁止提供其转化或兑换功能。项目发布人收到捐款后，用于项目时，往往需要用法定货币进行，因为商品、服务等是用法定货币计价的，所以面临的情况刚好相反，即需要将以太币转化为法定货币，方法与之对应。

这里我们讨论通过众筹以太币而发行代币，事实上，也可以众筹以太坊中已经存在的某种代币而发行另一种代币。

13.5.3　代币的特征

通过比较，代币的特征如下所示：

（1）众筹款和代币是在同一个区块链上，谁出了多少资金是可信的。不像以太坊项目的众筹那样涉及两个区块链，代币的发行没有复杂的认证机制。

（2）代币和以太坊上的原生币不同，前者是小世界的，由机器人管理；后者是大世界的，由以太坊管理；代币可以有很多种，而一个链只有一个原生货币；以太坊交易运行需要的 Gas 由后者购买；以太坊并不提供代币和以太币之间的转换，机器人提供基于以太坊而发行的代币，也可以提供相反的转换，即卖出代币。与交易平台不同，平台那里是市场行为，有兑换汇率。

（3）代币具有股票特征，但股票针对的是已经存在的公司实体及其资产，而代币针对的是待开发的项目；代币因项目成功而升值，也会因项目失败而变得一文不值。

13.5.4　多重签名

显然，上述众筹的款项不是属于某一个人的，因此其需要使用项目团队的多人签名，防止其中某个人卷款跑路。与比特币交易直接提供多重签名不同，以太坊交易并没有直接提供多重签名,而是建立一个多重签名合约。它是管理该众筹的机器人的一个功能,每次通过这个合约转出以太币时,就需要一定数量的账户同意,如总共有 3 个用户,可以设置需要 2 个用户同意。因此,多重签名合约应包含一个签名候选人列表和规则,如 2 of 3。

创建该多重签名合约之后,我们需要一个交易去驱动它。有多种实现方法,这里描述一种链下签名的方法。

项目团队有一个内部系统,并作为以太坊的一个客户端。在内部系统中,由一名有资格者先构建一笔含其签名的交易,放入未定队列中。其他人可以通过函数接口观察未定队列,如果他认为可行就对认可的交易进行签名。当一笔处于"未定"状态的交易被规定的人数认可之后,这笔交易就可以发送到以太坊中。由以太坊接收并转交给机器人执行该多重签名合约,在该合约中验证是否满足多重签名的条件。其中,构建交易者的签名在交易结构中显式体现(参见上一章中的以太坊交易结构描述),以太坊需要进行检验,以便收取交易费 Gas,而其他人的签名则放在 Data 中,作为数据传给合约,由合约程序检验。也就是说,提交交易者担负主签名的责任,他要承担交易费,而比特币的多重签名者没有主次之分。

13.6 ICO

股票有个首次公开募股的流程,也就是大家比较熟悉的 IPO(Initial Public Offering)。与此类似,数字货币有 ICO,全称为 Initial Coin Offering,又称 Initial Crypto-token Offering,即首次数字货币(加密代币)发行。也就是上述众筹方式发行数字货币。

ICO 和 IPO、股权众筹一样,同属权益类证券发行活动,但在很多方面存在差异。

IPO 和股权众筹都是使用法币进行投资的,ICO 一般采用比特币或者以太坊等虚拟数字货币进行投资。

ICO 有两种:

(1)以 ICO 方式发行原生币:以太坊众筹是典型的例子,即建立一条区块链,发行该区块链的原生货币;

(2)以 ICO 方式发行代币:在支持智能合约的区块链上,通过智能合约发行代币。

原生币与代币完全不同,这两种 ICO 也完全不同。

ICO 的正确做法应该是这样:参加 ICO 项目的投资者为了获利而来;当 ICO 对

应的实体项目结束后，项目代币在某些数字货币交易所上线交易；代币的价格上涨，投资人卖出代币，获利退出。

但由于缺乏相应监管措施，ICO 被别有用心的人玩偏了，因此，ICO 被认为巧妙地规避了《证券法》和《处置非法集资条例》等相关内容。经监管部门与多位资深法律专家讨论，得出结论：目前，ICO 仅仅是穿了"金融科技"的马甲，其本质就是变相非法集资。因此，我国对此进行了相关治理。

13.7 链上动物园

2017 年末，以太坊中发布了一款区块链上的游戏——以太猫（CryptoKitties），在 CryptoKitties 大火的短短时间内，又出现了区块链养兔（Region Chain Rabbit）、区块链养鱼（Ifish）、玩客猴。紧随热潮，网易发布区块链宠物招财猫、百度发布区块链宠物莱茨狗。一时间好不热闹，区块链上开起了动物园。

13.7.1 以太猫

以太猫是一款基于以太坊的区块链宠物养成游戏（养猫繁殖），即游戏规则是一个基于以太坊的 DApp（Decentralized Application，去中心化的应用程序），在游戏中，玩家使用以太币进行电子猫的购买、喂食、照料与交配等，但其最为核心的玩法是将电子猫在以太坊区块链中进行出售。

游戏中你可以领养或者购买一只猫咪，每一只猫咪都有不同的特征，还可以结婚配对生下小猫咪。游戏的设定是共有 256 种 DNA 基因，包括毛色、花纹、胡须、外形、眼睛等，可以对其进行任意组合，所以几乎不可能诞生出两只完全相同的小猫咪，玩家通过出售小猫赚钱。零代猫是系统生成的，没有父母属性。由于每一只猫都有其唯一的特性，这使得一些稀有猫咪的收藏价值极高。

谁也没有想到在发布后一周的时间里，这只宠物猫以惊人的速度在以太坊网络中蔓延，并创造了惊人的交易量。但也正是这些萌萌的小猫咪，居然让以太坊一度陷入瘫痪的边缘，一时猫乱天下。

13.7.2 非同质代币

在以太坊上众筹也就是发行代币（ICO）来进行融资，采用的是一种以太坊代币的标准 ERC-20，该标准定义了一组方法（Method）和事件（Events）。注：ERC 全称是 Ethereum Request for Comments，即向以太坊开发者提交的协议提案，后面的数字是提案编号。它又源于EIP，EIP是指Ethereum Improvement Proposals，即以太坊改进建议。

上述以太猫（Cryptokitties）则是遵循另一种以太坊代币的标准 ERC-721，ERC-721 Token 合约是一种针对非同质代币的标准接口。该标准定义了用于智能合约内非同质代币（Non-Fungible Tokens，NFTs）的操作标准 API 及实现方法。

每种基于 ERC-20 协议的代币 Token 都是一模一样的，无法区分，但是每种基于 ERC-721 代币 Token 的核心是非同质代币。以 CryptoKitties 为例，"CryptoKitties are non-fungible tokens (see ERC #721) that are indivisible and unique"，即每只以太猫是非同质代币：不可分割且独一无二，每只以太猫有一个独立唯一的 TokenID。

把"猫"理解成一种代币很有意思：零代猫类似于众筹时批量发行代币；生小猫则是平时发行代币；出售猫咪则相当于对代币转账。

ERC-721 协议的这种独立标识每个 Token 的方式，使得其 Token 可以作为一种资产的证明。比如，ERC-721 Token 可以被设计用来代表一套房产、一件知识产权等。ERC-721 Token 也可以用来代表实物，如一家线上商城可以设计一套 ERC-721 Token 机制，每个 Token 代表其中一件商品。

13.8 小结

本章从数字货币发行的角度对相关技术进行了讨论。

1. 原生币

公有链需要一种维持公有链生长的激励机制，可由其链上的原生币（比特币和以太币都是各自链的原生币）来实现这个功能，即通过发行来实现奖励或者说通过奖励来实现发行。

（1）比特币通过挖矿发行，并实行总量控制；

（2）以太坊原生币有两种发行方式：一是创世纪块中的初始批量发行（以太坊的筹资）；二是通过区块奖励的挖矿发行，即作为奖金奖励给该区块的矿工（如果他胜出的话）。

平时所说的"加密货币"就是指原生币，"加密货币"并未对货币进行"加密"，原生币在区块链上完全是公开的、可见的。"加密货币"是指该货币的生存环境（区块链）是以密码学为基础的。

2. 代币

在支持智能合约的公有链上，可以通过智能合约发行代币，它是与原生货币完全不同的概念，简单地说，原生币是由区块发行的，而代币是由智能合约发行的，实际上是为用原生币而购买的积分。

对于一条公有区块链而言，原生货币是唯一的，与公有区块链是"共生死"的。而代币则是多种多样的，通过部署智能合约不断增多。

（1）每种基于 ERC-20 协议的代币都是一模一样的，符合数字货币的概念，可以指代股票、股权等，发行方式通常是 ICO；

（2）每种基于 ERC-721 协议的代币的核心是非同质代币 NFTs，符合数字资产的概念，它对每个个体进行了标识，可以表示具体的资产，如房产、商品、门票等，也可以表示虚拟商品，如 CryptoKitties。这类代币的发行概念较弱，取而代之的是，用"出生登记"等概念来替代发行。

实际有三种数字货币，前两种是虚拟货币，后一种是它们的"影子"。

（1）原生币：由区块链所定义的货币，如比特币、以太币；

（2）代币：由智能合约所定义的货币，如积分；

（3）"影子"币：用户存于交易平台（参见第 10.3 节）的法定货币、原生币或代币，通过"充值""取现"和"买卖"实现同各种实际币（法定货币、原生币或代币）之间的转换。交易平台还可为用户提供转账等操作，就像微信红包中的钱是人民币的"影子"，真正的人民币存在银行中。如果不进行监管的话，平台就可以发行"影子"（即扩张性放贷）。

①通过 ICO 进行众筹，往往涉嫌非法集资，我国已取缔了该类 ICO 活动。

②如果不对交易平台进行监管，则会扰乱金融秩序，我国已取缔了虚拟货币交易平台。

第 14 章

联盟"恋"链

本章我们将讨论联盟链的技术原理。联盟链承担着在联盟间共享关联业务信息,以及向公众提供一个可信平台的责任。联盟链以数学原理向公众说明其可信性,获得公众认可。

实现联盟链的方式多种多样,Hyperledger Fabric 是其中优秀的代表,本章以 Fabric 1.0 版本为背景,结合前面已论述的公有链的知识,对联盟链相关的原理进行讲解。当然,原理有一定的抽象性,与具体实现在细节上会有些差异。

14.1 联盟链的特点

社会组织因某种利益而结盟,这种结盟本身就是建立在相互有一定信任与利益的基础上的。多中心的联盟链被认为更有可能快速融入现实、落地实践。

联盟链(包括私有链)可以作为现有中心化商业团体联盟之间进行商业活动的基础设施,因 B2B 业务很难迁移到公有链上,不仅因为性能更因为商业机密等问题。公有链与联盟链各自都有自己的应用场景,它们将共存并相互促进。

14.1.1 联盟链的建立

(1)联盟链的首要条件是合作者之间的"联盟",即需要组织层面有建立联盟的动议并付诸实施,这往往是由商业利益驱动或行政手段推动的。

(2)因有组织联盟才有了联盟链,反过来,基于该联盟链的联盟组织,也随着联盟链的应用推广,不断增加新成员,使得联盟组织发展壮大。

(3)联盟组织已经广泛地存在于商业环境中,如供应链、行业协会、合作协议等。但从联盟组织到建立联盟链，还有"最后一公里"，这一公里是"一座山"，需要打"隧道"穿过，那么就存在由谁牵头主导，以及别人会不会跟随的问题。

（4）联盟链建立的另一个障碍是区块链要求交易信息广泛共享，即 A 与 B 两企业间的交易信息会同步到同一联盟链中的 C 企业。在商业环境中，出于对商业利益和个人隐私的保护，企业要求信息对外披露"最小化"，即各企业间业务合作协议通常是"一对一"的，体现在技术上是系统间的"接口调用"，交易信息只在接口调用间传输，不会传到无关的第三方，这显然达不到联盟链的交易信息广泛共享的要求。当然，如果联盟很小或比较特殊，如两三个企业间、主导企业与跟随企业间、集团内部各企业间，就能比较容易达到该要求。在联盟中实现联盟链无非有两种手段：一是企业因为利益而放弃信息私有；二是在管辖内，如集团内部各企业间，利用行政手段强力推行信息共享。当然，信息不仅是企业之间的事，还与用户息息相关，如用户隐私保护问题。

14.1.2 联盟链的特点

联盟链的以下特点是体现在与公有链的比较，并不是与传统的中心化应用系统的比较上的。

（1）权限可控。一方面，先有组织联盟才有联盟链，联盟组织在长期的商务合作中，建立了良好的信任关系；另一方面，每个联盟成员加入联盟链都需要经过认证，获得在联盟链中的证书；再一方面，联盟的节点个数都比较少，一旦出现问题，也容易从源头排查、修复或减少由此带来的危害。

（2）数据保护。虽然联盟链要求交易信息在联盟节点间共享，但联盟链的主导者通常都是大公司，联盟链的网络节点也通常被部署在联盟中的几家大公司，小公司可放弃自有节点或由大公司托管其节点，而大公司对数据安全非常重视，也更有能力保护数据安全。

（3）部分去中心化。联盟链各个成员节点进行协作是去中心化的，但因成员个数很有限，极易被主导者控制，所以需要一个中心认证机构对联盟成员进行授权认证，故联盟链是部分去中心化的。

（4）交易速度快。联盟链因成员节点少、相互信任及认证管理等，故其共识算法可大大简化，因此，可以大幅度地提升交易速度。

14.2 减法

前面讨论了公有链,那是基于比较恶劣的环境(不可信环境)下建立的机制,当然,还是有一些约束条件的,参见第 4 章的"社区假设"。

而联盟组织本身是有一定的信任基础的,故在此基础上,我们就可以减掉一些为信任而存在的技术,从而提升区块链的效率。

14.2.1 不需挖矿

公有链之所以需要挖矿,即采用工作量证明(PoW),实质上是公有链需要面向公众招聘"员工"(矿工)、付薪干活,也就是向矿工提供一种激励机制,该激励机制驱动区块链生长。工作量证明(PoW)不但浪费了大量算力,而且产生的恶性竞争又进一步使得为计算谜题等"无用功"而投入的资源越来越多,事实上,恶性循环使得做"无用功"的算力占到了总算力的 99.99…%,造成资源的极大浪费。

而联盟链由机构承担区块链生长的责任,因此,可以减去该机制。减去该机制后,创建区块就非常简单,仅需要在区块中嵌入父区块的哈希值即可,网络节点的全部算力就都可以投入交易中去。

14.2.2 不需原生币

公有链工作量证明(PoW)的激励机制中的奖励与发行该区块链的原生币合二为一,即奖励是以数字货币来体现的;数字货币的发行又是通过奖励来实现的。

既然,联盟链不需要挖矿(取消了奖励),那么,当然就不需要原生币了,于是就产生了连锁反应。设想一下:在以太坊中,如果不需要原生币,那么交易设计会有哪些变化?

(1)没有基于原生币的交易,即没有以太币的发行、转账交易;

(2)只有基于代币的交易,即基于智能合约的交易。注:智能合约在以太坊中被拟人化地称为机器人,而在 Fabric 中有个专有名词,称为"链码";

(3)交易不需要消耗 Gas;

(4)智能合约的部署,即安装机器人,不需要通过交易完成,而被视为在联盟网络节点上的软件安装,当然这需要权限。

由此,可以大大简化区块链层的交易管理,而具体的应用就交给了具体的机器人进行管理。

这里可以总结一下三类链中货币的情况。

(1)比特币网络:只有原生币,即比特币;

（2）以太坊：既有原生币（即以太币），又有各种代币，矿工因有奖励而挖矿，原生币用于驱动区块链的生长，代币用于各种应用，每种代币由对应的智能合约管理；

（3）超级账本（Hyperledger）：没有原生币，只有代币。每种代币都能抽象成某种代币的资产（如积分）都可以用智能合约在超级账本上实现。

14.2.3　没有分叉

公有链由矿工提交区块参与竞争，也就是"看结果"：不光比正确性，还要比速度，再加上存在分叉现象，需要通过竞争剪枝消除分叉。

联盟链不需要竞争，我们就可以将"看结果"变为"看过程"，即在过程中，通过某共识算法来保证数据的最终一致性，这样，"结果"就不存在分叉了，因此，就可以减掉基于分叉而安排的矿工"择枝"（选择他视野中最长的分枝），即不需要工作量证明（PoW）机制。

由于没有分叉，也就不存在公有链中"确认次数"的问题，所以联盟链中的区块一旦发布，则其中的交易就视为被确认、被认可了。当然，被确认的交易不一定能有效，后面会谈到。

14.2.4　不需要特殊的虚拟机

在以太坊中，由于交易的特殊性，专门定制了以太坊虚拟机 EVM。而在联盟链中，交易直接交给智能合约，而智能合约是用图灵完备高级程序语言开发的，所需的运行环境与一般的应用程序没有两样，因此，不需要专门的、特殊的虚拟机。

但为了安全性，沙盒隔离是必要的，因此，联盟链常选用通用的 Docker 虚拟机作为其运行环境。

14.2.5　节点很少

公有链基于向公众开放的假设，即任何人可以自由地加入或退出区块链社区，加入或退出是由经济驱动的。

联盟链的网络节点是通过行政手段安排的，例如，联盟协商出联盟链的网络组建，包括各成员的设备投入与管理，以及后续加入联盟的准则等事项。

较之于公有链，联盟链的网络节点很少，很容易控制，例如，版本升级、灰度投产等都比较方便。

联盟链也正是由于节点少、控制易的特点，所以可以选取分布式系统中成熟的数据一致性算法作为区块链的共识算法。

14.3 加法

联盟链由于易于控制与管理，所以可以从网络结构及用户管理等方面，增加一些角色及其管理手段。

14.3.1 节点分工

由于联盟链的网络是在统一管控之下的，故可以从提升效率和方便处理等角度对网络节点进行分工。

例如，Fabric 将区块链中的区块组装节点（Orderer）与区块记账节点（Peer）分离，将计算节点（背书节点（Endorser）承担）与确认节点（Committer）分离，这些角色是逻辑上的划分，承担不同的功能。

我们还可以看到，在交易流程中，增加了客户端与给自己担保的节点，即背书节点（Endorser）之间的互动。

14.3.2 多通道与多链

在以太坊中只有一个区块链，而 Fabric 引入了通道（Channel）这一概念，类似于在物理网络中，再建立虚拟网络。每一个通道都有自己的标识 ChannelID、有自己独有的区块链，各个通道之间互不干涉。每个通道包含一条私有区块链和一个私有账本，而通道中又可以实例化一个或多个链码，因此，Fabric 是以通道为基础的多链、多应用系统。

可以认为，每个通道就是一个"子联盟"，例如，政府机构组成一个联盟链网络，其中，公安系统组成一个子联盟，以便向外界隔离需要的保密信息。

通道是相互隔离的，客户端连接到一个不能与其他通道互相访问的通道，但是多角色客户端可以连接到多个通道。

在多通道的环境下，有一条链比较特殊，即系统链。系统链是为了维护多链而存在的，记录了联盟链的组织信息等内容，对所有通道都是可见的，但它不经营具体业务，只对多通道环境进行管理，如增加节点、增加通道、设定相关的配置或策略等。这些管理信息就放在系统链中。

14.3.3 成员管理

在公有链时，我们采用<私钥，公钥>对来标识用户，不与真实身份关联，因此，公有链系统中的用户是匿名的。

联盟链服务于现实中的商业环境，需要：①网络节点间的相互认证，确保其通信安全；②联盟成员的身份认证，确保成员合法；③将使用联盟链的用户也通过身份认证管理起来，将用户标识与用户的真实身份关联，即身份认证。这些都可以通过证书体系来实现。

联盟链易于实现成员管理 MSP（Membership Service Provider），每个 MSP 都会建立一套根信任证书（Root of Trust Certificate）体系，利用 PKI（Public Key Infrastructure）对成员身份进行认证、验证，确保其安全可靠。简单来理解就是，每个成员，包括网络节点、组织机构、管理员、用户等，都要通过认证机构的 CA（Certification Authority）系统注册，发布自己的公钥证书并私密地持有相应的私钥。注册的证书分为注册证书（ECert）、交易证书（TCert）和通信证书（TLS Cert），分别用于用户身份、交易签名和 TLS 数据传输（当数据途经互联网时，安全传输协议不可少）。

14.3.4 验证策略

在公有链时，我们讲过多重签名的问题，如 $n\ of\ m$ 表示需要 m 人中的 n 个人的签名。在联盟链中也有类似的问题，记为：$NOutOf(\cdots)$，即需要满足 m 个条件中的 n 个。

超级账本 Fabric 将此问题抽象成需要满足的"策略"，并通过配置来管理"策略"。策略验证可以认为是多证书验证，是 Fabric 权限管理的基础。策略包括交易背书策略、链码的实例化策略、通道管理策略等，主要有两类：

（1）SignaturePolicy：在基于验证签名策略的基础上，支持条件 AND、OR、$NOutOf$ 的任意组合。

（2）ImplicitMetaPolicy：隐含的元策略，是在 SignaturePolicy 之上的策略，或者说是策略的策略，只适用于通道管理。

14.3.5 配置区块

上述的策略等均基于通道。通道所属的组织、组织成员管理 MSP、访问控制策略、排序服务配置等统称为通道配置。

通道配置在通道对应的区块链上用特殊的区块存放，称为配置区块。

链的创世纪区块是该链的第一个配置区块，后续对配置区块的修改并不包括创世纪区块，因为它具有防篡改性，而是在链上加入新的配置区块（全量配置内容）。

14.4* 变化

上述的"减法"与"加法"从大的方面将联盟链与公有链进行对比分析，正是由于有这些"减法"与"加法"，数据结构可以重新做设计，本节从数据结构设计有哪些变化这一方面进行讨论。

14.4.1 交易

智能合约部署到 Hyperledger Fabric 区块链中，称为链码。相关内容请参见后面的"智能合约"一节。

联盟链的交易通常是通过调用智能合约的函数来完成的，即向机器人（链码）下达指令，当然还带有上述验证策略所需要的签名信息，因此交易的数据量很小。

Hyperledger Fabric 交易的"交易正文"结构（删除了附属信息）如图 14.1 所示。

（1）表明链码实现了 Invoke 接口，交易是按链码的 Invoke 规范输入 Input 参数的；

（2）链码 ID，即指定执行的机器人；

（3）输入 Input 的参数，Invoke 接口接收的参数在"Args: []"中，它是一个参数组，其中，第一个是参数方法名，其余参数列表是传递给该方法的实参。

```
ChaincodeProposalPayload: {
        Input(ChaincodeInvocationSpec): {//----------(1)
            ChaincodeSpec: {
                Type: Type,
                ChaincodeId: {        //----------(2)
                    Name: Name
                },
                Input(ChaincodeInput): {//----------(3)
                    Args: []
                },
            },
        },
```

图 14.1 交易示例

交易再转化为"读写集"对数据库操作。交易结构见本章附节。

14.4.2 区块

区块中包含的交易比上面所述的"交易正文"的内容要多。它是后面要讲到的交易"信封"。区块的大小就是区块中含有交易的个数，可通过配置文件设定其最大值 BatchSize。

生成区块的条件要满足如下两者之一：

（1）交易数量达到了设定的最大值；

（2）时间间隔达到了设定的超时时间。

Hyperledger Fabric 的区块不是定时生成的，高峰时间，区块生成速度明显加快。

和以太坊一样，Hyperledger Fabric 也是区块头与区块体分离，区块头也有区块号、指向前一个区块（头）的指针、指向数据的指针。没有挖矿，头部就简洁了很多：

```
message BlockHeader {
    uint64 number ; // 该块在区块链中的位置（高度）
    bytes previous_Hash ; // 前一区块头的哈希值（指针）
    bytes data_Hash ; // 该区块数据（区块体）的哈希值（指针）
}
```

其中，data_Hash 为区块体的哈希值，如果区块中的交易组装是基于梅克尔树的，那么它就是梅克尔树的树根。联盟链中通常只需简单组装，如用记录方式排列，也就是每行即一个交易，从而形成一个交易组。这个交易组的哈希值即为 data_Hash。

14.4.3 "树"再没必要

因为在公有链中，需要考虑非全功能节点验证，所以梅克尔树（及其变体）必不可少，它可以通过剪枝，向轻量节点提供验证所需的最少的数据，如以太坊中就有"三棵树"结构。注：大多书上说，使用梅克尔树是出于防篡改的需要，其实，对数据任意打包成"数据块"，如将交易依次放入一个数组中，再对"数据块"进行一次哈希求值，就达到了防篡改的效果，而用不着用梅克尔树大费周章地反复进行哈希运算。梅克尔树的实际作用在于它可根据需要而产生"残树"：一是极大地减少轻量节点的数据量；二是如果数据有篡改，能快速地定位篡改在哪里。

而在联盟链或私有链中，有条件使所有节点都成为"全数据"节点，即没有轻量节点，而防篡改由区块头的哈希值来保证，故没有建立梅克尔树的必要性。例如，"世界状态树"就变为存储在数据库中的"世界状态"表了。

当然，联盟链中也可以建梅克尔树，但对性能有较大的影响。

14.5 交易过程

以上从"减法""加法"和"变化"等方面将联盟链与公有链进行对比分析，使我们对联盟链的设计方法有一些认识。本节我们从交易过流程进一步分析联盟链的特色。

14.5.1 世界状态

就像以太坊一样，Hyperledger Fabric 也有"世界状态"的概念，链码根据当前状态数据执行交易，使得"世界状态"不断变化。不同的是，以太坊以"世界状态树"来记录，而 Hyperledger Fabric 用状态数据库（State Database）记录。

由于 Hyperledger Fabric 的多链设计，故其世界状态是建立在通道上的，通道链上最新的世界状态代表了该通道上所有键的最新值。

状态的键值对<Key, Value>，隐含着更新的"时刻"，也就是它有"版本"信息，所以可将状态的二元组扩充成三元组<Key, Ver, Value>，Ver 为版本号，有许多方式可以实现版本号，如以顺序号作为版本号，即每更改一次版本号加 1，再比如，以更新的"时刻"方式，区块号+区块中的交易号，代表此交易对它做了更新。

14.5.2 "算"与"记"分开

假定在世界状态中，当前两个账户的状态为<A, Va, 100>，<B, Vb, 30>，现在做一个转账交易：from A to B amount=20。

机器人的工作如下所述。

（1）读出：<A, Va, 100>，<B, Vb, 30>，计算：100-20=80；30+20=50；

（2）写入：<A, Va', 80>，<B, Vb', 50>。

显然，第（2）步没有技术含量，可以交给"傻子"去完成，当然，是否满足"条件"也要交给"傻子"去验证，"条件"即指满足机器人计算时的状态。因为，可能有多个机器人并行，故在"傻子"验证时可能不满足条件。

计算时，条件为(<A, Va, 100>，<B, Vb, 30>)，显然"傻子"只需要关注版本而不需要关注值，即"条件"可以取含版本的二元组<key, ver>，即 if read(<A, Va>，<B, Vb>) then write(<A, Va', 80>，<B, Vb', 50>)。

Hyperledger Fabric 引入"读写集"的概念（指两个集合：读集 readSet 和写集 writeSet），那"傻子"的工作可表述为：当状态数据库中当前的状态与"读集"相符时，则将"写集"写入状态数据库中作为最新状态。

即 if (readSet==T) then writeSet，这是"傻子"的记账原则。

思考题1：会不会存在"脏读"呢？

注：writeSet体现在数据库中为插入操作，而不是更新，因为，保留老的"版本"有利于日后的查询。

这样，将"算"与"记"分开后，网络上就有两类节点：计算节点这个机器人和记账节点这个"傻子"，流程变为

交易→机器人→"读写集"（TxRwSet）→"傻子"→记账

由于这里的机器人进行的"计算"并不去进行"写"操作，所以它的运行环境称为"模拟环境"，一旦"傻子"记了账后，就应更新计算节点的"模拟环境"。

14.5.3 找"认可人"

为了保证交易可信，在交易正式提交前，先通过"预提交"给交易的"认可人"，即背书人，由其进行交易验证，并进行"认可"，即背书签名。需要多少个"认可人"，这就是前述的"验证策略"之一——背书策略。

交易的客户端需要通过"预提交"收集一些"认可人"的签名，该"认可人"节点与计算节点合二为一，称为网络的"背书节点"。如图14.2所示，客户端与背书节点有交互。

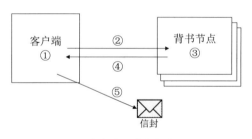

图14.2 客户端与背书节点的交互

①用户通过客户端应用程序创建交易，即提案版 Transaction Proposal（交易提案）；

②客户端应用程序将提案签名后，变为 SignedProposal（背书签名），发送给多个背书节点，背书节点的选定满足背书策略的要求，而背书策略已经在配置文件中，如 NOutOf(…)；

③背书节点生成 ProposalResponse（背书响应）：即机器人根据交易调用的函数，在模拟环境中执行相关的计算并进行背书签名，ProposalResponse中包含了"读写集"、背书节点签名及通道名称等信息；

④客户端应用程序收集 ProposalResponse：根据背书策略要求，收集足够多的背

书节点的 ProposalResponse；

⑤客户端应用程序构造交易请求，即"信封"（Envelope）：确认收到的各背书节点的执行结果完全一致，然后将原始的交易提案、提案模拟结果读写集和背书签名打包到"信封"中，再向区块链网络发送"信封"。注：同以太坊一样，将交易视为"消息"，这里进一步明确为将"消息"装入"信封"中。

其中，在步骤③中，背书节点在收到交易提案后会进行验证，包括：
- 交易提案的格式是否正确；
- 交易是否提交过；
- 交易签名是否有效；
- 交易提案的提交者在当前通道上是否已对写权限授权。

由于可能有一些背书节点是离线的，有的背书节点可能拒绝对交易进行背书，故应用程序选择背书节点时应留有余量来满足策略。在正常情况下，背书节点执行后的结果是一致的，只有各自对结果的签名数据不一样。

为实现多通道，"信封"中指定通道号：Envelope.Payload.Header.ChannelHeader.ChannelId。

另外，客户端应用程序可重可轻，当"重"时，可以是一个应用系统，形成应用系统与区块链的连接。

14.5.4 交易排序

客户端应用程序将交易"信封"投递给排序节点，进行排序。

为什么要对交易进行排序呢？我们以例子来说明，设同一区块中包含如下两个交易，故当前状态相同（此时读集相同）。

交易 1

当前状态<A, Va, 100>, <B, Vb, 30>, 转账交易：from A to B amount=20

交易 2

当前状态<A, Va, 100>, <B, Vb, 30>, 转账交易：from A to B amount=40

按上述"算"与"记"分开的原则：

"傻子"针对交易 1：if read(<A, Va>, <B, Vb>) then write(<A, Va', 80>, <B, Vb', 50>)

"傻子"针对交易 2：if read(<A, Va>, <B, Vb>) then write(<A, Va'', 60>, <B, Vb'', 70>)

显然，如果交易 1 排在交易 2 之前，则交易 1 有效，交易 1 之后最新状态为(<A,

Va', 80>，<B, Vb', 50>)，这时，交易 2 的 if 不满足背书策略，故交易 2 无效。反之，若交易 2 排在交易 1 之前，则交易 2 有效，交易 1 无效，最新状态为(<A, Va'', 60>, <B, Vb'', 70>)，即排序不同，得到的结果不同。

区块链除了防篡改，对交易而言，还能排序：区块在链中的次序及交易在区块中的次序；而资产转移交易（转账）也需要对交易排序，二者不谋而合。

区块链可视为交易排序系统，Hyperledger Fabric 特别强调了排序作用，直接将打包区块的网络节点称为"排序节点"。排序节点仅对收到的交易进行排序并打包成区块，它不对"信封"中的内容进行检验，所以，无效交易也会被保留在区块中。

思考题 2：当交易 1 与交易 2 的要素完全相同时，会是什么情况？

14.5.5 批量记账

排序节点将收到的交易经排序后，打包成区块，并将区块提交给记账节点，由记账节点的"傻子"按排好的次序，逐一打开交易"信封"进行记账。

（1）验证是否满足背书策略，如是否满足 *NOutOf*(…)的签名要求；

（2）依"读写集"TxRwSet 原则进行世界状态的更新。

由于交易提交是并行的，故可能出现上述例子的情况，即有的交易是无效的。无效交易也会被保留在区块中。但无效交易的"写集"不会被提交到状态数据库中，因而不会导致状态数据库发生变化。

记账节点接收的是区块，也就是以区块为批次进行批量记账。

由于"傻子"是按区块中的交易次序依次对交易的"读写集"进行本地记账的，故不存在多个"傻子"并行记账而产生的"脏读"问题，这就回答了上述思考题 1。

14.6 智能合约

为了理解方便和保持一致性，本章说到的"链码"不妨就视为我们在以太坊中所说的机器人。

14.6.1 智能合约的特征

智能合约有如下几个特性。

（1）智能合约是一种用程序语言表达的合约：首先，参与方在线下对合约的条款要达成一致，即传统合约，相当于业务需求；然后，通过编程表达合约的条款，形成计算机可执行的代码。

（2）智能合约是自我执行和自我强制的。整个决策过程是不需要可信的第三方干预的。因此，合约要设计成一种防欺诈的协议，且假定参与方会计算违约的得失，做出理性的选择，这样，就客观上避免了欺骗的发生。

（3）智能合约需要安全的运行环境：即运行的结果是安全可靠且确定的，且不是随机的，只有这样，执行的结果才能在各方面达成一致。

（4）只有智能合约才能修改账本数据，这里的修改是指追加数据的版本，数据本身是不能篡改的。

在以太坊中是基于图灵完备程序语言开发的区块链智能合约，同以太坊一样，Hyperledger Fabric 1.0 提供对图灵完备程序语言的支持，包含多种编程语言，其中支持比较好的是 Go 语言，因为 Fabric 本身就是 Go 语言开发的。

用编程语言开发的智能合约需要若干步骤才能被安装到区块链体系中。

（1）业务的关联方已经在线下就业务逻辑达成一致；

（2）就达成一致的业务逻辑在线下开发出智能合约；

（3）将链码部署到链上，部署的时候需要一定的权限。

需要注意的是，线上的共识过程只是权限检查和业务逻辑的执行，并没有针对链码的审核流程。

14.6.2 智能合约接口

在以太坊中，我们将智能合约拟人化地称为机器人；在 Hyperledger Fabric 中称为链码（Chaincode）。所有的链码都实现两个接口：Init 和 Invoke。

Init 接口用于初始化合约，在整个链码的生命周期里，该接口仅仅执行一次。回顾我们在以太坊中讲的安装机器人就知道，它是智能合约管理的"类"的构造函数，用于对机器人初始化，即"类"的实例化安装。

Invoke 接口是编写业务逻辑的唯一入口，虽然只有一个入口，但是可以根据参数传递的不同自动区分不同业务逻辑，灵活性很高。如规定 Invoke 接口的第一个参数是合约方法名，剩余的 Invoke 参数列表是传递给该方法的参数，那么就可以在 Invoke 接口方法中根据方法名的不同分流不同业务了。从程序角度上讲，相当于对"类"的所有函数再进行了一层包装，成为统一的接口，进去之后再分各项功能，实现动态调用。

14.6.3 链码部署

链码部署包括安装与实例化，以及升级。

1. 链码的安装与实例化

在多链的情况下，同一个智能合约可能会在不同的通道上运行。

为了重用智能合约代码，智能合约的部署拆分成了安装和实例化两个步骤。

（1）安装只是把链码的源代码序列化后和链码名称、版本等封装保存到 Peer 节点上，链码安装跟具体的链没有关系，故可以被多个有权限的链调用，即链码被安装到需要运行它的 Peer 节点上。具体需要安装到哪些节点，可以根据背书策略来选择。

（2）实例化是在指定的链上操作的，实际过程分为两个步骤：第一步把链码计算哈希后生成的 ChaincodeData 存放在状态数据库中，可视为链码的指针，后续以此来找到该链码。以后升级会用新链码的哈希替代；第二步是从文件系统中读取保存的链码源码，生成镜像后执行初始化操作，即调用 Init 接口，相当于执行对象的构造函数。该操作是在具体链上进行的，产生的数据是属于具体链的，后续调用链码的 Invoke 接口即以此为基础，并且产生的数据属于该链。

2. 链码的升级

链码升级是对上述链码的安装与实例化的重复，只不过在状态数据库中，升级是更新状态。

链码升级只会影响到指定的通道，没有绑定链码新版本的通道还是继续用旧的版本。同一个背书节点上，不同通道绑定的链码可能是不同的版本。

14.6.4 链码运行

链码的安装与实例化及升级是生命周期系统链码（LSCC）的工作，与之打交道的是 Init 接口。

而链码功能函数的调用则是应用程序的工作，与之打交道的是 Invoke 接口。

如图 14.3 所示，背书节点包含三个部分：调度接口、链码、ESCC（Endorsement System Chaincode，它是一种系统链码），其中链码通常放在 Docker 容器的安全环境中，应用程序和链码的交互包含如下几个步骤。

第 1 步：应用程序或者命令行通过 gRPC 请求向背书节点的调度接口发起链码的调用请求，调度接口再转发给链码执行，应用程序不能直接和链码通信。

第 2 步：调度接口会检查对应的链码是否启动，若没有启动，就会通过 Docker 的 API 发起创建或者启动容器的命令，Docker 服务根据 API 的命令启动容器，并建立和背书节点的调度接口的 gRPC 连接。

第 3 步：通过链码和背书节点的调度接口建立好的 gRPC 连接，转发应用程序调用的请求，链码在执行过程中会和背书节点的调度接口有多次的数据交互。

第 4 步：链码执行完以后，背书节点的调度接口调用背书节点的 ESCC，对模拟执行的结果进行背书签名。

第 5 步：背书节点的调度接口返回链码的运行结果给应用程序，其中包含背书节点的背书签名。

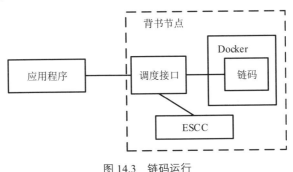

图 14.3　链码运行

在整个的交易流程中，链码只参与业务逻辑模拟执行的过程，后续的交易排序和验证分别是由排序服务和记账节点完成的。背书节点接收和处理请求后就返回应用程序了，不会转发请求给其他背书节点。应用程序可以自由选择背书节点发起请求，只要最终生成的交易能够满足背书策略就可以。

从上面的步骤可知，链码的执行本身是和具体链无关的，链码容器也不会在本地保存任何数据，是一个无状态的执行环境。如果我们需要访问或者写入状态数据，则通过建立好的 gRPC 连接将请求发送给背书节点的调度接口，再进行后续的业务逻辑处理。也就是说，在链码这一端，是不区分链的，所以不同链可以共用相同的链码容器。

14.7* 超级账本

Hyperledger Fabric 是由 IBM 带头发起的一个联盟链项目，已于 2015 年年底移交给 Linux 基金会，成为开源项目。Hyperledger 基金会的成员包括 IBM、Intel、思科等公司。基金会里孵化了很多区块链项目，其中 Fabric 是最出名的一个，一般我们说超级账本（Hyperledger）基本上指的都是 Fabric。

14.7.1 设计理念

Fabric 架构历经了两个版本的演进,最初发布的是 0.6 版本,在后来推出的 1.0 正式版本中架构有较大的调整,可以说是在 0.6 版本的基础上质的飞跃。目前,版本正在由 1.X 向 2.0 推进过程中,本书以稳定的 1.0 版本为蓝本讲解其技术原理。

Hyperledger Fabric 1.0 是一种通用的区块链技术,在区块链基础上实现了分布式账本技术(Distributed Ledger Technology,DLT),也叫共享账本(Shared Ledger)。

它的设计遵循如下理念。

(1)模块化:为了支持不同的应用场景,可以选择不同的模块,而且每个模块也不是固定的,是可以更换的,官方称为可插拔性,例如,可以使用 PBFT(Practical Byzantine Fault Tolerance,实用拜占庭容错),也可以使用其他共识机制。

(2)高安全性:因为代码开源,多方参与相互审查,保证了代码的安全性,另外就是设计的安全性模式,使其有可更改的余地,可以避免错误导致的损失。

(3)互通性:Hyperledger 的十个超级项目是互通的,减少相同的工作重复,降低劳动成本,也加快流程,使用起来更加快速,官方解释为流线型、顺畅。

(4)完全 API:功能强大且门槛低,加快了企业级应用的落地。

(5)充分利用容器技术:不仅节点使用容器作为运行环境,链码也默认是在安全的容器中运行的。

这个开源项目的本质是做一个企业级区块链平台。

14.7.2 网络架构

节点是区块链的通信主体,是一个逻辑概念。多个不同类型的节点可以在同一物理服务器上运行。有多种类型的节点:Peer 节点、背书节点、主节点和排序服务节点。

- Peer 节点:所有的 Peer 节点都是记账节点,负责验证区块里的交易,并维护本地状态数据和账本的副本。
- 背书节点:部分 Peer 节点会兼任背书节点的角色,即在模拟环境中执行交易的计算并对结果进行签名背书。背书节点是动态的角色,是与具体链码绑定的。每个链码在实例化的时候都会设置背书策略,用于指定交易需要哪些节点的背书后才是有效的。模拟执行是并发的,这可以提高可扩展性和吞吐量,在背书节点处模拟执行链码。
- 主节点(Leader Peer):Peer 节点中还有一种角色是主节点,主节点可以强制设置,也可以动态选举产生。主节点负责从排序服务节点处获取最新的区块,并在它所管理的记账子网络内部同步。

- 排序服务节点（Ordering Service Node 或者 Orderer）：它从客户端接收包含背书签名的交易，对未打包的交易进行排序并生成区块，广播给 Peer 主节点。

超级账本所采用的是三阶段模式：一是背书节点对其进行模拟执行，生成交易的"读写集"和背书者签名；二是排序服务节点对交易集进行打包，形成区块；三是记账节点对区块中的交易依次验证"读集"，对满足背书策略的交易通过其"写集"来实现账户更新。

排序服务的多通道（MultiChannel）实现了多链的数据隔离，即它对交易不混装、对区块不乱送，而是按交易"信封"中的通道号组装区块，并广播到该通道对应的主节点的。排序服务可以采用集中式服务，也可以采用分布式协议。

下面结合图 14.4 中的标号进行描述：

"0"：用户在进行业务前，需要通过 CA 进行身份认证，并登记注册，即前述的成员管理（MSP）功能；

"1"：用户通过客户端应用程序根据背书策略的要求，向指定的多个背书节点提交交易提案版（Transaction Proposal）；

"2"：背书节点（Endorser）向客户端应用程序反馈背书结果 ProposalResponse，包含了"读写集"、背书节点签名及通道名称等信息；

"3"：多个排序节点形成一个区块生成网络，客户端应用程序向区块生成网络广播提交正式的交易请求，即"信封"（Envelope）；

"4"：区块生成网络依某种共识算法，对收到的交易进行排序和打包，生成区块，Peer 主节点收到区块广播，每个 Peer 主节点管理一批 Peer 节点，这批 Peer 节点通常属于一个组织机构或一个通道；

"5"：Peer 主节点管理着一个记账网络：背书节点本身也是记账节点，只不过此时被用户选作为其交易进行背书。背书节点、记账节点及 Peer 主节点统称为 Peer 节点，都是记账节点（Committer）。它们共同形成一个记账网络，该记账网络在 Peer 主节点的统一指挥下，各自自主完成本节点对区块的记账，即前述的"傻子"批量记账。注：图中只画了一个记账子网，实际可以有多个。

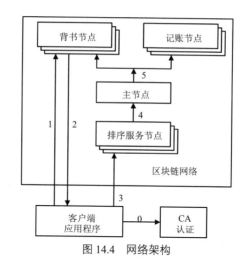

图 14.4　网络架构

图 14.4 及其描述是针对一个通道而言的，从图示可知它包含：一个区块生成子网和多个记账子网。Fabric 网络可以建立不同的通道，每个通道相当于一个虚拟子网，有自己的区块链。

14.7.3　证书管理

前面我们知道，联盟链有条件地实现完整的证书管理体系，Fabric 实现了前述的成员管理 MSP 功能，有如下特点：

（1）每一个组织都有一个自己的根证书，各个组织的根证书互相独立；

（2）每一个组织都有两类实体，一类是代表人的 User，一类是代表机器或者节点的 Peer；

（3）每一个组织的用户（User）被分成管理员（Admin）和普通用户；

（4）Peer 节点存放的是根证书、管理员证书，以及代表节点自己的证书，只有代表自己的证书有私钥，以验证别人的身份。这里的证书验证是包括证明证书本身是否合法，以及使用这个证书签名的数据是否合法两个部分。

14.7.4　共识算法

在 Hyperledger Fabric 1.0 中，一个交易从提交到最终记账会经历三个阶段：交易背书、交易排序、交易验证，每个阶段都需要多节点的参与，也就是说，共识算法是综合的，是在分阶段职责基础上共同联合实现共识的。

首先，从交易角度看，共识算法要保证正常情况下的交易一致性，即分布式环境中的最终一致性，因此，需确保：

（1）交易有效：能够根据背书及共识策略确保区块中的所有交易有效；

（2）交易有序：能够确保所有节点提交和执行交易顺序的一致性，保证执行结果的一致性和最终全局状态的一致性。

为了保证这两点，就有模拟执行、背书签名、交易排序打包、以及验证背书策略和"读集"检验等一系列交易流程。

其次，从安全角度看，共识算法在非正常情况下，要具有容错机制。

（1）崩溃故障容错（Crash Fault-Tolerance，CFT）：在区块链网络中存在节点故障等情况下，共识机制能够实现"灾备"并确保有效的交易达成一致。这个机制较易实现，分布式集群管理都实现了该机制，如 Zookeeper。

（2）拜占庭容错（Byzantine Fault-Tolerance，BFT）：在区块链网络中存在部分恶意节点提交或者篡改请求的情况下，共识机制能够"克服"并确保有效的交易达成一致。

Fabric 在排序打包交易环节实现容错机制，目前，Fabric 1.0 版本的容错机制非常简单，即 Order 模式：在网络节点中定义 Order 服务器，由它把交易收集起来、排序、组成区块、签名，然后广播出去。

而 Fabric 0.6 版本中提供的是 PBFT 容错算法，之所以将其改为 Kafka 容错，一是为了提升交易性能；二是因为 Fabric 面向的联盟链环境中，节点都是有准入控制的，容错的需求不是很强烈。Kafka 虽然是一个分布式系统，但它本身是被中心化管理的，并且依赖 Zookeeper。

根据可插拔性的设计原则，Fabric 1.0 基于 Kafka 实现的容错机制后续可用其他容错算法替换。

交易背书和交易验证也是可插拔设计，即交易背书和交易验证由内置的系统链码（System Chaincode）来实现，这两个系统链码都是可替代的，或在提交交易提案的时候指定新的系统链码来实现交易背书和交易验证。

14.7.5 数据存储

以太坊的数据是通过"三棵树"来管理的。前面已说明了在联盟链中没有建立"树"的必要性，本小节我们来讨论 Fabric 的数据存储问题。

（1）账本编号：超级账本支持多账本（后面将讲到），每个账本的数据是分开存储的，故需要账本编号来区分。账本编号（LedgerID）的数据存储在 LevelDB 数据库中，创建新的账本时会检查是否有相同的账本编号存在，以保证全局唯一性。

（2）账本数据（Ledger）：存储实际的区块数据，可类比于银行的"交易明细"。它是以二进制文件的形式存储的，每个账本数据存储在不同的目录下。

（3）区块索引（Index）：用于快速查询区块/交易。由于账本数据库是基于文件系统的（区块存储在文件块中），查询区块就是查询区块在哪个文件中，以及在文件中的偏移量。这些信息可以作为账本数据的索引存放于 LevelDB 中。

（4）状态数据库（State Database）：最新的"世界状态"数据，即前述的通过"读写集"更新的账户状态，可类比于银行的"账户余额"。状态数据库可以使用默认的内置的数据库 LevelDB 或者第三方数据库 CouchDB。状态数据库仅仅是有序交易结果的快照，因此，在任何时候都可以根据区块链中的交易重新生成。状态数据库在 Peer 节点启动时自动恢复，并只在构建到最新的"世界状态"后才接受新的交易。

（5）（可选）历史数据库（History Database）：跟踪键的历史，即记录了每个状态数据的历史信息，历史信息是保存在 LevelDB 数据库中的。每个历史信息用一个四元组（Namepace、WriteKey、BlockNo、TranNo）来表示，其中：

- NameSpace：代表不同的 ChaincodeID，即不同 Chaincode 的数据是逻辑隔离的；
- WriteKey：要写入数据的键，即"写集"的更新点；
- BlockNo：要写入数据所在的区块编号；
- TranNo：要写入数据所在区块内的交易序号，从 0 开始。BlockNo 与 TranNo 结合，实际上指出了该键/值当前的版本。

将某一个键（WriteKey）的所有记录，依版本号（BlockNo||TranNo）从小到大排序，则得到该键的值变化的历史轨迹，即经过的交易序列。需要注意的是，历史数据库并不存储 Key 具体的值。后续需要查询的时候，要根据变动历史去查询实际变动的值。这样的做法既减少了数据的存储，当然也加大了查询逻辑的复杂度。

14.7.6 创建通道

Fabric 1.0 引入通道概念，通道既对应于区块链又对应于账本，故多通道、多链和多账本是一个事情的不同侧面。系统的各环节对多通道（Multi-channel）提供支持。例如，排序服务支持多通道：基于 Kafka 的排序服务利用 Kafka 作为交易的消息队列，实现高吞吐量的数据分发。每个通道都对应 Kafka 的一个主题（Topic）。

值得注意的是，排序服务节点（Ordering Service Nodes，OSN）提供面向所有通道的公共服务。数据隔离是针对 Peer 节点的，不针对排序服务节点。如果业务上要求交易对排序服务保密，那么就要对交易信息进行加密。事实上，排序服务是"盲排序"，并不解析交易内容。

上小节讨论的数据存储是基于通道的,即每个通道的节点上都有一个与该通道关联的账本。如果一个节点是多个通道的节点,则该节点上就有多个账本,除此之外,各节点还有一个系统账本,它记录系统信息。

应用程序发起创建通道(即业务链)的请求,由于排序服务负责创建块,故由它接收处理创建通道的请求,原理上它需要处理三个环节:

(1)在系统链中处理并记录该请求交易;

(2)产生这个通道专有的区块链的创世区块,创世区块包含该通道的配置信息;

(3)新的链会在多账本管理器 MultiLedger 处注册。

创建成功后,当接收这个链上的交易请求时,排序服务节点会将其分发给该链来处理。

上述通过系统链就创建了业务链,新业务链的创世区块包含了该链的配置信息,这样节点可以根据这个创世区块确定新链的标识、排序服务节点地址等,而不用访问排序服务的系统链。

通道的配置是可以更新的,更新需要线下确定好需要修改的配置项,然后组成配置区块添加到区块链中。也就是系统链创建并启动新普通链以后,对其配置更新就由普通链自行处理,即系统链只是记录和处理普通链的初始配置信息,普通链的最新配置信息还是由普通链自行通过在普通链上的一种特殊的配置区块来维护的。

节点从配置区块中获取通道信息,并通过一个映射表进行本地维护,在节点启动或者有加入通道等操作的时候更新这个映射表。映射表的键就是通道名称。

每个区块的元数据里都有最新配置区块的索引,如果通道的配置信息更新过,那么在最新配置区块中就能查到最新的通道配置信息。

14.7.7 创建区块

排序服务节点的职责是创建区块,这个过程分为两步:一是按一系列规则对交易格式进行检验,称为对消息进行过滤;二是将合格的交易打包成区块。

对消息进行过滤需要一系列的过滤器,如:是不是空消息、是否超过消息的最大字节数、签名个数是否满足策略、是不是配置交易等。

每个过滤器处理后的状态分为三种。

- 拒绝(Reject):该消息是非法消息,返回,不进行下一步的处理。
- 转发(Forward):转发给下一个过滤器进行处理。
- 接收(Accept):确认消息合法。

交易经过过滤器检查以后,会被追加到未打包的交易列表(PendingBatch)中等待分割打包。区块的分割有如下几种策略。

（1）按照区块中包含的交易数量：如果某交易被追加到未打包交易列表以后，列表中交易数达到通道配置设置中区块的交易数量，那么就把该列表中的交易全部打包成区块。

（2）按照区块的大小：如果某交易被追加到未打包交易列表以后，该表所有的交易大小总和超过通道的配置设置的区块大小，那么就需要先进行交易分割，把原来未打包的交易列表分割以后，再把新的交易请求追加到某一个表中。如果新交易请求本身够大，则会被单独打包成一个区块。

（3）按照区块的间隔时间：在接收新区块的第一个交易以后会启动一个定时器，若在通道的配置设置的超时时间之内，还没有足够的交易生成新的区块，则定时器就发送消息主动触发交易的分割，每个排序服务节点接收超时交易分割消息以后，把所有未打包的交易列表中的交易全部打包生成新的区块。

（4）按照区块中包含的交易类型：配置交易和普通交易存放在不同的区块中。即由配置交易创建配置区块。

14.7.8　系统链码及系统链

除实现应用业务逻辑的链码外，Hyperledger Fabric 中还有系统链码，它是系统内置的链码，属于 Fabric 平台的一部分，用来完成系统功能等。系统链码包括：

- 生命周期管理系统链码（Lifecycle System Chaincode，LSCC）的主要功能是管理部署在背书节点上的链码，并不是全生命周期的管理。
- 配置管理系统链码（Configuration System Chaincode，CSCC）的主要功能是管理记账节点上的配置信息。
- 查询管理系统链码（Query System Chaincode，QSCC）的主要功能是提供查询记账节点的账本数据，包括区块和交易数据、区块链信息等。
- 交易背书系统链码（Endorsement System Chaincode，ESCC）的主要功能是对交易进行结果的结构转换和签名背书。
- 交易验证系统链码（Validation System Chaincode，VSCC）的主要功能是记账前对区块和交易进行验证。

ESCC 是背书节点独立对模拟执行结果的背书，VSCC 是对多个背书验证是否符合背书策略。

14.7.9 "读"与"写"

交易中"读写集"的"读集"是背书节点在运行链码时从模拟环境中读取的，然后，交易被提交到未打包的交易列表中等待打包成区块；之后，区块被传到记账节点，记账节点对区块中的交易做批量记账处理，交易的"写集"被写入状态数据库中，在背书节点（也是记账节点）中，该数据库充当了新的模拟环境，这样，"写集"就变成了后面交易的"读集"。

交易的"读集"一定在以前某个交易的"写集"中，称以前的那个交易为该交易的前置交易。上述交易在流转过程中，记账节点可能还在做上一个区块的记账，因此，通常情况下，交易的"读集"与"写集"在数据库中可能相差至少一个区块，即

（1）交易与其前置交易很可能至少相差一个区块；

（2）交易与其前置交易出现在同一个区块中。

前述思考题2：当交易1与交易2的内容完全相同时，会是什么情况？

（1）若提交的时间间隔很短，两交易视为重复交易，若这两交易在一个区块中，则根据"14.5.4 交易排序"可知，它们只有一个生效，这样就达到了"去重"的目的。若这两交易在相邻区块，即上一个区块尾和下一个区块开头处，若它们的"读写集"相同，则也只有一个生效。

（2）若提交的时间间隔足以区分，则视其为两个不同的交易，即它们一定是在不同的区块中。而条件要求两交易内容相同，由于交易1进行了"写集"操作，这时，交易2通过不了"读集"的验证，不会进入区块中。但若在交易1和交易2之间有其它交易使数据恢复到交易1之前的状态，如交易1之后再做一个交易1的反交易，则交易2的"读集"得到满足，这时交易2有效，并能进入区块。

14.8 小结

本章以超级账本 Hyperledger Fabric1.0 版本为背景讨论联盟链的技术原理。

（1）相对于以太坊公有链，联盟链需要做"减法"：不需挖矿、不需原生币、不需要特殊的虚拟机、链没有分叉及网络节点很少等特点。正是这个"减法"，才免去了公有链大量无用功的浪费（参见第6章的小结）。

（2）联盟链正是由于网络节点很少等特点使其易于控制，因此，可以对联盟链增加一些控制，以便提升安全性和效率。例如，对网络节点进行分工、采用成员管理技术进行用户认证、通过配置来维护验证策略等，并且引入多通道概念来应对多

应用或子联盟。

（3）从数据结构上看，联盟链比公有链有较大的变化。例如，区块头变得很简单，并且梅克尔树不再有必要等；另外，对交易进行了重新设计，交易的提议格式和正式交易"信封"格式不同，即将交易转化为数据库操作的"读写集"等。

（4）重新设计了交易过程，包括交易提议、交易验证与背书签字、正式交易提交、交易排序及打包成区块、区块批量入账等环节。通过交易入账改变"世界状态"。其中正式交易含"读写集"及背书签名。

（5）超级账本中的智能合约称为链码。链码需要安装和部署。链码向客户端提供功能接口供应用程序调用。

（6）超级账本的体系结构包括网络架构、证书认证、共识算法、数据存储、交易流程及相关的管理体系等方面。

14.9* 附：交易结构

应用程序接收多个背书节点签名后，调用 SDK 生成正式交易"信封"，广播给排序服务节点。交易结构如下，为了加深理解，笔者增加了大量注释，请读者结合原理进行理解。

```
01  Envelope: {            //交易信封
02    Payload: {           //交易负载，即交易载体（可载多个交易，见第25行的数组）
03      Header: {          //Payload分为两大部分：第03行的Header，第24行的Data
04        ChannelHeader: {
05          Type: "HeaderType_ENDORSER_TRANSACTION",
06          TxId: TxId,         //交易者对交易编号（端到端），用于"去重"处理
07          Timestamp: Timestamp,
08          ChannelId: ChannelId,      //通道ID
09          Extension(ChaincodeHeaderExtension): {
10            PayloadVisibility: PayloadVisibility,
11            ChaincodeId: {          //链码信息
12              Path: Path,
13              Name: Name,
14              Version: Version
15            }
16          },
17          Epoch: Epoch      //以链的高度标识时间的逻辑窗口，与第07行联合使用
18        },
19        SignatureHeader: {
20          Creator: Creator,      //交易提交者，第97行处是他的签名
21          Nonce: Nonce       //选择一随机数，使签名变化，用于防重放攻击
```

```
22                }
23          },    //Header end
24          Data(Transaction): {     //Payload 分为两大部分：第 03 行的 Header，第
                                     //24 行的 Data
25              TransactionAction: [    // 用 [ ] 数组，表示可以多个交易（批量）
26                  Header(SignatureHeader): {
27                      Creator: Creator,
28                      Nonce: Nonce
29                  }, //与第 19 行至第 22 行冗余，以后可作为批量中单个交易的不同签名
30                  Payload(ChaincodeActionPayload): {
31                      ChaincodeProposalPayload: {
32                          Input(ChaincodeInvocationSpec): {
33                              ChaincodeSpec: {
34                                  Type: Type,
35                                  ChaincodeId: {
36                                      Name: Name
37                                  }, //第 35 行至此，描述要调用的链码
38                                  Input(ChaincodeInput): {
39                                      Args: []   //输入给链码的参数
40                                  }
41                              }//第 33 行至此
42                          }, //第 32 行至此，调用链码，即为前述的"交易主体"
43                          TransientMap: nil
44                      }, //第 31 行至此，交易提议
45                      Action(ChaincodeEndorsedAction): {   //至第 92 行
46                          Payload(ProposalResponsePayload): {//至第 87 行
47                              ProposalHash: ProposalHash,
48                              Extension(ChaincodeAction): {   //至第 86 行
49                                  Results(TxRwSet): {   //至第 73 行
50                                      NsRwSets(NsRwSet): [   //至第 72 行，为数组
51                                          NameSpace: NameSpace,
52                                          KvRwSet: { //至第 71 行，定义"读写集"
53                                              Reads(KVRead): [
54                                                  Key: Key,
55                                                  Version: {
56                                                      BlockNum: BlockNum,
57                                                      TxNum: TxNum
58                                                  }
59                                              ], //第 53 行至此，[ ] 表示读集为数组
60
                                              RangeQueriesInfo(RangeQueryInfo): [
61                                                  StartKey: StartKey,
62                                                  EndKey: EndKey,
63                                                  ItrExhausted: ItrExhausted,
```

```
64                            ReadsInfo: ReadsInfo
65                          ], //第60行至此,[ ]表示范围为数组
66                          Writes(KVWrite): [
67                            Key: Key,
68                            IsDelete: IsDelete, //处理删除
69                            Value: Value
70                          ] //第66行至此,[ ]表示写集为数组
71                        }
72                      ] //第50行至此,多个读写集,如针对不同表
73                    },
74                    Events(ChaincodeEvent): { //定义事件
75                      ChaincodeId: ChaincodeId,
76                      TxId: TxId,
77                      EventName: EventName,
78                      Payload: Payload
79                    } //记账时,触发事件,被应用程序监听
80                    Response: { //背书节点对交易提议返回的状态
81                      Status: Status, //成功或某种失败
82                      Message: Message,
83                      Payload: Payload
84                    },
85                    ChaincodeId: ChaincodeId
86                  } //第48行至此
87                }, //第46行至此
88                Endorsement: [ //背书节点的签名,[ ]表示多个背书节点签
                                 //名
89                  Endorser: Endorser,
90                  Signature: Signature
91                ]
92              } //第45行至此,综合各背书节点对交易提议返回的信息。
93            } //第30行至此,针对一个交易Payload
94          ] //第25行至此 TransactionAction,[ ]表示可以是一批交易(批量)
95        }
96      }, // 第02行至此,交易载体描述结束
97      Signature: Signature   //交易提交者(第20行)对整个交易载体Payload进行
                               //签名
98    } //第01行至此,信封结束
```

14.10 附:再谈速度

一则新闻:2019年8月10日,在第三届中国金融四十人伊春论坛上,中国人民银行支付结算司副司长穆长春介绍了央行法定数字货币的实践DC/EP(DC, Digital

Currency，数字货币；EP，Electronic Payment，电子支付）。他在演讲中谈到央行法定数字货币与区块链的关系时，有两段话："……人民银行数字货币研究小组做了一个原型，完全采用区块链架构。后来发现有一个问题，因为我们的法定数字货币是M0替代，如果要达到零售级别，首先一点，高并发是绕不过去的一个问题。去年双11的时候，网联的交易峰值达到了92 771笔/秒，比较一下，**比特币是7笔/秒**。以太币是每秒10笔到20笔，Libra根据它刚发的白皮书，每秒1 000笔。可以设想，在中国这样一个大国发行数字货币，采用纯区块链架构无法实现零售所要求的高并发性能。所以最后我们决定央行层面应保持技术中性，不预设技术路线，也就是说不一定依赖某一种技术路线。

"……无论你是区块链还是集中账户体系，是电子支付还是所谓的移动货币，你采取任何一种技术路线，央行都可以适应。当然，你的技术路线要符合我们的门槛，比如因为是针对零售，至少要满足高并发需求，至少达到30万笔/秒。如果你只能达到Libra的标准，只能国际汇兑。**像比特币一样做一笔交易需要等40分钟**，那门口都要排大队了。从央行角度来讲，我们从来没有预设过技术路线，并不一定是区块链，任何技术路线都是可以的，我们可以称它为长期演进技术（Long Term Evolution）。"

14.10.1 造块速度的限制

这里，我们摘录与比特币相关的两个数据（上述**粗体**所示）进行分析。

1. 比特币每秒7笔交易

有同学问：比特币每秒7笔交易，那每笔交易只有140毫秒，也不慢啊？

这个数字实际上不是指交易速度，而是指交易容量。我们知道比特币的区块大小限制为1MB，而比特币交易大小平均为250字节，即每区块包含的交易数约为：1024×1024/250=4194笔，而每10分钟产生一个区块，将这些交易分摊到这个时间中，则4194笔/(10×60)秒=6.99笔/秒。

2. 比特币做一笔交易需要等40分钟

这个数字才是指交易速度。我们知道比特币区块链是公有链，交易打包入区块后，有可能被"剪枝"而使交易无效，被"剪枝"的风险是随着"确认"次数的增加而减小。因此，需要足够的"确认"次数，在第5章我们讨论了确认次数问题，认为经过6次确认才算数，即深度为6个区块，花费时间为1小时，当然，在金额不是特别大时，花费 40 分钟的 4 次确认也是可以接受的。

这个交易速度是指在交易能被"及时"打包入区块的情况下的计算。然而，在大量用户并发地提交交易时，由于比特币区块大小的限制，大量交易不能被及时打包入区块，这个等待时间并没有计算在上述数据之内。就像你乘公交车回家，知道上车后 40 分钟能到家，但不知道你是否能及时乘上公交车。

在第 13 章，我们有结论：公有链由于要发行激励币，故一定会故意限制出块速度的。正是由于要故意限制速度，因此，在算力增加的情况下，需要加大挖矿难度。

14.10.2 公有链一定是一个慢系统

公有链由于有很多网络节点，这些网络节点需要就每个区块达成共识，这就类似于一个充分民主的会议，参会的人越多，达成共识越慢。这是公有链慢的技术原因，但上述比特币链慢得夸张的主要原因倒不是技术，而是机制。

（1）去中心化系统一定是一个有原生币的系统，当然，这里发币是指原生币 Coin，不是指 Token。逻辑上是：我去为"去中心化"干活得发工资吧，但又不能用法定货币来发这个工资，因为，提取法币的点就是个中心点，故只能用系统自身生产的币来付工资。即使是交易，交易费也应该是系统自己的原生币，如以太坊只能用以太币来购买交易所需的 Gas。

（2）原生币的区块奖励发行方式决定它一定是一个"慢"系统，否则，币量迅速膨胀，就失去了币的价值。

硬件不断地升级换代，应该越来越快才顺，怎样让它慢下来？跨栏运动就是通过设置障碍让跑步者慢下来，比特币与此类似，就是设置越来越难的谜题（前面已做了充分论述）。显然，控制快慢节拍既是一个技术参数，又是一个经济参数。

14.10.3 串行执行的限制

上述新闻谈及：央行法定数字货币没有预设过技术路线，并不一定是区块链，假定我们选用区块链，会有哪些约束？

（1）由于公有链故意限制出块速度，因此，在有速度要求的场景下，不会选用公有链。而应选用联盟链或私有链。

（2）不管是公有链还是联盟链，区块链数据结构的本质特征限制着交易速度，并且不可能打破。

①组装区块需要等待：交易是由客户一个一个地提交的，而区块是对一批交易进行批处理的，为解决单一提交与批量处理之间的矛盾，系统采取交易提交和交易

入账异步方式。就像汽车站，旅客一个个地到达，而客车要么是定时发车，要么是人满发车，即先来的旅客要"等"一会儿，也就是说系统并会不及时地去处理交易。

②产生区块时，新区块需要前置区块完成，因为需要嵌入前置区块的哈希值，这就限制了区块产生的并行性。这一限制使得一条区块链的产生系统是一个"单核"系统，当然，这个核可以做得很强大，如矿池。

③由于区块链实际上是对交易排序并共识排序的，即区块之间有生成次序、区块内交易之间有排序次序，因此，在一条区块链上不可能实现并行处理。

当然，这里说的是在"微观层面"的实际运作，那么，在"宏观层面"也就是用户视角层面，我们还是可以去说"同步"和"并行"的。例如，在联盟链中，我们可以设置一个"前置服务器"逻辑部件，让其控制用户的连接，当区块链系统完成入账后，通过该连接向用户反馈信息，这样，用户"感觉"是"同步"的，而区块链的"批量"特征，一个区块是一个事务，但它又包含一批交易，更让用户觉得是"并行"处理的。

正是由于区块链的"串行执行"特征，限制了联盟链的交易速度。在这个不可更改的特性上，区块链的速度取决于"出块速度"，这个速度又由共识速度决定。改善共识速度的方法除提升硬件设备外，还有两点：一是根据信任环境选取合适的共识算法；二是减少网络节点，因为网络节点越多，达成共识越耗时。

若将区块链系统视为一个操作系统，则区块链的"串行执行"特征表明该操作系统是"单机"系统，即对每个区块而言只相当于一个"单机"在起作用，其余的"机"是从数据安全角度起"保驾护航"的作用。若要提高速度，就应提升"单机"的处理能力，其方法：一是硬件升级，二是以集群充当"单机"，矿池就是这个思路。

14.11 附：再谈防篡改

有人将区块链比作"信任机"，说的就是区块链的"防篡改"功能。在第1章中我们就谈了如何实现"防篡改"，但那时主要讨论的是公有链的情形。现在，我们可以从更加综合的角度再次讨论"防篡改"这一话题。

14.11.1 三个阶段的防篡改

交易数据经历三个阶段，我们来看一下这三个阶段的防篡改措施。

（1）交易的提交。通常是通过数字签名来保证交易的真实性和后续的防篡改性的：公有链通常是向公众开放的，客户向区块链直接提交交易，交易通过数字签名的方式来保证交易的真实性和防篡改性。而联盟链并不直接向公众开放，有一个准入机制，就像要去银行"开户"一样，客户获得资格后才能进行交易，交易既可以设计成由客户进行数字签名，也可以设计成由"盟员"即接入点代理进行数字签名。

（2）交易的入账。交易打包入区块时，一方面系统各节点会对交易进行检验；另一方面系统各个节点间就区块达成共识。公有链和联盟链均是这样，主要区别在于共识算法不同。

（3）交易历史。区块链不断生长，先前的交易已经在区块中，而区块的指纹又嵌入后续区块中，我们在第 1 章就讨论过这种链式结构的防篡改作用。从第 5 章我们知道：公有链中篡改者没有足够的算力支撑被篡改的分支链追上正常链的生长，从而使得被篡改的链将在竞争中被剪枝。而联盟链不存在分叉，网络节点数据在上述（2）时，通过共识算法实现数据同步，共识同步后，各节点只认自己的数据，若数据被破坏，则通过下载区块链恢复。系统对外提供的数据查询服务实际上提供的是"多数同意"的表决结果。

防篡改主要指防对历史数据的篡改，因为，时间维度上可以遇见很多篡改机会和动机。传统数据库防篡改通常是采取"不让改"的策略，如数据库工作台要求双人操作且被监控。而区块链防篡改采取的策略，通常是"让你改，我不认"。也就是说，并不是改不了，而是改了无效，"让你改"就是网络节点有修改的可能性，"我不认"就是你改不到位，通过不了我的验证。例如，交易验签名、区块验指纹就使得修改的内容在公有链中被剪枝、在联盟链中被抛弃。当然，这里有个前提条件（见第 5 章）："坏人"少、"好人"多。

防篡改机制可总结为：横向从空间维度，即网络中绝大多数节点的区块一致性，由共识算法来保证；纵向从时间维度，即历史记录，由区块链中区块指纹依次嵌入的数据结构来保证。必要时（例如，新入网的节点或被病毒破坏了数据的节点）将二者结合起来恢复数据：只要最新的区块达成了共识（横向），就可以从这个区块中的前置区块指纹作为指针找到正确的前置区块，类似地，从这个前置区块找到它的正确的前置区块……直至创世纪区块，这就完成了整条链（纵向）的防篡改追溯。

公有链的防篡改体现在以下两个方面。

（1）改，太难了。改一个局部（如一个区块），就类似于病毒破坏了数据，会被恢复机制所覆盖；改个别网络节点的某区块及之后的关联全局数据，毫无意义，因为，用户终端是从统计意义的角度来获取数据的，并不是从单一网络节点获取数据；要想改成功，除了"改个别网络节点的某区块以及之后的关联全局数据"，还要使得这个篡改结果被其他网络节点认可（用户统计到认可度）。而要得到认可，则需要分支长度超过现有的区块链,而这需要坏人的算力超过好人的算力,这与第 5 章所述的良序社会前提不符。

(2)验,很容易。除了"分支长度超过现有的区块链"这种篡改成功的情况(不可能发生),其余篡改不成功的情况很容易验证,在第 1 章我们就知道用逆向的"亲子鉴定"直至创世纪区块。

然而,"亲子鉴定"也不一定要做到创世纪块:通过统计抽样获得某一个高度(如倒数第 100 块)的共识区块,然后,"亲子鉴定"到这个共识区块即可;甚至可以不做"亲子鉴定":通过统计抽样获得新近的一个共识区块,在需要某区块数据时,采用上述"覆盖"恢复法即可。

14.11.2　防篡改与防伪

由上节可知,区块链的防篡改是针对账务或者数据而言的,那么,"账(务)实(物)"是否相符?这就是另一个问题,它是一个链下的真伪检验问题。

以食品的溯源为例:
(1)农作物收割时,田间地头的打包验收,以影像资料为证;
(2)同样,在运输环节、加工环节、流通环节,均有监控资料或票据资料。

将这些资料的指纹存于区块链中,这样就实现了食品的溯源,但是问题又来了:上传的资料是真的吗?如果不可能实现 24 小时的全程录像,那么物品在中途会被调包吗?

也就是说,区块链系统只保证入链的数据不被篡改,不保证入链的数据与实物的相符性,如它们开始就不相符或开始相符但中途被调包,而相符性需要对实物进行检验,即防伪。例如,从包装角度采取防伪措施、使用前验证防伪是否被破坏了等防伪措施都是链下的行为。然而,某些项目的宣传却将防篡改和防伪混为一谈。

因此,溯源需要以下两方面:
(1)数字世界防篡改,区块链可以实现;
(2)物理世界辨真伪,这就要用防伪措施。

14.12　附:私有链

区块链分为公有链、联盟链和私有链。前面已对公有链和联盟链进行了充分的讨论,本节介绍私有链的概念。

言下之意,私有链是信息在链上不对外公开的,是组织机构内部信息共享的机制，与传统中心化系统的最大不同点是数据以区块链的结构进行组织和存放。当然，链上数据不公开并不意味着数据不能向外提供服务，像传统系统一样，可以通过 API 等方式向外部提供有管理的数据服务。

我们可以从两个视角来看私有链。

（1）物理部署角度：私有链系统由属于同一组织的少数几个网络节点组成。联盟链或公有链的私有化部署即是私有链，例如，建一个以太坊（公有链）应用的开发或测试环境，就可视为一个私有链。通常在公有链、联盟链和私有链三者中，前二者可以部署成后者，但反过来不行。

（2）共识机制角度：不同的信任基础需要不同的共识机制，私有链的各节点属于同一个组织，那么，它的共识机制只需要解决分布式网络节点带来的可靠性问题，如要求在个别网络节点可能宕机等失效情况下，整个系统仍是可靠的，即系统要求为"多活"状态。通常可选用分布式数据一致性算法作为私有链的共识算法。而联盟链则需要假定网络节点中有少量的节点掌握在"坏人"手中，他们会去篡改当下的数据，即存在拜占庭将军问题（参见第 18.4.1 节），通常选用 PBFT 算法来解决这一问题。公有链所处的环境更加恶劣，需要激励大家参与并防止坏人破坏，前面章节已进行了充分讨论。另外，关于共识算法的详细讨论请参考第 18 章。

私有链已假定网络节点不篡改当下的数据，那么，使用区块链的意义又何在？由前面章节可知，还存在一个篡改历史数据的问题，此时，私有链就可以解决这个问题。当然，一个组织内可以通过内部的管理机制来防止对历史数据的篡改。正因为如此，私有链的应用并不多见。

第 15 章

以太坊初级实践

经过前面章节的介绍,我们已经对区块链有了比较深入的了解,接下来可以动手做一些实践了,本章将介绍如何在以太坊上进行转账和挖矿等操作。

15.1* 以太坊客户端简介

15.1.1 客户端的种类

以太坊客户端按实现语言的不同,有三种可供用户选择。
- Geth:Go 语言实现。
- Eth:C++语言实现。
- Pyethapp:Python 语言实现。

这些客户端具有几乎相同的功能,因此读者选择哪个客户端取决于个人对平台、语言及用途的倾向。本章后续内容主要基于 Geth 客户端进行讲解。

15.1.2 Geth 客户端简介

Geth 是 Go-Ethereum 项目的客户端,也是目前使用最广泛的客户端,支持 MacOS、Windows 和 Linux 三种操作系统。通过该客户端,我们可以执行所有的以太坊相关操作。主要分为以下三类操作。
- JavaScript Console:通过后台进行命令操作。
- Management API:管理相关的 API。
- JSON-RPC Server:JSON-RPC 相关调用 API。

无论通过 API 还是 Console 都可以进行以下相关操作：
- 账号管理（创建账号、锁定账号、解除锁定等）。
- 查询账户信息。
- 查询交易信息。
- 查询 Gas 价格。
- 发送交易。
- 挖矿（启动挖矿和停止挖矿）。
- 部署智能合约。

Geth 客户端详细的使用参数，请参考本章搭建私有链部分。

15.1.3　Ethereum Wallet 客户端简介

如果只安装 Geth 客户端，那么就只可以通过 API 或者命令行进行操作。如果需要图形化界面进行操作，还需要安装 Ethereum Wallet 客户端。

Ethereum Wallet 客户端使用 JavaScript 语言进行开发，支持 MacOS、Windows 和 Linux 三种操作系统，是一个为用户提供可视化操作的客户端，下载安装之后通过相应的图形化界面即可进行创建账户、转账、查询余额等操作。主要功能如下：

- 创建账户。
- 兑换以太币：内置了比特币、其他竞争币与以太币的兑换功能。注：此项为钱包服务商提供的增值服务，并非以太坊必需功能。
- 部署智能合约：代币合约、众筹合约、自治组织合约等。
- 以太币转账操作。
- 备份钱包。

以上功能都是通过客户端的操作界面进行操作的，智能合约部分需要事先编写好对应的代码，再通过客户端进行发布。

15.1.4　客户端操作方式

可能读者会感到疑惑，为什么同时需要 Geth 客户端和 Ethereum Wallet 客户端，它们两者之间，以及它们与以太坊网络之间是什么关系。

如图 15.1 所示，Geth 客户端是作为以太坊网络的其中一个节点，为用户提供服务的。用户对 Geth 客户端发起请求一共有三种方式。

（1）直接通过 Geth 客户端自带的控制台进行操作，该方式可以使用 Geth 客户端所有功能，但必须以命令行方式操作，用户友好度不高。

（2）通过 Ethereum Wallet 客户端的图形化界面进行操作，然后由 Ethereum Wallet 客户端 RPC 调用 Geth 客户端，该方式对用户比较友好，但无法进行挖矿功能。

（3）通过请求前端应用，由前端应用 RPC 调用 Geth 客户端，该方式比较灵活，也是以太坊公网上用户使用 DApp 的常用方式，但需要开发前端应用。

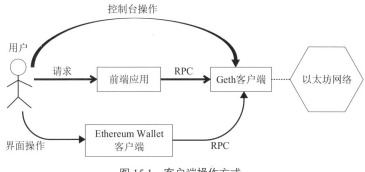

图 15.1　客户端操作方式

对于通过控制台和 Ethereum Wallet 客户端图形化界面这两种操作方式，我们会在本章进行讲解，而对于通过前端应用请求的方式，我们会在讨论 DApp 开发时进行讲解。

15.2* 参与以太坊公链

本章对参与以太坊公链的介绍主要基于 Windows 操作系统，后续对以太坊私有链的搭建主要基于 Linux 操作系统。

注意，在启动节点后，以太坊公链上的区块数据会被同步到目录 C:\Users\用户名\AppData\Roaming，该目录需要留有足够的存储空间，建议 100GB 以上。

15.2.1　安装 Geth 客户端

在 Windows 操作系统上安装 Geth 客户端，可以选择两种安装方式，分别是二进制文件安装和编译源码安装。这里先介绍二进制文件安装，后续对以太坊私有链环境搭建介绍时再讲解编译源码安装。

在 Windows 操作系统上以二进制文件方式安装 Geth 客户端的主要步骤如下：

（1）下载文件：如图 15.2 所示，该下载页面同时提供安装程序和 ZIP 文件。安装程序会自动把 Geth 加进系统的 path（路径）。ZIP 文件包含命令 .exe 文件，无须安装即可使用。这里我们选择下载 ZIP 文件，即“Archive”文件。

Android　iOS　Linux　macOS　Windows

Release	Commit	Kind	Arch	Size	Published	Signature	Checksum (MD5)
Geth 1.8.19	dae82f09···	Installer	32-bit	41.27 MB	11/28/2018	Signature	94ceb283c52f485b6ba7e7217f7f7c07
Geth 1.8.19	dae82f09···	Archive	32-bit	14.06 MB	11/28/2018	Signature	335fac6c97e70e8817eebf481253e1aa
Geth 1.8.19	dae82f09···	Installer	64-bit	42.92 MB	11/28/2018	Signature	66fd1adc7c45fd5a6e15b9dbe2712e80
Geth 1.8.19	dae82f09···	Archive	64-bit	14.64 MB	11/28/2018	Signature	6d153f24b3e429cf801ad945efa6e96e
Geth & Tools 1.8.19	dae82f09···	Archive	32-bit	55.34 MB	11/28/2018	Signature	8b647e4dbdc77f2906e948033d877953
Geth & Tools 1.8.19	dae82f09···	Archive	64-bit	57.86 MB	11/28/2018	Signature	71af237564357ec9b6f622da30dfe5ec
Geth 1.8.18	58632d44···	Installer	32-bit	41.09 MB	11/14/2018	Signature	44100008ed63c7fd1becfcbaa16acbf8
Geth 1.8.18	58632d44···	Archive	32-bit	14.01 MB	11/14/2018	Signature	26d07b156b7e760e042812cf5fc8320f
Geth 1.8.18	58632d44···	Installer	64-bit	42.76 MB	11/14/2018	Signature	42e81abf32a019d7448f5f87026f0f43
Geth 1.8.18	58632d44···	Archive	64-bit	14.59 MB	11/14/2018	Signature	9cc10cc13ae3549cfe700713687b3c8d
Geth & Tools 1.8.18	58632d44···	Archive	32-bit	55.12 MB	11/14/2018	Signature	38b8958771eede0b262d5a1d7f798c6e
Geth & Tools 1.8.18	58632d44···	Archive	64-bit	57.62 MB	11/14/2018	Signature	2aab62868cc6952d7aa704ac60bbb1bb

图 15.2　Geth 下载列表

（2）解压文件：把下载的 ZIP 文件解压到指定目录。如图 15.3 所示，其中解压出来会有一个 geth.exe 文件。

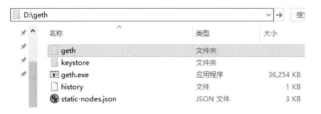

图 15.3　Geth 安装目录

（3）打开命令行：按下 Ctrl+R 键，输入 cmd，按回车键。

（4）进入目录：输入命令“cd D:\geth”。

（5）运行：直接输入命令“geth”即可启动 Geth 客户端。

初次启动 Geth 客户端需要从公网上同步区块信息，可能需要几天时间，请耐心等待。

以接入以太坊公链的方式启动 Geth 几乎不需要额外的启动参数，如果读者想了解 Geth 客户端的详细启动参数，请参考本章搭建私有链部分。

15.2.2　安装 Ethereum Wallet 客户端

在 Windows 操作系统上安装 Ethereum Wallet 客户端的主要步骤如下。

（1）下载文件：如图 15.4 所示，该下载页面包含各种安装方式的文件。这里我们选择下载 ZIP 文件。

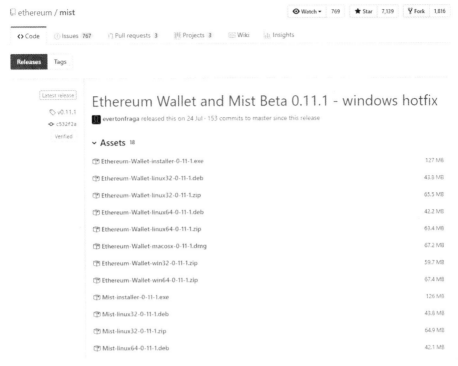

图 15.4　Ethereum Wallet 下载页面

（2）解压文件：解压下载的文件到指定目录，在目录"Ethereum-Wallet-win64-x-x-x"内会包含一个 Ethereum-Wallet.exe 文件。

（3）运行：双击运行 Ethereum-Wallet.exe，即可启动钱包。如图 15.5 所示，当本地启动了 Geth 并同步区块时，Ethereum Wallet 会连接到本地 Geth 显示同步区块信息，请耐心等待。

图 15.5　Ethereum Wallet 启动界面

第 15 章　以太坊初级实践

15.2.3 创建账户

待同步区块完成后,即可打开 Ethereum Wallet。如图 15.6 所示,此为 Ethereum Wallet 启动后的界面。单击其中的"ADD ACCOUNT"按钮。

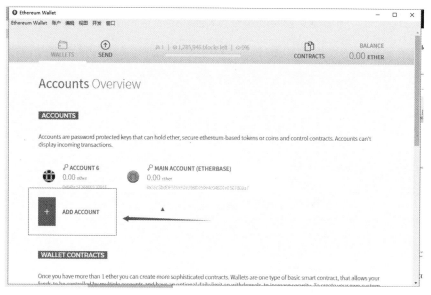

图 15.6 Ethereum Wallet 主页面

如图 15.7 所示,输入密码,并再次确认密码后,Ethereum Wallet 就会生成一个以太坊的账户。注:客户端会随机生成一个私钥与密码对应,再由私钥生成公钥,再由公钥生成账户。对一般用户而言,他只知道(密码,账户)。密码由客户端程序用于对私钥进行加密存储和解密使用(常说成对私钥加锁和解锁)。

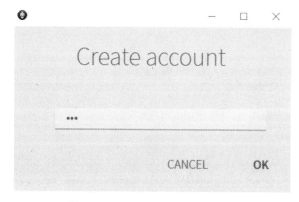

图 15.7 Ethereum Wallet 创建账户

如图 15.8 所示，ACCOUNTS 列表内就会出现新建的账户。

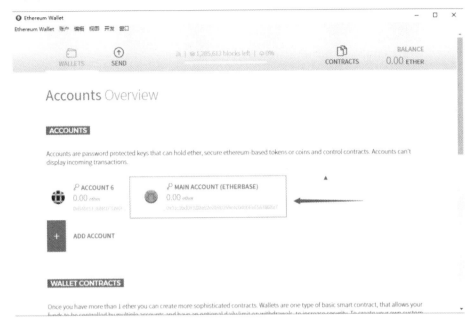

图 15.8　Ethereum Wallet 创建账户（结果）

15.2.4　接收以太币

刚刚生成的以太坊账户，没有内置以太币，余额为 0，在进行转账操作之前需要先让该账户有一定的以太币，此时需要有另外一个有以太币的账户把一些以太币转账到刚刚生成的账户。在以太坊中，账户地址是账户的唯一标识，那么怎么把自己的账户地址告诉另外一个有以太币的账户呢？单击刚刚生成的账户，进入如图 15.9 所示的账户管理界面。

界面上方的这串十六进制字符串，即为您的以太坊账户的公钥地址，双击复制，再按下 Ctrl+C，可以看到界面右下角出现"Copied to clipboard"字样，代表本账户的公钥地址，已经被复制到剪贴板，随后可以粘贴到其他地方了。然后您就可以设法将该地址发送给对方（如邮件方式），对方（转出方）就可以把一定数量的以太币转账到该账户。为实验方便，假定对方账户为您的另一个账户。

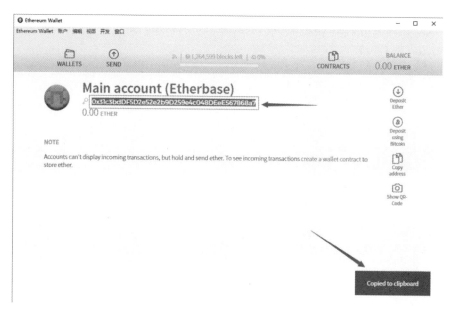

图 15.9　复制地址

15.2.5　转账操作

现在您的以太坊账户内已经有一定数额的以太币，下面就可以进行转账操作了。如图 15.10 所示，单击主界面左上角的"SEND"按钮，进入转账界面。

图 15.10　转账操作（一）

如图 15.11 所示，在"FROM"处选择刚刚创建的账户，在"TO"处填上转账对手方的以太坊公钥地址，在"AMOUNT"处填上需要转账的以太币数量，可以通过滑动"SELECT FEE"控制本次转账操作的 Gas 价格，最后单击"SEND"按钮，并输入创建账户时的密码，即可发送交易。然后等待矿工打包交易，完成转账。

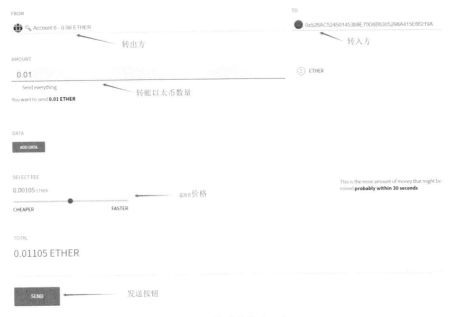

图 15.11 转账操作（二）

15.2.6 挖矿

对于一般的以太坊用户而言，只希望进行简单的转账操作，熟悉以上的操作已然足够。如果想进一步成为以太坊矿工，一定少不了挖矿操作。在正在运行的 Geth 命令行窗口上按下 Ctrl+C，停掉 Geth 进程，如果按一次停不了，可以再多按几次。然后在 DOS 命令窗口的 geth 目录下，输入命令 "geth console" 即可进入 Geth 的控制台。

```
D:\geth>geth console
INFO [12-09|11:06:51] Maximum peer count                       ETH=25 LES=0
total=25
INFO [12-09|11:06:51] Starting peer-to-peer node
instance=Geth/v1.8.2-stable/windows-amd64/go1.9.2
INFO [12-09|11:06:51] Allocated cache and file handles
database=C:\\Users\\HAOMING\\AppData\\Roaming\\Ethereum\\geth\\chaindata
cache=768 handles=1024
INFO [12-09|11:06:52] Initialised chain configuration
config="{ChainID: 1 Homestead: 1150000 DAO: 1920000 DAOSupport: true EIP150:
2463000 EIP155: 2675000 EIP158: 2675000 Byzantium: 4370000 Constantinople:
<nil> Engine: etHash}"
INFO [12-09|11:06:52] Disk storage enabled for etHash caches
dir=C:\\Users\\HAOMING\\AppData\\Roaming\\Ethereum\\geth\\etHash count=3
```

```
INFO [12-09|11:06:52] Disk storage enabled for etHash DAGs
dir=C:\\Users\\HAOMING\\AppData\\EtHash count=2
INFO [12-09|11:06:52] Initialising Ethereum protocol          versions="[63
62]" network=1
INFO [12-09|11:06:52] Loaded most recent local header         number=5573743
Hash=e413da…ec6109 td=4060703429452690161784
INFO [12-09|11:06:52] Loaded most recent local full block     number=5573743
Hash=e413da…ec6109 td=4060703429452690161784
INFO [12-09|11:06:52] Loaded most recent local fast block     number=5573743
Hash=e413da…ec6109 td=4060703429452690161784
```

在 Geth 的控制台输入命令"miner.start()",即可开始挖矿。

```
> miner.start()
INFO [12-09|11:29:11] Updated mining threads               threads=0
INFO [12-09|11:29:11] Transaction pool price threshold updated
price=18000000000
INFO [12-09|11:29:11] Starting mining operation
INFO [12-09|11:29:11] Commit new mining work               number=5573754
txs=139 uncles=0 elapsed=996.7µs
```

在 Geth 的控制台输入命令"miner.stop()",即可结束挖矿。

```
> miner.stop()
True
```

可以看到,当开启挖矿后,日志出现"Starting mining operation"的字样,代表正在挖矿,然后出现"Commit new mining work number=5573754"的字样,代表当前正在挖的是块号为 5573754 的区块。

如果出现"mined potential block number=5573754"的字样,则表明成功挖出了该区块。但是,按照当前以太坊公链的挖矿难度,使用一般的个人计算机,是难以真正挖出一个区块的。每当你尝试挖某个区块时,公网上总会有其他人先把该区块挖出来并推送给你,你只能接收该区块并在此基础上继续开展下一个区块的挖掘,然后其他人先挖到区块再推送给你……

所以,如果你真的想体验挖出区块,可以尝试搭建私链进行挖矿(参见下一节),在私链里没有人跟你竞争,很容易就可以挖到区块。

15.2.7 浏览公链网络状态

以太坊网络的实时统计数据信息如图 15.12 所示,该网站上包含了许多重要的数据,如当前区块、交易、Gas 价格等。

图 15.12　浏览公链网络状态（一）

如图 15.13 所示，该网站除了可以查看以太坊公链最新的区块和智能合约等信息，还可以查看比特币公链的当前信息。

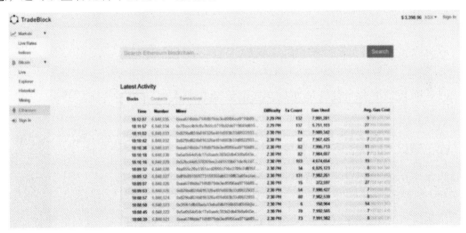

图 15.13　浏览公链网络状态（二）

15.3* 搭建以太坊私有链

对开发智能合约感兴趣的读者，如果直接在以太坊公链测试和发布智能合约，则需要消耗一定的以太币，公链上的以太币需要花费真金白银来购买，应该没有人会愿意为了测试代码而承担这些花费。所以，本章将介绍如何在自己的本地机器上搭建一个以太坊私有链环境，将其作为第 17 章关于开发智能合约和 DApp 的基础。

鉴于后续对智能合约的维护，并且阅读以太坊底层源码具有一定的好处，建议在搭建私有链时，下载以太坊的 Go 源码，以编译源码的方式安装 Geth 客户端。其中下载 Geth 源码需要使用 Git 下载，编译 Geth 源码需要安装 Go 语言环境。

本章对以太坊私有链的搭建主要基于 Linux 操作系统。

15.3.1　安装 Go 语言

（1）到/root/downloads/下执行以下命令，下载 Go 语言包。

```
$ wget -c https://storage.googleapis.com/golang/go1.7.1.linux-amd64.tar.gz
```

（2）从下载的文件解压到解压文件至/usr/local。

```
$ tar -C /usr/local -xzf go1.7.1.linux-amd64.tar.gz
```

（3）编辑打开/etc/profile 文件。

```
$ sudo vim /etc/profile
```

（4）在文件最后添加如下命令，然后保存退出。

```
export GOPATH=$HOME/gocode
export GOROOT=/usr/local/go
export PATH=$PATH:/usr/local/go/bin:$HOME/gocode/bin
```

（5）执行如下命令使环境变量在当前终端立即生效。

```
$ source /etc/profile
```

（6）测试 Go 命令是否已经安装成功。

```
$ go version
go version go1.7.1 linux/amd64
```

出现"go version go1.7.1 linux/amd64"等字样代表 Go 语言环境已经配置成功。

15.3.2　安装 Geth 客户端

这里介绍使用 Git 下载源码进行安装，如果读者还没有安装 Git，请自行下载 Git 并安装。

（1）执行如下命令使用 Git 下载 Geth 源码。

```
$ cd $GOPATH/src/github.com/Ethereum
$ git clone https://github.com/ethereum/go-ethereum.git
```

（2）执行如下命令编译 Geth 源码。

```
$ go install -v github.com/ethereum/go-ethereum/cmd/geth
```

（3）测试 Geth 命令是否已经安装成功。

```
$ geth version
Geth
Version: 1.8.2-stable
Architecture: amd64
Protocol Versions: [63 62]
Network Id: 1
Go Version: go1.7.1
Operating System: linux
GOPATH=/home/fenghm/gocode
GOROOT=/usr/local/go
```

出现上述等字样代表 Geth 已经安装成功。

15.3.3 初始化节点

（1）创建并进入 Geth 专用目录。

```
$ mkdir ~/geth
$ cd ~/geth
```

（2）创建并编辑创世块文件。

```
$ vim ./genesis.json
```

（3）编辑 genesis.json 文件内容如下，并保存退出

```
{
    "config": {
        "chainId": 10,
        "homesteadBlock": 0,
        "eip155Block": 0,
        "eip158Block": 0
    },
"parentHash":"0x0000000000000000000000000000000000000000000000000000000000000000",
    "nonce":"0x0000000000000042",

"mixHash":"0x0000000000000000000000000000000000000000000000000000000000000000",
    "coinbase":"0x0000000000000000000000000000000000000000",
```

```
        "difficulty": "0x4000",
        "alloc": {},
        "gasLimit":"0xffffffff",
        "extraData": "",
        "timestamp": "0x00"
}
```

这里详细解释如下参数。

- parentHash：上一个区块的 Hash 值，因为是创世块，所以这个值是 0。
- nonce：一个 64 位随机数，用于挖矿。
- mixHash：与 nonce 配合用于挖矿，由上一个区块的一部分生成的 Hash。
- coinbase：矿工的账号，这里可以随便填。
- difficulty：设置当前区块的难度。如果难度过大，用 CPU 挖矿就很难，这里设置较小难度。
- alloc：用来预置账号及账号的以太币数量，因为私有链挖矿比较容易，所以我们不需要预置有币的账号，需要的时候自己创建就可以。
- gasLimit：该值设置 Gas 消耗总量，用来限制区块能包含的交易信息总和，因为现在介绍的是私有链，所以填最大值。
- extraData：附加信息，这里可以随便填。
- timestamp：设置创世块的时间戳。

（4）执行如下命令初始化创世块。

```
$ geth --datadir data --networkid 12345678 --rpc --rpccorsdomain "*" init ./genesis.json
```

（5）查看生成的的数据目录。

```
$ ls ../data
.:
data genesis.json

./data:
geth history
```

出现上述目录及文件代表私有链的已经初始化成功。

15.3.4 启动节点

执行如下命令启动私有链。

```
$ geth --datadir data --networkid 12345678 --rpc --rpccorsdomain "*"
```

```
--nodiscover --port
   16333 --rpcport 8546 console
```

这里详细解释其中参数。

- datadir：设置当前区块链网络数据存放的位置。
- init：指定创世块文件的位置，并创建初始块。
- identity：区块链的标识，用于标识目前网络的名字。
- networkid：表示指定这个私有链的网络 ID。网络 ID 在连接到其他节点的时候会用到，以太坊公网的网络 ID 是 1，为了不与公有链网络冲突，运行私有链节点的时候要指定自己的网络 ID。
- port：网络监听端口，用于节点之间通信，系统默认是 30303。
- rpc：启动 RPC 通信，可以进行智能合约的部署和调试。
- rpcapi：设置 RPC 的范围，暂时开启 eth、web3、personal 足够。
- rpccorsdomain：限制 RPC 访问源的 IP，*代表不限制。
- rpcaddr：RPC 接口的地址。
- rpcport：RPC 接口的端口号，系统默认是 8545。
- nodiscover：禁止被网络中其他节点发现，需要手动添加该节点到网络。
- maxpeers：最大节点数量。
- unlock：解锁某用户（此处用用户账户地址来控制，解锁后的用户调用接口发起交易时，不需要提供密码）。
- targetgaslimit：每个块的 Gas 上限，这里可以暂时理解为容量。
- mine：允许挖矿。
- console：启动命令行模式，可以在 Geth 中执行命令。

如果读者希望更详细地了解 Geth 的其他命令参数用法，则可以使用如下命令。

```
$ geth -help
```

至此，我们已经成功创建并启动以太坊的私有链环境，可以进行进一步的操作。

15.3.5 创建账户

（1）按上一节所述进入 Geth 控制台。

（2）在 Geth 控制台内执行如下命令查看当前账户。

```
> eth.accounts
[]
```

可以看出，当前以太坊账户列表为空。

（3）执行如下命令创建账户。

```
> personal.newAccount("123")
"0x667d77259e3460268bd8efedbf3519b7684bf0b8"
```

其中"123"为新创建账户的密码，这个需要读者记下来。控制台显示的是新创建账户的公钥地址。

此时，再执行查询账户命令，会发现账户列表内出现了刚才创建账户的公钥地址，说明该账户地址已经生效。

```
> eth.accounts
["0x667d77259e3460268bd8efedbf3519b7684bf0b8"]
```

（4）执行如下命令查询新创建账户的以太币数量。

```
> eth.getBalance("0x667d77259e3460268bd8efedbf3519b7684bf0b8")
0
```

可以看出，该新创建账户并没有以太币。获得以太币的方法有两种：一种是作为转账交易的转入方接收以太币，但该链为私有链，无法与以太坊公链进行联动，只能由本私有链的其他账户转账过来；另一种方法就是接下来讲解的挖矿。

15.3.6 挖矿

（1）执行如下命令查看当前节点的挖矿收益账户。

```
> eth.coinbase
"0x667d77259e3460268bd8efedbf3519b7684bf0b8"
```

默认挖矿收益账户为第一个创建的账户。如果显示为空或者报错，则可以执行如下命令指定挖矿收益账户。

```
> miner.setEtherbase("0x667d77259e3460268bd8efedbf3519b7684bf0b8")
True
```

返回true则表明设置成功，后续本节点的挖矿收益，都会归入该账户下。

（2）执行如下命令开始挖矿。

```
> miner.start()
INFO [12-09|21:24:34] Updated mining threads                    threads=0
INFO [12-09|21:24:34] Transaction pool price threshold updated  price=18000000000
INFO [12-09|21:24:34] Starting mining operation
INFO [12-09|21:24:34] Commit new mining work                    number=1451
```

```
txs=0 uncles=0 elapsed=0s
    INFO [12-09|21:24:34] Successfully sealed new block          number=1451
Hash=3516e8…fd74e1
    INFO [12-09|21:24:34] mined potential block                  number=1451
Hash=3516e8…fd74e1
```

这里出现"mined potential block number=1451"表明成功挖出了块号为 1451 的区块了。

（3）再执行如下命令停止挖矿。

```
> miner.stop()
True
```

（4）执行如下命令查看该挖矿账户的余额。

```
> eth.getBalance("0x667d77259e3460268bd8efedbf3519b7684bf0b8")
45000000000000000000
```

可以看出，该账户一下子多了很多以太币，需要注意的是，该单位精度较小，10^{18} 代表一个以太币，所以示例表达的是账户余额有 45 个以太币，接下来可以使用该账户进行转账了。

15.3.7 转账

（1）转账操作至少需要转出和转入两个账户，还额外需要一个挖矿账户，不妨再多创建两个账户作为转账的转入方和挖矿账户，所以执行如下命令。

```
> personal.newAccount("456")
"0x892044b1e36f6925690167da11bf7f530524f35b"
> personal.newAccount("789")
"0x79fe3010ca94c0bead8c69451c444c2fd2d9b9f3"
```

（2）再执行如下命令进行账户查询。

```
> eth.accounts
["0x667d77259e3460268bd8efedbf3519b7684bf0b8","0x892044b1e36f692569016
7da11bf7f530524f35b"]
> eth.getBalance("0x667d77259e3460268bd8efedbf3519b7684bf0b8")
45000000000000000000
> eth.getBalance("0x892044b1e36f6925690167da11bf7f530524f35b")
0
> eth.getBalance("0x79fe3010ca94c0bead8c69451c444c2fd2d9b9f3")
0
```

可以看到，当前节点有两个账户，其中"0x667d..."有以太币，而最新创建的

"0x8920…"和"0x79fe…"暂时还没有以太币。

（3）执行如下命令。

```
> eth.sendTransaction({from:"0x667d77259e3460268bd8efedbf3519b7684bf0b8",to:"0x892044b1e36f6925690167da11bf7f530524f35b",value:web3.toWei(10,"ether")})
Error: authentication needed: password or unlock
    at web3.js:3143:20
    at web3.js:6347:15
    at web3.js:5081:36
    at <anonymous>:1:1
```

转账交易发生报错，是因为作为转出方的"0x667d…"需要先解锁，所以执行如下命令进行解锁。

```
> personal.unlockAccount("0x667d77259e3460268bd8efedbf3519b7684bf0b8","123")
True
```

其中，"123"为"0x667d…"的密码。

（4）再次执行如下命令。

```
> eth.sendTransaction({from:"0x667d77259e3460268bd8efedbf3519b7684bf0b8", to:"0x892044b1e36f6925690167da11bf7f530524f35b", value:web3.toWei(10,"ether")})
INFO [12-09|21:53:02] Submitted transaction fullHash=0x1acaa548744a4d3419d64626a7c9b7916f306a5d6ddaec1ddffb179acedc821d recipient=0x892044B1E36F6925690167dA11Bf7F530524f35b
```

可以看出，转账交易已经被成功发送。

（5）再次执行如下命令查询各账户的余额。

```
> eth.getBalance("0x667d77259e3460268bd8efedbf3519b7684bf0b8")
45000000000000000000
> eth.getBalance("0x892044b1e36f6925690167da11bf7f530524f35b")
0
> eth.getBalance("0x79fe3010ca94c0bead8c69451c444c2fd2d9b9f3")
0
```

发现各账户的以太币数量并没有发生变化，这是因为交易需要被执行挖矿共识，才会被打包成区块并记入区块链中，所以按顺序执行如下命令进行挖矿。

```
> miner.setEtherbase("0x79fe3010ca94c0bead8c69451c444c2fd2d9b9f3")
true
> miner.start()
> miner.stop()
```

这里故意转换"0x79fe…"为挖矿收益账户,是为了防止挖矿收益对"0x667d…"在此次转账交易的账户余额变化造成干扰。

(6)再次执行如下命令查询各账户的余额。

```
> eth.getBalance("0x667d77259e3460268bd8efedbf3519b7684bf0b8")
34999622000000000000
> eth.getBalance("0x892044b1e36f6925690167da11bf7f530524f35b")
10000000000000000000
> eth.getBalance("0x79fe3010ca94c0bead8c69451c444c2fd2d9b9f3")
25000378000000000000
```

可以看到,各个账户的以太币数量均已发生变化。其中"0x8920…"成功接收到"0x667d…"转过来的 10 个以太币。但"0x667d…"损失的以太币不仅仅是 10 个,还有一部分损失是作为购买交易所需 Gas 的费用。最后"0x79fe…"得到了挖矿的收益。

15.3.8 组建网络

通过以上步骤,相信读者已经可以在自己的计算机上搭建一个单一节点的以太坊私有链,并进行挖矿或转账等基本操作。但是区块链是去中心化的,只有一个节点的区块链,并没有突显出区块链的优势,接下来讲解如何组建一个以太坊私有链网络。

为了方便讲解,把上述"初始化节点"和"启动节点"的步骤创建的节点称为节点 A,再用同样的方法创建另一个节点称为节点 B。创建节点 B 的方法跟创建节点 A 基本相同,但要注意以下两点:

(1)初始化节点 B 时要使用与节点 A 相同的创世块文件,即相同的 genesis.json 文件;

(2)启动节点 B 时要使用与节点 A 相同的 networkid 参数。

然后分别在节点 A 和节点 B 的控制台执行如下命令。

```
> admin.peers
[]
```

可以看到节点 A 和节点 B 还没有把对方添加进自己的节点列表,也就是它们之间还没有建立连接。

先查看节点 A 的块高度。

```
> eth.blockNumber
8834
```

再查看节点 B 的块高度。

```
> eth.blockNumber
1
```

会发现两个节点的块高度并不一致。这时 A 与 B 节点还是独立的,下面把它们关联起来。

在节点 B 的控制台执行如下命令查看节点 B 的 enode。

```
> admin.nodeInfo.enode
"enode://2f397a49a31c22a76ee0db8e0b10427855cc98d8496dd1e768d5d25c43a1
6127f0b5fff6ee8d30caab403ea93bbb07a40dc1b3b4f1d5f948e68e82874f9e632d@[::]
:16333? discport=0"
```

其中 "[::]" 需要实例化为节点 B 实际的 IP 地址,笔者这里的是 "192.168.213.132"。

在节点 A 的控制台执行如下命令可以把节点 B 加入节点 A 的节点列表。

```
> admin.addPeer("enode://2f397a49a31c22a76ee0db8e0b10427855cc98d8496
dd1e768d5d25c43a16127f0b5fff6ee8d30caab403ea93bbb07a40dc1b3b4f1d5f948e68e
82874f9e632d@192.168.213.132:16333")
True
```

在执行完该命令之后,如果马上查看节点 B 的控制台,可以发现不停地有数据同步。

```
INFO [02-08|00:06:36] Imported new chain segment          blocks=1
txs=0 mgas=0.000 elapsed=3.157ms  mgasps=0.000 number=8053 Hash=011e25…
50b144 cache=130.69kB
INFO [02-08|00:06:57] Imported new chain segment          blocks=1
txs=0 mgas=0.000 elapsed=3.423ms  mgasps=0.000 number=8054 Hash=13c79f…
d0fda4 cache=130.69kB
INFO [02-08|00:06:58] Imported new chain segment          blocks=1
txs=0 mgas=0.000 elapsed=3.477ms  mgasps=0.000 number=8055 Hash=a17856…
b2f4e1 cache=130.69kB
```

然后在节点 A 的控制台下执行如下命令。

```
> admin.peers
[{
    caps: ["eth/62", "eth/63"],
    id:
"2f397a49a31c22a76ee0db8e0b10427855cc98d8496dd1e768d5d25c43a16127f0b5fff6
ee8d30caab403ea93bbb07a40dc1b3b4f1d5f948e68e82874f9e632d",
    name: "Geth/v1.8.11-stable/linux-amd64/go1.9.2",
    network: {
```

```
      inbound: false,
      localAddress: "192.168.213.1:51629",
      remoteAddress: "192.168.213.132:16333",
      static: true,
      trusted: false
    },
    protocols: {
      eth: {
        difficulty: 201042042,
        head: "0x221993e01319eaab6ecf56c8259a760d7554d34d630d8896f8cca335ba7e0de5",
        version: 63
      }
    }
}]
```

再在节点 B 的控制台下执行如下命令。

```
> admin.peers
[{
    caps: ["eth/62", "eth/63"],
    id: "9d0524968017abc7fc25b93d43794cbd92da785664f449666f3cead25250c15ce1c0fb749c3c41ba02ac78bd227d5fc3dece97ad4d07658acc889d66060314f9",
    name: "Geth/v1.8.11-stable/windows-amd64/go1.9.2",
    network: {
      inbound: true,
      localAddress: "192.168.213.132:16333",
      remoteAddress: "192.168.213.1:51629",
      static: false,
      trusted: false
    },
    protocols: {
      eth: {
        difficulty: 3059375958,
        head: "0x9513d2042698e73a0536c6f043aa56ed3318c5ab3dc45544e221bcb18de9cc6f",
        version: 63
      }
    }
}]
```

可以看到节点 A 和节点 B 已经把对方添加进自己的节点列表,即它们之间已经建立连接。

再查看节点 B 的块高度。

```
> eth.blockNumber
8834
```

会发现节点 B 的块高度已经跟节点 A 一致了。

至此,我们已经成功组建了一个包含两个节点的以太坊私有链网络,读者后续可以继续尝试以下两方面的实践:

(1)建立第三个节点 C,并加入这个私有链网络中;

(2)在其中一个节点进行转账和挖矿操作,在其他节点进行查询操作,会发现这些操作就像在同一个节点上进行一样——因为它们进行了网络共识和同步。

15.4 小结

本章介绍了基于以太坊区块链的基本操作,主要有以下内容:

(1)目前最广泛使用的以太坊客户端为 Geth,可以进行账号管理、发送交易、部署智能合约、挖矿等操作;

(2)如果需要图形化界面进行操作,则还可以搭配 Ethereum Wallet 客户端一起使用,但是该方式无法进行挖矿;

(3)从普通用户角度,使用以太坊主要有三种操作方式,本章介绍了控制台和图形界面两种操作方式,而通过前端应用操作的方式将在后续章节介绍;

(4)如果希望在以太坊公链上进行转账,建议同时安装 Geth 和 Ethereum Wallet,在图形化界面上进行创建账户、接收以太币、转账等操作;

(5)如果希望体验挖矿的操作,建议以 Go 语言源码编译的方式安装 Geth,组建私有链网络并进行挖矿。

第 16 章

以太坊智能合约原理

16.1* 以太坊中的智能合约

16.1.1 智能合约生命流程

智能合约（Smart Contract）这个术语，最早是在 1995 年由跨领域法律学者尼克·萨博（Nick Szabo）提出的，他的定义是"一个智能合约是一套以数字形式定义的承诺（Promises），以及合约参与方可以在上面执行这些承诺的协议。"由于缺少可信的执行环境，在当时智能合约并没有被应用到实际产业中。但自比特币诞生后，人们认识到比特币的底层技术区块链天然可以为智能合约提供可信的执行环境，以太坊首先看到了区块链和智能合约的契合，发布了白皮书《以太坊：下一代智能合约和去中心化应用平台》，并一直致力于将以太坊打造成最佳智能合约平台。

跟用传统的编程语言编写的程序一样，智能合约作为一种特殊的应用程序，也会经历编写、编译、部署、运行等生命周期。

如图 16.1 所示，在以太坊中，开发者会进行智能合约的源码编写，然后会使用编译工具，把源码编译成以太坊能看得懂的一种特殊的二进制码——EVM 字节码和 ABI。其中 EVM 字节码将被作为一次交易的内容，发送到以太坊的节点；以太坊节点执行具体的部署操作；成功部署的 EVM 字节码，将被送到以太坊节点内的 EVM 执行具体的智能合约业务逻辑。

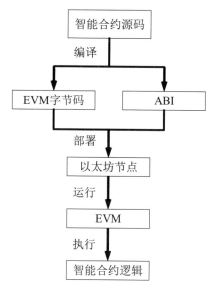

图 16.1 智能合约生命流程

这里所说的 EVM，是一种以太坊区块链特有的智能合约执行环境及相关组件，这里读者可以把 EVM 简单地理解为专门为执行智能合约而设计的虚拟机。

16.1.2 什么是 EVM 字节码

上一节提到，开发者编写好智能合约源码之后，要经过编译，转换成 EVM 字节码之后，才可以到以太坊上部署、运行。这是因为以太坊中的 EVM 并不能识别智能合约源码，只能识别 EVM 字节码。另外，基于这种机制，使得以太坊智能合约的开发可以支持多种语言，只要最终该语言可以编译为 EVM 字节码即可。

如图 16.2 所示，以太坊智能合约可以用 Solidity、Serpent、LLL 等多种编程语言进行开发，只要这些语言有对应的编译器，能编译为 EVM 可以识别的 EVM 字节码即可。

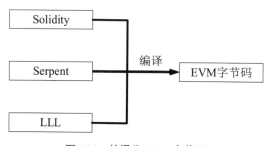

图 16.2 编译为 EVM 字节码

那到底 EVM 字节码长什么样子呢？EVM 字节码其实就是一串数字编码的字节数组，如以下示例。

```
6060604052341561000c57fe5b60405160208061013a833981016040528
080519060200190919050505b806000819055505b505b60f9806100416000039
6000f3006060604052600357c010000000000000000000000000000000
0000000000000000000000000900463ffffffff1680633fa4f24514604e57806360fe47
b11460715780636d4ce63c14608e575bfe5b3415605557fe5b605b60b1565b60
405180828152602001915050604051809103 90f35b3415607857fe5b608c600
48080359060200190919050505060b7565b005b3415609557fe5b609b60c2565b
60405180828152602001915050604051809103 90f35b60005481565b8060008
19055505b50565b600060005490505b905600a165627a7a72305820208c8101
070c8ba5a9b32db2bf4b8062a9ba50bc2869c39ac2297938756540e80029
```

这就是 EVM 能识别的 EVM 字节码，这里每两位字符数以十六进制的形式组成一个字节，每个字节代表一个 EVM 指令或者一个操作数据。如开头的 "60" 为十六进制数字，对应十进制数字 96，会在 EVM 内被转换成对应的 EVM 指令。这样的 EVM 字节码，是会在发布合约时，被永久地记录到以太坊区块链上的。至于什么是 EVM 指令，以及如何将 EVM 字节码转换成 EVM 指令，将在后续章节中介绍。

16.1.3 什么是 ABI

既然智能合约源码经过编译之后，就可以变成 EVM 能够识别的 EVM 字节码，那为什么还需要 ABI 呢？通过观察前面 EVM 字节码的例子，我们可以知道，EVM 字节码的这种格式，对于需要调用以太坊上智能合约的调用者来说，是极其不友好的——想象一下，当你调用某个合约的某个函数时，需要你确定函数在 EVM 字节码中的开始位置，并且指定该函数的名字和入参的数字编码，是不是相当麻烦？所以，其实 EVM 的确是不需要 ABI 的，只要有 EVM 字节码就够了，但是对于调用者来说，就需要知道合约有哪些函数、方法的参数是什么、返回值是什么，而这些信息就记录在 ABI 中。

ABI 是应用二进制接口（Application Binary Interface）的简写，以 JSON 格式记录了一个合约内有哪些状态变量，有哪些函数，以及这些函数的入参和返回值又是什么，相当于开发者的接口文档，方便开发者调用执行合约。

以下是与前面 EVM 字节码对应的 ABI 例子。

[

```
{
    "constant":true,
    "inputs":[],
    "name":"value",
    "outputs":[
        {
            "name":"",
            "type":"uint256"
        }
    ],
    "payable":false,
    "type":"function"
},
{
    "constant":false,
    "inputs":[
        {
            "name":"v",
            "type":"uint256"
        }
    ],
    "name":"set",
    "outputs":[],
    "payable":false,
    "type":"function"
},
{
    "constant":true,
    "inputs":[],
    "name":"get",
    "outputs":[
        {
            "name":"",
            "type":"uint256"
        }
    ],
    "payable":false,
    "type":"function"
},
{
    "inputs":[
        {
            "name":"v",
            "type":"uint256"
        }
```

```
    ],
    "payable":false,
    "type":"constructor"
  }
]
```

其中各项参数的含义解析如下。

- type：方法类型，包括 function、constructor、fallback 三种类型，它可以省略，默认类型为 function。
- name：方法名。
- inputs：方法参数，它是一个对应数组，数组里的每个对象都是一个参数说明。
  - name：参数名。
  - type：参数类型。
- outputs：方法返回值，格式和 inputs 类型一样，如果没有返回值可以省略。
- constant：布尔值，如果为 true 说明该方法不会修改合约的状态变量。
- payable：布尔值，标明该方法是否可以接受以太币。

16.2* Solidity 语言

以太坊的智能合约源码的编程语言可以有多种选择，如 Solidity、Serpent、LLL 等，其中业界最为流行的是 Solidity，本章也是基于 Solidity 进行讲解的，如果读者对其他语言比较感兴趣，请自行查阅资料。

Solidity 是一种面向合约的、为实现智能合约而创建的静态类型语言，语法类似于 JavaScript，以编译的方式生成以太坊虚拟机代码，Solidity 源码文件拓展名为".sol"。有过一定编程经验的读者很容易掌握 Solidity 这门编程语言，本书只针对 Solidity 语言的特性进行讲解。

16.2.1 语法结构

Solidity 也是一种面向对象的语言，如果读者有过面向对象语言的编程经验，就一定很容易理解 Solidity 语言。就像 Java 程序是由类（Class）组成的一样，Solidity 程序是由合约（Contract）组成的，而在一个合约中，可以包含状态变量、函数、事件等成员，这里我们给出一个简单的合约代码的例子，再说说其中各种成员的形式和作用。

```
//版本
pragma solidity 0.5.2;

contract MyContract {

    //状态变量
    uint256 public myVariable;

    //构造器
    constructor(uint256 _input) public {
        myVariable = _input;
    }

    //函数
    function myFunction(uint256 _input) public {
        myVariable = _input;
        //触发事件
        emit myEvent(myVariable);
    }

    //定义事件
    event myEvent(uint256 parameter);

}
```

（1）版本

每个Solidity源码文件开头都会有一行"pragma solidity x.x.x"，用来表明当前编写的代码基于哪个版本的语法，为了指示编译器将该源码编译成特定的版本，因为不同版本的Solidity语法存在一定的差异。注意，后面内容给出的Solidity代码例子，可能使用的是不同的版本。

（2）状态变量

状态变量是持久化存储在以太坊区块链上的值，用于保存当前合约的状态。在上述示例中"uint256 public myVariable"声明该合约拥有一个256位的无符号整数类型的状态变量。

（3）构造器

每个合约都允许存在构造器，有且只有一个，不允许重载。在旧版本的Solidity中，构造器是与合约同名的，而在0.4.22或之后的版本中，规定构造器的名字为"constructor"，上述示例中"constructor(uint256 _input) public"定义了一个构造器。构造器将在合约创建时执行一次且只会执行一次，用来初始化一些配置。

（4）函数

函数用来描述智能合约中的具体逻辑，一个合约可以有多个函数，且这些函数可以相互调用，甚至可以调用另外一个合约里的函数。在上述示例中"function myFunction(uint256 _input) public"定义了一个函数，用来执行某些业务逻辑。

（5）事件

事件用来在智能合约的运行过程中记录下日志，该日志是会持久化存储在以太坊区块链上的，上述示例中"event myEvent(uint256 parameter)"声明了一个事件，而函数"function myFunction(uint256 _input) public"中的"emit myEvent(myVariable)"触发了这个事件。

16.2.2　地址

除了整数、布尔、枚举、数组、结构体、映射等常见的变量类型，Solidity 中有一种特殊的变量类型——地址（Address）。地址既是以太坊账户的唯一标识，也是发布到以太坊区块链上的智能合约的唯一标识。地址长度固定为 20 字节，如果用十六进制数表示则为 40 个字符，支持的运算有<=、<、==、!=、>=和>，拥有以下成员变量和方法。

- balance：类型为 uint256，表示账户的以太币余额，单位是 wei。
- transfer：从合约发起方向某个地址转入以太币，当地址无效或者合约发起方以太币余额不足时，代码将抛出异常并停止转账。以下是使用例子。

```
pragma solidity 0.5.2;

contract MyContract {

    //构造函数
    constructor(uint256 _input) public {
    }

    //转账以太币
    function transferEther(address payable _addr) public {
       uint etherCount = 1 ether;
       _addr.transfer(etherCount);
    }

}
```

这里的 transferEther 函数的入参为地址类型的_addr，该函数将会把本合约的 1 个以太币转账给_addr。注意，在 0.5.0 版本之后的 Solidity 语法规定只有带"payable"

修饰符的地址变量，才可以执行 transfer 函数。
- send：功能与 transfer 类似，都是从合约发起方向某个地址转入以太币的，不同的是，当地址无效或者合约发起方余额不足时，send 不会抛出异常，而是直接返回 false。
- call、callcode、delegatecall：调用其他合约代码的函数。以下是 call 的使用例子，callcode 和 delegatecall 的使用方法类似。

```
address _addr = 0xa116e03537f87024cf22a0b3b03d37d48ec4a03d;
_addr.call(bytes4(keccak256("add(int)")), 1);
```

其中 _addr 为需要调用的合约的地址，该合约有一个函数为 add 函数，该函数接收一个 int 类型的入参，这里的例子为调用该 add 函数并传递参数 1。

delegatecall 函数与 call 函数的功能基本是一致的，不同的是，当所调用函数访问合约数据时，delegatecall 函数访问的是本合约的数据，而 call 函数访问的是所调用合约的数据，通过以下例子进一步说明。

```
pragma solidity ^0.4.25;

//调用方合约
contract Caller {

    int public a;

    //以 call 函数调用
    function call_add(address _addr) public {
        _addr.call(bytes4(keccak256("add()")));
    }

    //以 delegatecall 函数调用
    function delegatecall_add(address _addr) public {
        _addr.delegatecall(bytes4(keccak256("add()")));
    }

}

//被调用方合约
contract Callee {

    int public a;

    function add() public {
        a++;
```

    }

}

在这个例子当中,分别传递一个 Callee 合约的地址作为入参来对 Caller 合约中的 call_add 函数和 delegatecall_add 函数进行调用,两个函数执行完成后,会发现 call 改变的是 Callee 合约中的 a,而 delegatecall 改变的是 Caller 合约中的 a。读者可以学习完下一章的以太坊智能合约实践后再进行详细的实验过程。

前面说明了 call 函数与 delegatecall 函数的区别,再来用图 16.3 说明 delegatecall 函数与 callcode 函数的区别。

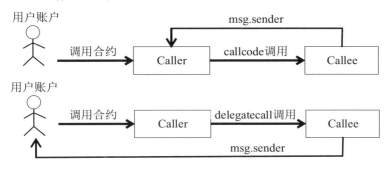

图 16.3　delegatecall 函数与 callcode 函数的区别

Caller 合约分别以 callcode 函数和 delegatecall 函数调用 Callee 合约,Callee 合约中的 msg.sender 在前者中是指 Caller 合约的地址,而在后者中是指对 Caller 合约进行调用请求的用户的账户地址。可以说,delegatecall 函数是 callcode 函数的错误修改版,Solidity 在更新的版本中将不再支持 callcode 函数。

16.2.3　状态变量和局部变量

状态变量相当于面向对象语言中类的成员,可以被同一合约内的函数所访问,同时数据内容会持久化到区块链上;而局部变量只会存在于内存当中,只能在离它最近的 "{}" 内使用,请看以下代码示例。

```
pragma solidity ^0.4.4;

contract Person {

    //状态变量
    string public name;
    int public age;
```

```
function func(string _name, int _age) {
    //函数内部声明的name1和age1为局部变量
    var name1 = _name;
    var age1 = _age;
    ……
}
```
}

这里定义在合约内但是在函数外的 name 和 age 就是状态变量,而函数内声明的 name1 和 age1 就是局部变量。

16.2.4 memory 和 storage

从变量存储位置区分,变量可以分为 storage 变量和 memory 变量。storage 变量是指永久存储在区块链中的变量,而 memory 变量则是临时的,当外部函数对某合约调用完成时,memory 变量就会被移除。

状态变量强制为 storage 类型;局部变量默认是 storage 类型,可以通过关键字把局部变量指定为 memory 类型;函数的入参默认为 memory 类型,可以通过关键字把局部变量指定为 storage 类型,但是要注意,当函数的入参指定为 storage 类型变量时,该函数的可见性只能是 internal 或者 private。

两者的不同主要表现在赋值、参数传递上,这里分情况加以说明。

- storage 赋值给 storage:把一个 storage 类型变量赋值给另一个 storage 类型变量时,只是修改了它的指针。

```
pragma solidity ^0.4.0;

contract ConvertStorageToStorage {

    struct MyStruct{string a;}

    //状态变量强制为storage类型
    MyStruct s;

    function convertStorageToStorage(MyStruct storage _s) internal {
        //这里只是指针传递,赋值后s1和_s指向同一个对象
        MyStruct storage s1 = _s;
        //同时也把_s.a也修改了,即修改了_s的状态
        s1.a = "converted";
```

```
        //这里也是指针传递,赋值后 s1 和 s 指向同一个对象
        s1 = s;
        //同时也把 s.a 也修改了,即修改了合约的状态
        s1.a = "converted again";
    }
}
```

在这个例子中,把作为函数入参的 storage 变量_s 或者把状态变量 s 赋值给临时的 storage 变量 s1 时,是 storage 赋值给 storage,只传递指针,后续修改 s1 时,相当于同时把_s 或者 s 也修改了。

- storage 赋值给 memory:把一个 storage 类型变量赋值给一个 memory 变量时,会把持久化存储中的数据内容,复制到内存中。

```
pragma solidity ^0.4.0;

contract ConvertStorageToMemory {

    struct MyStruct{string a;}

    //状态变量强制为 storage 类型
    MyStruct s;

    function convertStorageToMemory(MyStruct storage _s) internal {
        //把数据从 storage 复制到 memory 中
        MyStruct memory s1 = _s;
        //只是修改了 s1 的值,不会影响到原来的 storage 类型变量
        s1.a = "converted";

        //把数据从状态变量中复制到 memory 中
        s1 = s;
        //只是修改了 s1 的值,不会影响到状态变量
        s1.a = "converted again";
    }

}
```

在这个例子中,无论是把作为函数入参的 storage 类型变量_s,还是把状态变量 s 赋值给 memory 类型变量 s1,之后再修改 s1 的成员变量,都不会对原来的 storage 类型变量造成影响。

- memory 赋值给 storage:将一个 memory 类型的变量赋值给一个状态变量时,实际是将内存变量复制到存储中。

```
pragma solidity ^0.4.0;

contract ConvertMemoryToStorage {

    struct MyStruct{string a;}

    //状态变量强制为 storage 类型
    MyStruct s;

    function convertMemoryToStorage(MyStruct memory _s) public {
        //把数据从内存中复制到状态变量中
        s = _s;
        //只是修改了_s 的值，对合约状态没有产生影响
        _s.a = "converted";

        //无法把 memory 变量复制到 storage 类型局部变量中
        //MyStruct storage s1 = _s;
    }

}
```

在这个例子中，把 memory 类型的入参_s 赋值给状态变量 s，实际上是把_s 在内存中的数据复制到 s 的持久化存储当中，之后两者再无关系，对_s 的修改不会影响 s 的变化。需要注意的是，只可以把 memory 类型变量赋值给状态变量，不可以把 memory 类型变量赋值给 storage 类型的局部变量，因为 storage 类型的局部变量只是一个 storage 类型的指针，没有实际存储的空间。

- memory 赋值给 memory：memory 之间的赋值是指针传递，并不会复制数据。

```
pragma solidity ^0.4.0;

contract ConvertMemoryToMemory {

    struct MyStruct{string a;}

    function convertMemoryToMemory(MyStruct memory _s) public {
        //这里只是指针传递，赋值后 s1 和_s 指向同一个对象
        MyStruct memory s1 = _s;
        //同时把_s.a 也修改了，即修改了_s 的状态
        s1.a = "converted";
    }

}
```

在这个例子中，把 memory 类型的入参_s 赋值给同样是 memory 类型的 s1，因为两个变量都是指向内存，可以共享数据，所以这里实际上是引用指针的传递，两个变量仍然是指向同一个对象，对其中一个变量修改其成员变量，会导致另一个变量也发生改变。

16.2.5 constant、view 和 pure

在 Solidity 中，constant、view 和 pure 三个函数修饰词的作用是对 EVM 承诺这个函数不会改变甚至不会读取任何合约的状态变量，这样这个函数的运行就可以不需要矿工进行验证，所以也就不需要消耗 Gas 了。它们的主要区别如下。

- constant：view 的旧版本，Solidity 4.17 版本之后就不再支持，需要使用 view。
- view：声明为 view 的函数不可以修改状态变量，但可以读取状态变量。
- pure：比 view 更加严格，既不可以修改状态变量，也不可以读取状态变量。

```
pragma solidity ^0.5.2;

contract ViewPureConstant{

  uint public age;

  //这里声明了函数为 view，不会改变状态变量
  function getAgeByView() public view returns(uint){
    //view 和 constant 效果一致，这里编译会报错
    //age += 1;
    return age;
  }

  //这里声明了函数为 pure，不会改变甚至不会访问状态变量
  function getAgeByPure() public pure returns(uint){
    //这里会报错，pure 比 constant 和 view 都要严格，pure 完全禁止读写状态变量
    //return age;
    return 1;
  }

}
```

这里声明为 view 的函数 getAgeByView 可以访问状态变量 age，但不能对 age 进行修改，而声明为 pure 的函数 getAgeByPure 则更加严格，连对 age 进行读取都不可以。

16.2.6 payable 函数

payable 是与 view 和 pure 互斥的关键字，因为声明为 payable 的函数允许外部调用函数转账以太币到本合约中，从而改变本合约持有的以太币数量。

```
pragma solidity ^0.5.2;

contract PayableDemoCaller {

function callFunc(address addr, uint256 a, uint256 b) public returns (uint256) {
    PayableDemoCallee callee = PayableDemoCallee(addr);
//在调用合约 PayableDemoCallee 中函数 payableFunc 的同时，往该合约转账 123wei 的
//以太币
    uint256 c = callee.payableFunc.value(123)(a, b);

    //这里会报错，因为函数 commonFunc 并没有声明为 payable
    //uint256 d = callee.commonFunc.value(123)(a, b);

    return c;
}

}

contract PayableDemoCallee {

function payableFunc(uint256 a, uint256 b) public payable returns (uint256) {
    return a + b;
}

function commonFunc(uint256 a, uint256 b) public returns (uint256) {
    return a + b;
}

}
```

这里合约 PayableDemoCaller 中的函数 callFunc 在调用合约 PayableDemoCallee 中的函数 payableFunc 的同时，往该合约转账 123wei 的以太币，但是无法通过函数 commonFunc 进行转账，因为该函数并没有声明为 payable。

16.2.7　fallback 函数

一个合约有且只有一个 fallback 函数，fallback 函数不能接收任何参数并且不能拥有返回值。当一个合约收到一个函数调用，而这个函数调用无法匹配任何函数名或者仅仅用于转账以太币时，就会执行 fallback 函数。在 Solidity 0.4.0 之后的版本中，如果想让合约以简单的方式接收以太币，就需要重写 fallback 函数并将 fallback 函数声明为 payable。

```
pragma solidity ^0.4.4;

contract Callee {

uint x;

//这个合约没有其他函数，因此收到任何函数调用都会触发 fallback 函数
//由于没有声明为 payable，所以向这个合约转账以太币会报错
function() {
    x += 1;
}

}

contract Caller {

function callFunc(Callee callee) {
    //这里对应的函数不存在，会触发 callee.fallback 函数，使 callee.x 自增 1
    callee.call(0x12345678);

    //这里会报错，因为转账以太币会触发 callee.fallback 函数，但是
    //callee.fallback 函数没有声明为 payable，所以会报错
    callee.send(1);
}

}
```

这里 Caller 合约调用 Callee 合约中不存在的函数，会触发 Callee 合约中的 fallback 函数，向 Callee 合约转账以太币也会触发 Callee 合约中的 fallback 函数。如果 Callee 合约中的 fallback 函数已声明为 payable，则可以成功转账，否则调用方合约不能以 send 函数或者 transfer 函数转账以太币。

16.2.8 可见性

合约中状态变量和函数的可见性可以分为四种,分别为 public、private、internal 和 external,如表 16.1 所示。

表 16.1 状态变量和函数的可见性

	状态变量	函　　数
public	编译后会自动生成访问函数	可以被内部调用,也可以被外部调用
private	只能被当前合约访问	只能被当前合约的函数进行内部调用
internal	只能被当前合约和子合约访问	只能被当前合约和子合约的函数进行内部调用
external	状态变量不能声明为 external	只能被外部调用

如果没有特别声明的话,其中状态变量的可见性默认为 internal,而函数的可见性默认为 public。

16.2.9 内置的单位、变量和函数

Solidity 有一些内置的单位、变量和函数,供使用。

1. 内置单位

在数字后面可以加上不同的货币单位和时间单位,来表达该数字在业务上的具体含义。

- 货币单位:wei,finney,szabo 或 ether 可以作为货币单位相互转换,没有货币单位的数字默认单位是 wei。货币单位之间的转化规则如下。

```
1 wei == 1
1 szabo == 10^12 wei == 10^12
1 finney == 10^3 szabo == 10^15
1 ether == 10^3 finney == 10^18
```

- 时间单位:seconds(秒)、minutes(分)、hours(时)、days(天)、weeks(周)、years(年)可以作为时间单位,没有时间单位的数字默认单位是 seconds,相互之间转化规则如下。

```
1 seconds == 1
1 minutes == 60 seconds == 60
1 hours == 60 minutes == 3600
1 days == 24 hours == 86400
1 weeks == 7 days == 604800
1 years == 365 days == 31536000
```

需要特别注意的是,这些内置单位只能用于字面量,不能直接应用于变量。

2. 内置变量

Solidity 中有一些内置的变量不需要定义,可以直接使用,说明如下。

- this:指代当前的合约,可以转换为地址类型。
- block.coinbase:address 类型,当前区块的矿工地址。
- block.difficulty:uint 类型,当前区块的难度。
- block.gaslimit:uint 类型,当前区块的 Gaslimit。
- block.number:uint 类型,当前区块号。
- block.timestamp:uint 类型,以 UNIX 时间戳的形式表示当前区块的产生时间。
- msg.data:bytes 类型,完整的 calldata。
- msg.gas:uint 类型,剩余 Gas。
- msg.sender:address 类型,(当前呼叫)该消息的发送者。
- msg.sig:bytes4 类型,调用数据的前四个字节,即函数的标识符。
- msg.value:uint 类型,发送的消息的以太币数量。
- now:当前块时间戳,block.timestamp 的别名。
- tx.gasprice:uint 类型,交易的 Gas 价格。
- tx.origin:address 类型,调用链的开始交易的发送者。

3. 内置函数

Solidity 中还有一些内置的函数,可以直接使用,如下。

- block.blockHash(uint blockNumber) returns (bytes32):获取指定区块的哈希值,只对不包括当前区块的 256 个最近的区块有效。
- require(bool condition):如果条件不满足,则抛出异常——用于输入中的错误。
- assert(bool condition):如果条件不满足,则抛出异常——用于内部错误。
- revert():中止执行并恢复更改的状态。
- addmod(uint x, uint y, uint k) returns (uint):计算(x+y)%k,以任意精度执行加法,但不能超过 2^{256}。
- mulmod(uint x, uint y, uint k) returns (uint):计算(x*y)%k,以任意精度执行乘法,但不能超过 2^{256}。
- keccak256(...) returns (bytes32):计算参数的 SHA-3(Keccak-256)哈希值。
- sha256(...) returns (bytes32):计算参数的 SHA-256 哈希值。

- sha3(...) returns (bytes32)：keccak256 的别名。
- ripemd160(...) returns (bytes20)：计算参数的 RIPEMD-160 哈希值。
- ecrecover(bytes32 Hash, uint8 v, bytes32 r, bytes32 s) returns (address)：从椭圆曲线签名中恢复与公钥相关的地址。
- selfdestruct(address recipient)：摧毁目前的合约，将资金送到给定的地址。
- suicide(address recipient)：selfdestruct 的别名。

16.2.10 事件

事件（Event）是 EVM 提供的一个日志记录接口，可以被子合约继承，当被发送（调用）时，会触发参数存数到交易的日志中（一种以太坊区块链上的特殊数据结构），这些日志与合约的地址关联，并被持久化地记录到区块链中。

Solidity 中使用 event 关键字来定义一个事件，然后使用 emit 关键字来调用一个事件，可以最多有三个参数以关键字 indexed 来设置为索引。设置为索引后，可以允许通过这个参数来查找日志，甚至可以按特定的值进行过滤。示例如下：

```solidity
pragma solidity ^0.4.0;

contract MyToken {

    bytes32 public name;

    mapping (address => uint256) public balanceOf;

    //声明事件
    event Transfer(address indexed from, address indexed to, uint256 value);

    function MyToken(bytes32 _name, uint256 _supply) public {
        name = _name;
        if (_supply == 0) _supply = 1000000;
        balanceOf[tx.origin] = _supply;
    }

    function transfer(address _to, uint256 _value) public {
        if (balanceOf[tx.origin] < _value) return;
        if (balanceOf[_to] + _value < balanceOf[_to]) return;

        balanceOf[tx.origin] -= _value;
        balanceOf[_to] += _value;
```

```
        //调用事件
        emit Transfer(msg.sender, _to, _value);
    }
}
```

这里是一个代币合约的代码,声明了一个事件 Transfer 用来记录代币转账的情况,然后在具体的转账函数 transfer 里调用事件 Transfer 记录了一次转账的发送者、接收者和代币数量,这些信息将被以日志的格式写入区块中。

16.2.11 继承

Solidity 支持合约间的继承,子合约使用关键字 is 来继承一个合约,可以访问父合约中除可见性声明为 private 外的任何状态变量和函数,还可以在继承的时候调用父合约的构造函数。Solidity 中的继承相当于把父合约的状态变量和函数复制了一份到子合约中,而且 Solidity 还支持多继承,当一个子合约继承多个父合约时,被继承的多个父合约以逗号分隔。

```
pragma solidity ^0.4.18;

contract Father0 {

    uint f0 = 100;

    function get() public pure returns(uint) {
        return 150;
    }

}

contract Father1 {

    uint f1;

    function Father1(uint _f1) public {
        f1 = _f1;
    }

}

//合约 Son 依次继承了合约 Father0 和合约 Father1,并且调用了 Father1 的构造函数,
//Father1.f1 被初始化为 200
contract Son is Father0, Father1(200) {
```

```
    uint public a;
    uint public b;
    uint public c;

    function Son() public {
        //100
        a = Father0.f0;
        //150
        b = Father0.get();
        //200
        c = Father1.f1;
    }

}
```

这里合约 Son 依次继承了合约 Father0 和合约 Father1，并且调用了 Father1 的构造函数，Father1.f1 被初始化为 200，然后合约 Son 里就可以使用合约 Father0 和合约 Father1 里的状态变量与函数了。

16.2.12 库

Solidity 提供了库（Library）的概念来实现代码重用，它可以被多个不同的智能合约调用。有两种方式使用库函数。

1. 直接使用库函数

使用库合约中的合约，可以将库合约视为隐式的父合约，但不会显式地出现在继承关系中，即不用写 is 来继承，直接可以在合约中使用。

使用关键字 library 定义一个库。

```
pragma solidity ^0.4.15;

library MyLibrary {

    //定义了一个名为 Data 的结构体，成员有一个从 string 到 uint 的映射
    struct Data {
        mapping (string => uint) map;
    }

    function get(Data data, string key) public returns (uint) {
        return data.map[key];
    }

}
```

在合约中用 import 来导入一个库。

```
pragma solidity ^0.4.15;
```

```
//使用 import 来导入想使用的库,这里导入的库文件与本合约文件在同一个目录下
import { MyLibrary } from "./MyLibrary.sol";

contract MyContract {

    //复用了库 MyLibrary 中的结构体 Data
    MyLibrary.Data myLibraryData;

    function get(string name) public returns (uint) {
        //调用了库 MyLibrary 中的函数 get
        return MyLibrary.get(myLibraryData, name);
    }

}
```

这里的合约 MyContract 导入了库 MyLibrary 并复用了其中的结构体 Data 及调用了其中的函数 get。注意在合约中导入库时,需要标明库文件相对合约文件的相对路径。

2. 以附着形式使用库函数

除了可以直接使用库中的类型和函数,还可以以附着 (using for) 的形式使用库函数,使用关键字 using A for B 把库 A 中的函数附着到类型 B 上,这些函数会默认将调用函数的对象实例作为第一个参数。

```
pragma solidity ^0.4.15;
```

```
//使用 import 来导入想使用的库,这里导入的库文件跟本合约文件在同一个目录下
import { MyLibrary } from "./MyLibrary.sol";

contract MyContract {

    //把库 MyLibrary 中的函数附着到类型 MyLibrary.Data 上
    using MyLibrary for MyLibrary.Data;

    //复用了库 MyLibrary 中的结构体 Data
    MyLibrary.Data myLibraryData;

    function get(string name) public returns (uint) {
        //调用了库 MyLibrary 中的函数 get,第一个参数为 myLibraryData
        return myLibraryData.get(name);
```

}

　}

这里把库 MyLibrary 中的函数附着到类型 MyLibrary.Data 上，然后以类型 MyLibrary.Data 声明了对象实例 myLibraryData。当 myLibraryData 调用库 MyLibrary 中的函数 get 时，事实上已经把 myLibraryData 本身传递给 get 作为第一个参数了，所以只需要显式传递第二个参数 key 即可。

16.3* EVM

EVM 是以太坊虚拟机（Ethereum Virtual Machine）的简称，是一个基于栈的逻辑执行引擎，包含指令执行、虚拟内存管理、动态 Gas 计算、持久化存储管理等功能。

16.3.1 EVM 结构

我们来了解一下 EVM 由哪些部分组成。

如图 16.4 所示，EVM 内部自带两个组件：EVM 指令表和数据存储器；然后会为每个需要执行的合约分配一个执行环境，执行环境内有 EVM 字节码、输入数据、Gas 池、栈和内存。

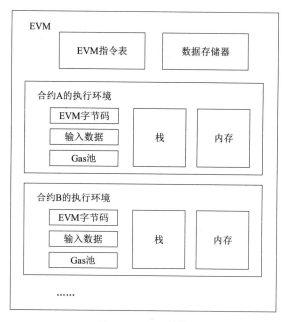

图 16.4　EVM 结构

16.3.2　EVM 指令表

通过前面的学习我们知道，EVM 直接执行的是 EVM 字节码，而 EVM 字节码中的每一个字节，都对应着一个 EVM 指令或者一个操作数，而 EVM 指令表描述了从 EVM 字节码到 EVM 指令的对应关系，并且描述了一个 EVM 指令的相关参数，如表 16.2 所示。

表 16.2　EVM 指令表

EVM 字节码	EVM 指令	出栈	压栈	是否使用内存	消耗的 Gas	功能
0	STOP	0	0	否	0	停止执行智能合约
1	ADD	2	1	否	3	加法运算
2	MUL	2	1	否	5	乘法运算
……	……	……	……	……	……	……
51	MLOAD	1	1	是	与使用的内存相关	加载内存数据到栈中
……	……	……	……	……	……	……
56	JUMP	1	0	否	8	跳转
……	……	……	……	……	……	……
ff	SELFDESTRUCT	1	0	-	25000	注销智能合约

EVM 指令表描述了某个 EVM 指令对栈的所需压栈和出栈情况、是否使用内存、使用 Gas 的多少，还有该指令对应的具体操作。

16.3.3　栈、内存、数据存储

EVM 中有三种读写数据的位置，分别为栈、内存、数据存储。其中栈和内存为每个合约实例独立分配，用来存放每个合约执行过程中的临时数据，不会持久化到区块链的世界状态中。而数据存储在全局只有一个，所有合约都可以对其进行读写，里面存储的数据是会在合约成功执行后持久化到区块链的世界状态中的。接下来看看这三者的结构。

- 栈

如图 16.5 所示，栈是一种线性的存储结构，一开始高度为 0，随着压栈的操作，这个栈会升高，最多可以有 1024 个元素，每个元素大小是 256 位。可以使用 EVM 指令表中的某些指令对栈顶进行访问，如 PUSH1 至 PUSH32 指令，可以把内存中 1 字节（8 位）到 32 字节（256 位）压到栈顶；如 DUP1 至 DUP16 指令，可以分别把栈顶的前 1 个至前 16 个元素，复制一份，再压到栈顶；再如 SWAP1 至 SWAP16 指令，可以分别把栈顶的第 2 个至第 17 个元素，跟栈顶的第 1 个元素交换位置；其他一些指令会对栈顶的第 1 个或者前两个元素进行读取操作，计算后再压到栈顶，无法对其他位置的元素进行访问。对栈的读写是不消耗 Gas 的。

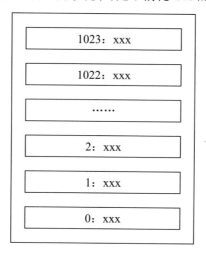

图 16.5　EVM 中的栈

- 内存

如图 16.6 所示，内存也是一种线性结构。不过跟栈不一样的是，内存是以字节（8 位）为单位进行寻址的，且内存的长度是没有上限的，只是每一次扩展内存都会消耗大量的 Gas，而且随着内存的增长，Gas 的消耗呈现指数级的上升。EVM 通过 MLOAD 指令对内存进行读取，通过 MSTORE、MSTORE8 指令对内存进行存储。

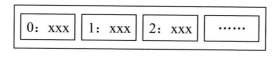

图 16.6　EVM 中的内存

- 数据存储

如图 16.7 所示，数据存储实际上是一种键值类型的数据结构，键和值的大小都是 256 位，存储着整个以太坊世界状态的数据。EVM 通过 SLOAD 指令对数据存储进行读取，通过 SSTORE 指令对数据存储进行存储。访问数据存储，特别是修改世界状态，所消耗的 Gas 是非常多的。

图 16.7 EVM 中的数据存储

16.3.4 输入数据与 Gas 池

每次合约的执行,都会从外部读入输入数据和 Gas 池。

输入数据其实就是本次执行合约函数的入参,存储在一个特殊的静态数据区中,不可对其进行修改,可以通过 CALLDATALOAD 指令把输入数据压到栈顶,或者通过 CALLDATACOPY 指令把输入数据复制到内存中。

Gas 池就是本次执行合约可以使用的 Gas 上限,每个指令的执行都会消耗一定量的 Gas。如果在执行完毕之前 Gas 消耗完,那么本次执行就会报错退出,之前对数据存储修改过的数据都会回滚,并且已经消耗的 Gas 不会返还。这种机制,使得恶意合约无法使用死循环等手段无成本地消耗系统资源,有效保证了 EVM 执行环境的安全性。

16.3.5 执行智能合约

接下来解释一次智能合约调用在 EVM 中的执行流程。

如图 16.8 所示,一次智能合约执行,其实就是一个循环,循环地执行 EVM 字节码所对应的 EVM 指令,每个 EVM 指令大概会有以下操作步骤。

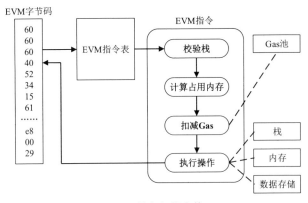

图 16.8 执行智能合约

（1）校验栈

结合当前栈的使用情况，评估本条 EVM 指令对于压栈和出栈的需求，如果当前栈的深度不满足出栈需求，或者压栈后栈的深度超过最大值，那么将会异常退出。

（2）计算占用内存

对于某些 EVM 指令，需要内存来存放临时数据，会占用一定大小的内存，这个步骤会计算占用内存的大小。

（3）扣减 Gas

EVM 会根据指令类型，对 Gas 池进行扣减，扣减的值一般是固定常量，也有一些指令是根据内存占用的大小和操作数的大小来决定的。在这一步里，如果 Gas 池里没有足够的 Gas 来扣减的话，就会停止整个合约调用，并且会把虚拟内存里修改过的数据清空，相当于这次合约调用的事务回滚了。

（4）执行操作

这是最重要的步骤，每个 EVM 指令包含不同的操作，正是因为不同 EVM 指令中执行操作的有机组合，形成了图灵完备的智能合约逻辑。

这里以一段 EVM 字节码 "51510155" 为例，介绍一下 EVM 指令是如何联动栈、内存、数据存储进行操作的。

①前两个 "51" 对应的 MLOAD 指令，会把内存中的数据放到栈顶，连续执行两次后，在栈最上面就有两个操作数了。

②后面 "01" 对应的 ADD 指令，会先把栈的最上面两个操作数弹出并相加，再把结果放回栈顶。

③最后 "55" 对应的 SSTORE 指令，会先把栈顶的数据弹出，再放到数据存储中。

这样通过几个简单的 EVM 指令，就可以进行一次加法操作了。要了解更多的 EVM 指令的具体操作，需要进一步地阅读以太坊源码。

16.4* 以太坊 DApp

DApp 是去中心化应用（Decentralized Application）的简称。App，就是在智能手机上安装的应用程序。而 DApp 比 App 多了一个 "D"，"D" 是分散式的意思。所以，DApp 的意思是 "分散式的应用程序" 或者 "去中心化的应用程序"。

DApp 与传统的 App 有明显的区别，App 是中心化的，需要请求某台服务器来获取、处理数据等，而 DApp 运行在去中心化的网络中，也就是区块链网络中，网络中不存在可以完全控制 DApp 的中心化节点。

16.4.1 以太坊 DApp 生态

区块链相对于 DApp 来说是应用运行的底层环境。区块链与 DApp 的关系，可以简单地类比为 iOS、Android 等手机操作系统与运行于之上的 App。对学习区块链来说，不仅仅要学习区块链的底层部分，可能更多的人需要学习 DApp 的开发，构建能够运行在区块链环境中的应用程序。

如图 16.9 所示，一个完整的 DApp 生态，一般包含几部分：由多个以太坊节点组成作为底层基础设施的以太坊网络、运行在以太坊网络之上的智能合约程序和区块链账本，以及作为沟通用户与以太坊网络的桥梁的前端应用，它们的作用分别如下。

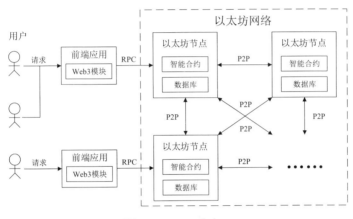

图 16.9 DApp 生态

（1）前端应用提供一个可视化的界面给一个或多个用户操作，同时接收用户的请求。如果把用户的请求直接发给以太坊网络中的某个节点，该节点是无法处理这个请求的，因为以太坊的交易都是有特定的数据格式的。所以，前端应用会结合 ABI，把用户请求转化成以太坊可以理解的交易。而这个交易中主要包含合约地址、EVM 字节码、Gas 价格、消耗的 Gas 上限、用户签名。

- 合约地址指明了这个交易调用的是哪个合约；
- EVM 字节码可以被 EVM 解释成要调用这个合约的哪个方法和入参是什么；
- Gas 价格表示这个交易愿意为每个单位的 Gas 花费多少以太币；
- 消耗的 Gas 上限表示这个交易最多可以消耗多少 Gas；
- 用户签名保证这个交易是合法的。

前端会把交易以 RPC 的方式发送到用户信任的以太坊节点上。需要进一步说明的是，这些组装交易报文、签名等操作都是交由 Web3 模块来进行的。如果前端应用是用 JavaScript 语言实现的，那么 Web3 模块则是 web3.js 等库。如果前端应用是用 Java 语言实现的，那么 Web3 模块可以是 Web3j 等 Jar 包，这些都可以从以太坊官网获取。

（2）以太坊节点接收交易调用后，会利用与其他以太坊节点建立起的 P2P 网络，把这个交易广播出去，这里的广播有可能是直接广播交易，也有可能是把交易打包成区块广播出去。不管怎样，只要这个交易的用户签名是合法的，最终都会到达以太坊网络中的每个节点。而每个以太坊节点都会根据这个交易中的合约地址、EVM 字节码、Gas 价格、消耗的 Gas 上限，到 EVM 中执行具体的智能合约逻辑。

（3）智能合约执行完成后，以太坊节点把交易，更准确地说是包含该交易的区块，加入区块链账本中。同时，这次交易中操作过的智能合约中的数据，也会被更新到以太坊的世界状态中。至此，在以太坊 DApp 中由用户触发出的一个交易，便完成了。

16.4.2　以太坊 DApp 运行流程

在了解以太坊 DApp 的组成生态之后，接下来简单介绍一下 DApp 的运行流程，包括它是怎么部署到以太坊上的，又要怎么样才能调用它。

如图 16.10 所示，以太坊 DApp 运行主要经历以下步骤。

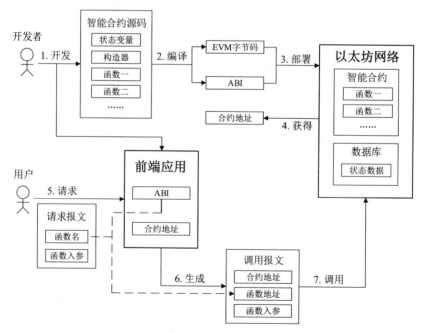

图 16.10　以太坊 DApp 运行流程

（1）由 DApp 的开发者开发出前端应用和智能合约源码，其中智能合约源码中一般会包含该合约的状态变量、构造器和若干个函数。

（2）借助 Solc 等编译工具，把智能合约源码编译成 EVM 字节码和 ABI，其中 ABI 由前端应用保存，留待后续步骤使用。

（3）部署智能合约本质上是一种交易，这里使用 EVM 字节码和 ABI 进行部署操作。我们把整个以太坊网络当成一个整体，只要对网络内任意一个节点发起部署交易，该节点会马上返回交易 ID 并把该交易进行全网广播。该交易只要被矿工打包进区块并被全网接受，那么该智能合约就会被部署到每个节点上。智能合约包含除构造器外的所有函数，等待着被调用。另外，部署的时候，构造器也会被执行，在数据库中生成状态数据。

（4）只要部署交易被全网接受，那么就可以根据交易 ID，对任意以太坊节点进行查询，获得智能合约的合约地址，由程序员把合约地址置入前端应用中。

至此，DApp 开发者的任务完成了，接下来该是 DApp 用户的事情了。只要智能合约内所写的逻辑允许，以下步骤可以让不同的用户重复执行。

（5）用户向前端应用发起请求，请求中会间接地带有请求合约的函数名和函数，以及相关的参数。这里之所以说"间接"，是因为普通用户并不理解函数这些技术化的东西，但相信前端应用是可以在用户请求中解析出来的。

（6）前端应用的任务，就是借助 Web3 模块，把用户的请求转化为以太坊可以理解的调用交易，这里合约地址和 ABI 就派上用场了。合约地址——想调用哪个合约——可以直接放到调用报文里，ABI 和函数名结合可以生成函数地址——想调用该合约的哪个函数——把函数地址和函数入参也放到调用报文里。这样，调用报文就成功生成了。

（7）前端应用可以使用调用报文，对以太坊网络发起调用。以太坊网络知道了调用哪个合约，也知道了调用合约里的哪个函数，把函数入参交由该函数执行便是了。函数执行期间，通过对数据库里的状态数据进行读或写，便可以改变该合约的世界状态。

这里介绍了以太坊 DApp 部署和调用的原理，需要注意的是，智能合约一旦部署到区块链上，就不可以被撤销。如果修改智能合约源码并重新部署，则会被视为另一个合约实例。另外，智能合约与区块链的关系，就像传统应用程序和操作系统的关系一样，所以即使 DApp 故意作恶，也只会影响它内部的数据，不会影响到整个区块链。

智能合约部署到区块链上，可以理解为在区块链上安装应用版本，在此之后，通过交易在 EVM 中执行应用，运行的结果又存储到区块链该合约的 Storage 中。

前端应用与区块链没有关系，事实上可以用命令行方式调用区块链中的智能合约，但这对于一般用户来说，难度太大了，因此，需要通过前端应用来降低用户的使用难度，即前端应用为用户提供了友好的界面接口，当然，它还可以提供一些其他的辅助功能。

我们将在下一章学习开发以太坊智能合约和以太坊 DApp 的实践。

16.5 小结

本章介绍了以太坊智能合约的基本原理，主要有如下内容：

（1）Solidity 是当下最流行的以太坊智能合约编程语言，语法类似于 JavaScript，其定义的 Contract 结构类似 Java 中的 Class。

（2）只有把智能合约源码编译成 EVM 字节码和 ABI，才可以部署到以太坊网络上。

（3）EVM 字节码是以太坊能看得懂的一种特殊的二进制码，会在 EVM 内被转换成对应的 EVM 指令。

（4）ABI 以 JSON 格式记录了一个合约的状态变量、函数和事件，相当于开发者的接口文档，方便开发者调用执行合约。

（5）EVM 为即将运行的合约建立虚拟栈、虚拟内存等运行环境，再逐个执行该合约的 EVM 字节码对应的 EVM 指令。

（6）EVM 中的 Gas 消耗机制，使得恶意合约无法使用死循环等手段无成本地消耗系统资源，有效保证了 EVM 执行环境的安全性。

（7）DApp 生态由前端应用、区块链网络、智能合约组成。

（8）开发者开发前端应用和智能合约，并把智能合约部署到区块链上，由用户通过前端应用访问区块链中的智能合约。

第 17 章

以太坊进阶实践

17.1* 开发以太坊智能合约

本章我们将使用 Solidity 语言开发一个关于发行和转账代币的简单的智能合约示例,并将其部署到以太坊私有链上。

17.1.1 环境准备

Solidity 语言有多种开发工具及环境。

- Solc 是用 C++语言编写的 Solidity 的编译器,在 GitHub 上有源码可供分析,可以把 Solidity 源码编译成 EVM 字节码。
- TestRPC 是在本地使用内存模拟的一个以太坊环境,使开发调试方便快捷,可以预先配置好一些以太坊账户进行验证。
- Truffles 是非常流行的开发框架,能够在本地编译、部署智能合约。
- Remix 是以太坊官方推荐的智能合约开发 IDE,可以在浏览器中快速部署测试智能合约。

本章后续将基于 Remix 对智能合约的开发调试进行讲解,如果读者对另外几种开发工具及框架感兴趣,请自行查阅相关资料。

读者可以按以下步骤在本地安装 Remix(需要预先安装 Git 和 npm 工具)。

```
$ git clone https://github.com/ethereum/browser-solidity
$ cd browser-solidity
$ npm install
$ npm run prepublish
```

然后用如下命令启动。

```
$ npm start
```

之后就可以用浏览器访问 http://127.0.0.1:8080 进入 Remix 开发环境。

另外，如果读者不想在本地安装 Remix，也可以直接登录 Remix 的在线开发环境。

如图 17.1 所示，登录 Remix 后的界面大概可以分为四个区域：左边是目录，可以看到当前正在编辑的合约代码文件；中间上半部分为代码编写区，智能合约的代码就在该区域编写；中间下半部分为日志输出区，稍后在调试智能合约时可以看到输出的日志；右边为操作区，包含编译、调试等多项功能。

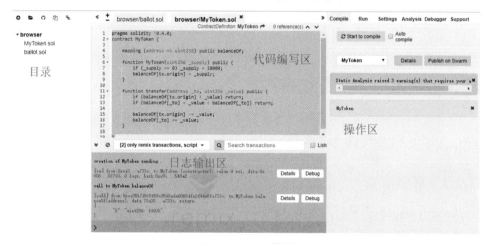

图 17.1　Remix 界面

17.1.2　编写合约

现在开发环境已经准备好了，可以进行智能合约代码的编写了。

如图 17.2 所示，单击 Remix 界面左上角的"+"号，在弹出的对话框内输入"MyToken.sol"，作为新建智能合约的代码文件名称，然后单击"OK"按钮，可以看到在 Remix 界面的目录中，出现了新建智能合约代码文件。

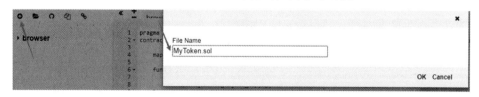

图 17.2　编写合约

双击"MyToken.sol"代码文件,然后在 Remix 的代码编写区中,编写以下代码。

```
pragma solidity ^0.4.0;
contract MyToken {
    mapping (address => uint256) public balanceOf;
    function MyToken(uint256 _supply) public {
        if (_supply == 0) _supply = 10000;
        balanceOf[tx.origin] = _supply;
    }
    function transfer(address _to, uint256 _value) public {
        if (balanceOf[tx.origin] < _value) return;
        if (balanceOf[_to] + _value < balanceOf[_to]) return;

        balanceOf[tx.origin] -= _value;
        balanceOf[_to] += _value;
    }
}
```

这是一个代币合约,有最基本的初始化(函数 MyToken)、查询(mapping 类型数据 balanceOf)、转账(函数 transfer)等功能。

其中函数 MyToken 为合约的构造器,这里用于初始化代币的总量,即使用户误操作输入为 0,智能合约的逻辑也会把代币总量默认值设为 10 000 个。

17.1.3 编译合约

现在代码已经写好,接下来就是编译了。

如图 17.3 所示,单击 Remix 界面右上角的"Settings"进入设置页面,然后在"Solidity version"下拉框处选择合适的编译器版本,这里选择"0.4.21+commit"版本。

图 17.3　编译合约(一)

如图 17.4 所示,单击 Remix 界面右上角的"Compile"进入编译页面,然后单击"Start to compile"按钮开始编译,并等待编译完成,编译成功后会出现合约名字的标签项。

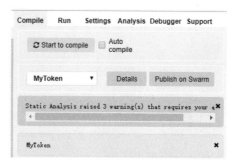

图 17.4 编译合约（二）

继续单击"Details"按钮，会弹出编译的详细结果，其中 EVM 字节码和 ABI 两项内容需要读者重点关注。

如图 17.5 所示，在编译结果的"BYTECODE"子项中，其中"object"为 Solidity 源码编译后的 EVM 字节码。

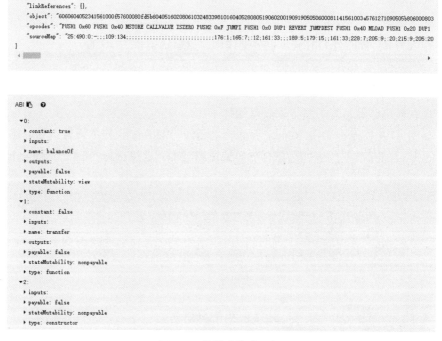

图 17.5 编译合约（三）

本示例的合约经过编译后，得到 EVM 字节码如下（即为图 17.5 中的 BYTECODE 之"object"）：

```
6060604052341561000f57600080fd5b60405160208061032483398101
6040528080519060200190919050506000811415610003a5761271090505b8060
00803273ffffffffffffffffffffffffffffffffffffffff1673ffffffffffffff
```

这里省去 12 行十六进制数。

```
ffffffffffffffffffffffffff1681526020019081526020016000206000828254
01925050819055505b50505600a165627a7a723058207aaab3410465eb04aa8c9
3ca7aef0168ce653eb90697717c36a8665bb345c3440029
```

而另一重要内容是编译结果的"ABI"子项，ABI 在稍后的发布合约、定位合约中大有用处，需要读者记录下来。本示例的合约经过编译后，得到 ABI 如下（即为图 17.5 中 ABI 的展开，可从图中 ABI 旁的复制符号将内容复制过来）：

[{"constant":true,"inputs":[{"name":"","type":"address"}],"name":"balanceOf","outputs":[{"name":"","type":"uint256"}],"payable":false,"stateMutability":"view","type":"function"},{"constant":false,"inputs":[{"name":"_to","type":"address"},{"name":"_value","type":"uint256"}],"name":"transfer","outputs":[],"payable":false,"stateMutability":"nonpayable","type":"function"},{"inputs":[{"name":"_supply","type":"uint256"}],"payable":false,"stateMutability":"nonpayable","type":"constructor"}]

17.1.4 调试合约

合约经过编译后，便可以进行调试了。

如图 17.6 所示，单击 Remix 界面右上角的"Run"进入运行页面，该运行页面是一个模拟以太坊智能合约运行的执行环境，其中"Account"可以选择并模拟多个以太坊账户的行为，"MyToken"下方的"uint256_supply"填写框，对应于源码的初始化函数 MyToken 的入参 _supply，指示本代币合约的代币初始量。我们在这里填上"10 000"，然后单击"Create"按钮。

图 17.6 调试合约（一）

下方随即出现一个合约的实例，如图 17.7 所示，该合约包括两个调用接口，分别对应源码的 mapping 类型数据 balanceOf 和函数 transfer。

图 17.7　调试合约（二）

可以单击上方"Account"右边的复制按钮，复制该模拟以太坊账户的账户地址（为方便下文描述，称该账户地址为账户 A），再把该账户地址粘贴到"balanceOf"填写框。注意需要在账户地址两边加上英文半角双引号（""）括上，然后单击"balanceOf"按钮。

如图 17.8 所示，"balanceOf"填写框的右方随即出现"0: uint256: 10000"的字样，代表着当前账户 A 的代币数量为 10 000 个。读者可以在上方"Account"下拉框选择另一个账户地址（为方便下文描述，称该账户地址为账户 B），然后用同样的方法查询账户 B 的代币数量，会发现代币数量是 0 个。

图 17.8　调试合约（三）

在"Account"下拉框中选择账户 A，代表接下来模拟执行的交易，交易发送方为账户 A。然后在"transfer"填写框填上""账户 B",100"，再单击"transfer"按钮。此时已经模拟把账户 A 的 10 000 个代币中的 100 个币转账给了账户 B。

之后再用上述方法查看账户的数据，会发现账户 A 的代币数量减为 9 900 个，而账户 B 的代币数量增加 100 个。这表明此次调试成功！

17.1.5　部署合约

经过调试的合约，可以部署到私有链环境里，此时合约代码经过编译后得到的 EVM 字节码和 ABI 则派上用场了。

现在打开 Geth 控制台用私有链方式运行，首先初始化 EVM 字节码和 ABI 的变量如下，这里需要特别注意，EVM 字节码要确保加上"0x"前缀。

给 bytes 赋值：

> bytes="0x6060604……（略）即为 17.1.3 节的 EVM 字节码加上 0x 前缀"

给 ABI 赋值：

> ABI=[{"constant":true,"inputs"……（略）即为 17.1.3 节的 ABI

之后执行如下命令进行合约的发布，注意 bytes 和 ABI 的位置。

> eth.contract(ABI).new(10000, {from:eth.accounts[0], data:bytes, gas:4700000})

此时，控制台显示：

```
{
  abi: [{
      constant: true,
      inputs: [{...}],
      name: "balanceOf",
      outputs: [{...}],
      payable: false,
      stateMutability: "view",
      type: "function"
  }, {
      constant: false,
      inputs: [{...}, {...}],
      name: "transfer",
      outputs: [],
      payable: false,
      stateMutability: "nonpayable",
      type: "function"
  }, {
      inputs: [{...}],
      payable: false,
      stateMutability: "nonpayable",
      type: "constructor"
  }],
  address: undefined,
  transactionHash:
"0x463fbdeee616e25db39143c9278ac534df830a488ce93425c3816d9e8262c3c4"
}
```

注：上述 abi 分为三节，分别为：{ …name: "balanceOf",… type: "function" }、{ …name: "transfer",… type: "function" }、{ … type: "constructor" }，将它们从 0 开始

编号，则对应于图 17.5 中 ABI 的编号，从这三节中的 name 和 type 可以看出。由于该 abi 是由 17.1.2 节中 "MyToken.sol" 源程序编译而成，故该 abi 的三节当然对应着源程序的三个函数，但是，abi 中构造器（type: "constructor"）移到了最后，其余次序不变。构造器在 abi 中没有 name，它在部署时执行，起合约初始化作用，但它后续不会被调用（没有名字当然调不到）。

如果执行报错 "authentication needed: password or unlock"，则表示账户需要先解锁，可参考上一章。

这里需要记下该发布合约的交易哈希值（即控制台变量 "transactionHash" 指示处），后面需要用到该交易哈希值。

该发布合约的交易不会被直接执行，目前只存在于 Geth 节点的交易池内，接下来需要执行如下命令启动以太坊私有链的挖矿。

```
> miner.start(1)
```

待至少"挖"到一个区块后，执行如下命令停止挖矿。

```
> miner.stop
```

再执行如下命令，查看发布合约的交易结果，此处需要用到刚刚记下来的交易哈希值。

```
>eth.getTransactionReceipt("0x463fbdeee616e25db39143c9278ac534df830a488ce93425c3816d9e8262c3c4")
```

上述命令中参数即为发布合约的交易哈希值（即 "transactionHash"），这时控制台返回信息为

```
{
  blockHash: "0x5507ce7e31661e5d7a353984ca7e448576f1c628ed16d00b05182219f39577cf",
  blockNumber: 1442,
  contractAddress: "0xe15d15cf849d8113fba13947d68e17fb1663dcdc",
  cumulativeGasUsed: 256418,
  from: "0xc93a95297d7d51e923ef04e108d88431adaddba1",
  gasUsed: 256418,
  logs: [],
  logsBloom: "0x00000000000000000000000000000000000000000000000000000000000000000000000000000000000000000000000000000000000000000000000000000000000000000000000000000000000000000000//这里省去 3 行 0。
000000000000000000",
  root:
```

```
"0x43d56fcddc8e1b940405b79acdc7222ebf49e062e1bfaf4c065298b40e1e6c6f",
    to: null,
    transactionHash:
"0x463fbdeee616e25db39143c9278ac534df830a488ce93425c3816d9e8262c3c4",
    transactionIndex: 0
}
```

可以看到，发布合约的交易已经被成功执行了，并且在以太坊私有链上成功创建了该合约，得到了合约地址（控制台变量"contractAddress"处）。此时，合约部署成功。

17.1.6 调用合约

根据合约地址和 ABI，继续执行如下命令。

```
> MyToken=eth.contract(ABI).at("0xe15d15cf849d8113fba13947d68e17fb1663dcdc")
```

得到的智能合约在 Geth 控制台中的"句柄"，就可以进行合约调用了。

执行如下命令查询本节点账户（本节点的钱包中的账户）的代币数量。

```
> MyToken.balanceOf.call(eth.accounts[0])
10000
> MyToken.balanceOf.call(eth.accounts[1])
0
```

可以看到，已成功查到作为合约创建者的本节点账户 0，在 MyToken 合约内有 10 000 个代币，查询到本节点账户 1 的代币数量是 0 个。

接下来执行如下命令进行转账操作。

```
> MyToken.transfer.sendTransaction(eth.accounts[1], 100,
{from:eth.accounts[0], gas:400000})
```

该命令会把本节点账户 0 内的 100 个代币转账给本节点账户 1。

跟发布合约的交易类似，该转账的调用交易也需要启动挖矿才可以完成执行，因此执行如下命令启动挖矿。

```
> miner.start(1)
```

待至少"挖"到一个区块后，执行如下命令停止挖矿。

```
> miner.stop
```

最后执行如下命令，分别查看本节点账户 0 和本节点账户 1 的代币数量。

```
> MyToken.balanceOf.call(eth.accounts[0])
9900
> MyToken.balanceOf.call(eth.accounts[1])
100
```

可以看到，已经成功地把 100 个代币从本节点账户 0 转账给了本节点账户 1。

需要进一步说明的是，为什么发布合约和调用合约需要启动以太坊私有链的挖矿，而查询合约却不需要呢？因为发布合约和调用合约会对以太坊的世界状态发生改变，是会导致区块新增的，所以需要挖矿来把交易打包进区块。而查询合约只需要查询本地的状态数据库就可以了，不需要挖矿。

17.2* 开发以太坊 DApp

在以太坊 DApp 中，智能合约只是其中的一部分，还需要通过前端应用接入用户的请求。本章将讲解如何开发一个简单而完整的以太坊 DApp。它麻雀虽小，五脏俱全！

同时为了让读者更好地了解 DApp 与传统的中心化应用在开发过程中的不同，本章的讲解会先根据需求实现一个中心化系统，再把该系统改造成一个基于以太坊区块链的去中心化应用。阅读本章内容需要读者有一定的基于 Java 的 Spring Boot 和 Maven 的项目开发经验。

由于篇幅关系，本章不会书写所有的代码，读者可以从 GitHub 上下载完整的代码。本书示例"mytoken"的 URL 为：https://github.com/fenghaoming/mytoken。

17.2.1 要做什么

本章将讲解如何开发一个发布和转账代币的系统，该系统主要有以下功能。

- 注册账户：用户可以在系统注册一个或多个账户，注册时只需要输入一次密码，该密码作为系统对该账户的认证，系统会随机生成一个账户 ID 返回给用户，用户需要记下该账户 ID，以便后续进行与代币相关的操作。
- 发布代币：用户可以根据已注册的账户和对应的密码，在系统发布一个或多个代币，需要输入初始金额，该初始金额会在发布后归属到该账户名下。
- 转账代币：用户可以把属于自己的某个账户名下的某种代币，转账给另外一个账户，接收方账户可以是自己的，也可以是别人的，需要输入具体的转账额。
- 查询代币：用户可以查询任意账户的任意代币的数量。

首先，我们会把这些需求放到一个传统的中心化应用系统中实现，用户可以用传统的方式使用这个系统。

如图 17.9 所示，所有用户通过浏览器向 Web 应用发起请求，经过 Web 应用处理后，数据会被存储到数据库中。但是所有用户的请求都用同一个 Web 应用来处理，并存储在同一个数据库中，会存在以下两方面的问题。

- 单点问题：容易出现机器故障导致请求无法处理或者数据丢失的情况。
- 篡改问题：在利益的驱使下，数据可能会被恶意用户所篡改。

而这些问题，都是因为数据是中心化处理和存储的，所以我们要把这个系统改造成一个去中心化的系统。

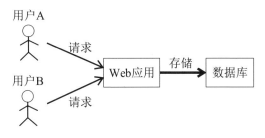

图 17.9　中心化应用系统

如图 17.10 所示，我们会把系统进一步改造成基于区块链的分布式系统，这里的区块链是指我们使用以太坊来搭建的一个私有链网络，然后开发的 Web 应用通过 Web3j 来对以太坊私有链中的节点进行 RPC 调用，不同的用户通过访问不同的 Web 应用（当然也可以访问同一个 Web 应用，只要用户信任这个 Web 应用就可以）来操作这整个系统。

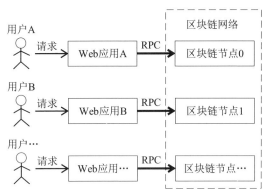

图 17.10　基于区块链的分布式系统

这样的系统避免了单点问题和篡改问题：一是区块链中的每个节点都存有整个

区块链数据账本的副本，即使某个节点上的数据丢失，也可以在其他节点上找回相同的数据；二是区块链的数据是经过密码学保护的，是天然防篡改的。

现在，相信读者已经了解我们接下来要做什么，并且为什么要这么做了，那么就让我们马上动手来实施吧。

17.2.2 环境准备

（1）本章讲解开发的系统主要依赖以下基础环境准备。

- JDK：笔者这里使用的版本为 1.8.0_131。
- Eclipse：传统中心化应用系统的 IDE。
- Maven：负责引入和管理 Spring Boot 和 Web3j 等必要的包。
- MySQL：中心化应用系统的数据存储。

以上为一般情况下开发传统 Java 应用系统所需要的环境依赖，本章不详细赘述安装步骤。

（2）由于引入了 Solidity 智能合约，所以需要安装 Solidity 语言的编译环境，这里我们选择使用 Solc 工具。执行以下命令安装 Solc 工具（需要预先安装 npm 工具）。

```
$ npm install -g solc-cli
```

（3）除了 Solidity 编译环境，还需要 Web3j 命令行工具把智能合约转换成 Java Bean。

读者可以自行下载 Web3j 工具，将其下载解压后把其中的 bin 目录加入系统 PATH 环境变量即可。

17.2.3 创建项目

（1）在 Eclipse 中按照 "New -> Project -> Maven Project" 新建 Maven 项目，项目名为 "mytoken"。

（2）编写 pom.xml 引入相关依赖。

（3）编写应用配置 mytoken/src/main/resources/application.properties。

（4）编写启动类 mytoken/src/main/java/com/fenghm/ethDApp/mytoken/ App.java。

17.2.4 初始化数据库

（1）在 MySQL 中创建本系统的数据库实例，数据库名和密码均使用 "mytoken"。

（2）执行如下 DDL 创建相关表结构：

```sql
#账户表
CREATE TABLE IF NOT EXISTS `account`(
    `account_id` VARCHAR(42) NOT NULL COMMENT '账户ID',
    `password` INT NOT NULL COMMENT '账户密码',
    `create_time` datetime DEFAULT CURRENT_TIMESTAMP COMMENT '创建时间',
    `update_time` datetime DEFAULT CURRENT_TIMESTAMP ON UPDATE CURRENT_TIMESTAMP COMMENT '修改时间',
    PRIMARY KEY ( `account_id` )
)ENGINE=InnoDB DEFAULT CHARSET=utf8;

#代币表
CREATE TABLE IF NOT EXISTS `my_token`(
    `my_token_id` VARCHAR(42) NOT NULL COMMENT '代币ID',
    `create_time` datetime DEFAULT CURRENT_TIMESTAMP COMMENT '创建时间',
    `update_time` datetime DEFAULT CURRENT_TIMESTAMP ON UPDATE CURRENT_TIMESTAMP COMMENT '修改时间',
    PRIMARY KEY ( `my_token_id` )
)ENGINE=InnoDB DEFAULT CHARSET=utf8;

#代币余额表
CREATE TABLE IF NOT EXISTS `my_token_balance`(
    `my_token_id`VARCHAR(42) NOT NULL COMMENT '代币ID',
    `account_id` VARCHAR(42) NOT NULL COMMENT '账户ID',
    `balance` BIGINT UNSIGNED NOT NULL COMMENT '代币余额',
    `create_time` datetime DEFAULT CURRENT_TIMESTAMP COMMENT '创建时间',
    `update_time` datetime DEFAULT CURRENT_TIMESTAMP ON UPDATE CURRENT_TIMESTAMP COMMENT '修改时间',
    PRIMARY KEY ( `my_token_id`, `account_id` )
)ENGINE=InnoDB DEFAULT CHARSET=utf8;
```

17.2.5 编写 DAO

注意，本章所说的 DAO 与前面章节所说的 DAO 合约不同，这里的 DAO 全称为 "Data Access Object"，是指一般 Web 应用中的数据访问层。

（1）编写账户数据存储

mytoken/src/main/java/com/fenghm/ethDApp/ mytoken/dao/AccountDAO.java

（2）编写代币数据存储

mytoken/src/main/java/com/fenghm/ethDApp/ mytoken/dao/MyTokenDAO.java

（3）编写代币余额数据存储

mytoken/src/main/java/com/fenghm/ethDApp/mytoken/dao/MyTokenBalanceDAO.java

17.2.6 编写 Service

（1）编写工具类

mytoken/src/main/java/com/fenghm/ethDApp/mytoken/ common/Tool.java。

（2）编写账户服务

mytoken/src/main/java/com/fenghm/ethDApp/mytoken/service/AccountService.java。

（3）编写代币服务

mytoken/src/main/java/com/fenghm/ethDApp/mytoken/service/MyTokenService.java。

17.2.7 编写 Controller

（1）编写导航主页控制器

mytoken/src/main/java/com/fenghm/ethDApp/mytoken/controller/HomeController.java。

（2）编写账户控制器

mytoken/src/main/java/com/fenghm/ethDApp/mytoken/controller/AccountController.java。

（3）编写代币控制器

mytoken/src/main/java/com/fenghm/ethDApp/mytoken/controller/MyTokenController.java。

17.2.8 编写前端页面

（1）编写导航主页

mytoken/src/main/webapp/home.jsp。

（2）编写注册账户请求页面

mytoken/src/main/webapp/static /account/register.html。

（3）编写注册账户结果页面

mytoken/src/main/webapp/account/register.jsp。

（4）编写发布代币请求页面

mytoken/src/main/webapp/static/ mytoken/deploy.html。

（5）编写发布代币结果页面

mytoken/src/main/webapp/ mytoken/deploy.jsp。

（6）编写查询代币请求页面

mytoken/src/main/webapp/static/mytoken /balanceof.html。

（7）编写查询代币结果页面

mytoken/src/main/webapp/mytoken /balanceof.jsp。

（8）编写转账代币请求页面

mytoken/src/main/webapp/static/mytoken/ transfer.html。

（9）编写转账代币结果页面

mytoken/src/main/webapp/mytoken/ transfer.jsp。

17.2.9 先运行看看

至此，一个传统的中心化应用系统已经基本成形，我们可以试着运行它了。

（1）在浏览器中输入"http://127.0.0.1:8088/mytoken/"登录导航主页。如图17.11所示，导航主页有注册账户、发布代币、查询代币、转账代币四个功能。

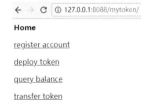

图 17.11　先运行看看——导航主页

（2）单击导航主页上的链接"register account"进入注册账户请求页面。如图17.12所示，在注册账户请求页面上，输入注册密码，这个密码需要读者记下来，后续一系列代币操作都需要用到该密码，单击"Submit"按钮提交注册账户请求。

图 17.12　先运行看看——注册账户请求页面

如图 17.13 所示，系统返回注册账户结果，其中账户 ID（这里为："0xfe8fba859afd72615b91e6de106d0fe68a5b76a9"）需要读者记下来，后续一系列代币操作都需要用到该账户 ID。

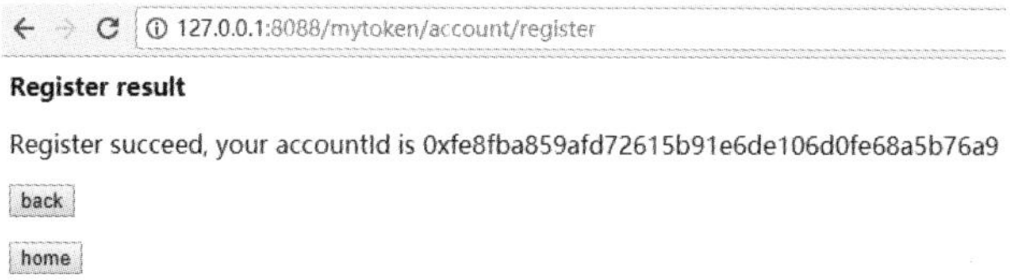

图 17.13　先运行看看——注册账户结果页面

（3）单击导航主页上的链接"deploy token"进入发布代币请求页面。

如图 17.14 所示，在发布代币请求页面上，填写刚刚注册账户的账户 ID 和密码，填写初始金额，单击"Submit"按钮提交发布代币请求。

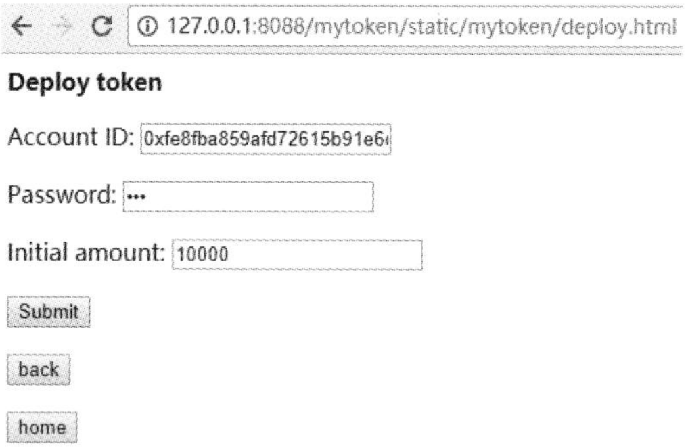

图 17.14　先运行看看——发布代币请求页面

如图 17.15 所示，系统返回发布代币结果，其中代币 ID（这里为："0x4899fe5232178d8c93af4d5aa256873c35ae03a1"）需要读者记下来，后续一系列代币操作都需要用到该代币 ID。

图 17.15　先运行看看——发布代币结果

（4）单击导航主页上的链接"query token"进入查询代币请求页面。

如图 17.16 所示，在查询代币请求页面上，填写新注册账户的账户 ID 和新发布代币的代币 ID，单击"Submit"按钮提交查询代币请求。

图 17.16　先运行看看——查询代币请求页面

如图 17.17 所示，系统返回查询代币结果，可以查询在新发布代币下新注册账户的代币余额。

图 17.17　先运行看看——查询代币结果页面

（5）接下来要进行转账代币的操作。在此之前，我们参考上述注册账户的步骤，再创建一个对手方账户，记下对手方账户的账户 ID（这里为："0x752d45d84d73d2c30e7ef88b9fe9f09ea0525465"）。单击导航主页上的链接"transfer token"进入转账代币请求页面。如图 17.18 所示，在转账代币请求页面上，依次填写最初创建账户的账户 ID 及对应的密码、新发布代币的代币 ID、对手方账户的账户 ID 和转账金额，单击"Submit"按钮提交转账代币请求。

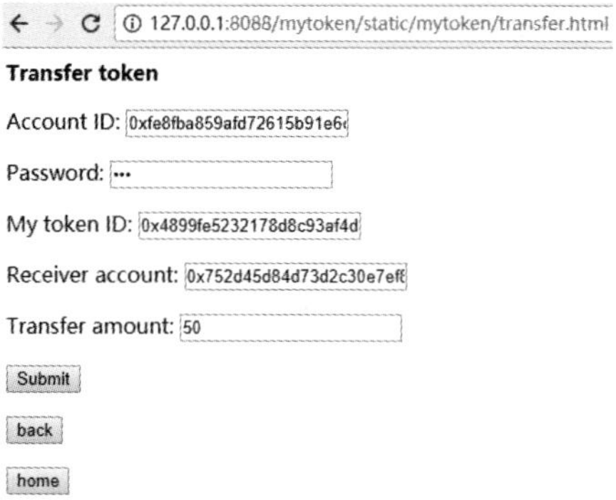

图 17.18　先运行看看——转账代币请求页面

如图 17.19 所示，系统返回转账代币结果，显示转账后的账户代币余额。之后读者可以按上述查询代币余额的步骤查询对手方账户的代币余额，会发现对手方账户收到了之前转账的代币。

图 17.19　先运行看看——转账代币结果页面

17.2.10　如何改造成 DApp

到目前为止，我们开发的这个系统好像跟区块链还没什么关系，不用急，我们接下来就把这个系统改造成一个基于以太坊区块链的 DApp 系统。

这个中心化应用系统的架构可以分为五层，自下向上分别为：数据库层、DAO层、Service 层、Controller 层、JSP 层，是比较典型的 Web 应用。如何将其改造成基于区块链的 DApp，我们在这里提出一种方案：将区块链类比成一个多方共享的、数据不可篡改的数据库，替换原来的数据库。

如图 17.20 所示，把本系统改造成基于区块链的 DApp，可以保持前端页面和 Controller 层逻辑基本不变，只需要从 Service 层进行改造，将其替换成基于区块链和智能合约的新 Service 层，即将应用的后端移植到上一章建立的以太坊环境中进行改造和调试。

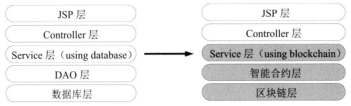

图 17.20　改造成 DApp

17.2.11　增加区块链配置参数

（1）编写 pom.xml，增加 Web3j 相关依赖。

```
......
<properties>
    ......
    <geth.version>4.0.1</geth.version>
</properties>
......
<dependencies>
......
    <!-- geth 连接 -->
    <dependency>
        <groupId>org.web3j</groupId>
        <artifactId>core</artifactId>
        <version>${geth.version}</version>
    </dependency>
    <dependency>
        <groupId>org.web3j</groupId>
        <artifactId>geth</artifactId>
        <version>${geth.version}</version>
    </dependency>
    <dependency>
        <groupId>org.web3j</groupId>
        <artifactId>parity</artifactId>
        <version>${geth.version}</version>
    </dependency>
</dependencies>
......
```

（2）到本地所搭建的以太坊私有链网络（参考第 15 章）的一个节点的 Geth 控制台中，执行如下命令：

```
> eth.coinbase
"0xc93a95297d7d51e923ef04e108d88431adaddba1"
```

可以看到笔者的 Geth 挖矿账户为："0xc93a95297d7d51e923ef04e108d88431adaddba1"，读者所得到的结果有可能不一样，后续操作请读者按实际情况进行替换。

到 Geth 的执行目录下的 keystore 目录中找到：

"UTC--2018-06-19T13-43-47.289391600Z--c93a95297d7d51e923ef04e108d88431adaddba1"的文件，复制到"F:/credentials/credentials0"下（该目录为改造后的账户文件存储目录，后面会用到），并将其重命名为："0xc93a95297d7d51e923ef04e108d88431adaddba1"。

同样地，到该私有链网络的另一个节点的 Geth 控制台中，找到该节点的挖矿账户的账户文件——笔者找到了名为：

"UTC--2018-06-18T13-29-19.218969396Z--090ae71ba33d7cb7210dd8cf52e61d6a0ab7b04f"的文件，复制到"F:/credentials/credentials1"下（后面查看运行效果时会用到），并将其重命名为"0x090ae71ba33d7cb7210dd8cf52e61d6a0ab7b04f"。

（3）编写应用配置 mytoken/src/main/resources/application.properties，增加区块链配置。

```
......
#geth 连接参数
geth.url=http://127.0.0.1:8546
gas.price=18000000000
gas.limit=4700000
account.folder=F:/credentials/credentials0
system.account.id=0xc93a95297d7d51e923ef04e108d88431adaddba1
system.account.password=123
```

其中各项参数解释如下。

- geth.url：具体启动的 Geth 客户端的 IP 地址和端口。
- gas.price：向区块链发送每笔交易的 Gas 价格。
- gas.limit：向区块链发送每笔交易消耗的 Gas 的上限。
- account.folder：改造后的账户文件存储目录。
- system.account.id：指定系统账户的 ID，同时也是系统账户文件的文件名，该系统账户用来为用户新增的账户分配以太币，以保证这些账户能顺利地进行区块链上的交易，这个系统账户可以选择所连接的 Geth 客户端的挖矿账户。
- system.account.password：指定系统账户的密码。

（4）增加区块链配置参数。

mytoken/src/main/java/com/fenghm/ethdapp/ mytoken/common/Constant.java。

```
package com.fenghm.ethdapp.mytoken.common;
```

······

```
public class Constant {
 static public String gethUrl;
 static public Admin admin;
 static public BigInteger gasPrice;
 static public BigInteger gasLimit;
 static public ContractGasProvider gasProvider;

 static public Path accountFolder;
 static public String systemAccountId;
 static public String systemAccountPassword;
 static public Credentials systemCredentials;
}
```

(5)增加区块链配置初始化程序。

mytoken/src/main/java/com/fenghm/ ethdapp/mytoken/init/Initializer.java。

```
package com.fenghm.ethdapp.mytoken.init;

······

@Component
public class Initializer implements CommandLineRunner {

 @Autowired
 private Environment env;

 @Override
 public void run(String... arg0) throws Exception {
     Constant.gethUrl = env.getProperty("geth.url");
     Constant.admin = Admin.build(new HttpService(Constant.gethUrl));
     Constant.gasPrice = new BigInteger(env.getProperty("gas.price"), 10);
     Constant.gasLimit = new BigInteger(env.getProperty("gas.limit"), 10);
     Constant.gasProvider = new StaticGasProvider(Constant.gasPrice, Constant.gasLimit);

     Constant.accountFolder = new File(env.getProperty("account.folder")).toPath();
     Constant.systemAccountId = env.getProperty("system.account.id");
     Constant.systemAccountPassword = env.getProperty("system.account.password");
```

```
        Constant.systemCredentials =
WalletUtils.loadCredentials(Constant.systemAccountPassword,

    Constant.accountFolder.resolve(Constant.systemAccountId).toString());

    ......

    }

}
```

17.2.12　生成智能合约 Java Bean

（1）使用 Solidity 语言编写智能合约 MyToken.sol。

```
pragma solidity >=0.4.22 <0.6.0;

//引入安全计算函数库
import "./SafeMath.sol";

contract MyToken {

    //把安全计算应用于uint256类型
    using SafeMath for uint256;

    //记录每个账户地址的代币余额
    mapping (address => uint256) public balanceOf;

    //构造函数
    constructor(uint256 _supply) public {
        if (_supply == 0) _supply = 10000;
        balanceOf[msg.sender] = _supply;
    }

    //转账函数
    function transfer(address _to, uint256 _value) public {
        balanceOf[msg.sender] = balanceOf[msg.sender].sub(_value);
        balanceOf[_to] = balanceOf[_to].add(_value);
        //触发事件
        emit remain(msg.sender, balanceOf[msg.sender]);
    }

    //定义事件，用来记录转账之后还有多少代币余额
    event remain(address account, uint256 amount);
```

}

（2）由于该合约引用了安全计算函数库，所以需要编写智能合约 SafeMath.sol。

```
pragma solidity >=0.4.22 <0.6.0;

……

library SafeMath {
……
    function mul(uint256 a, uint256 b) internal pure returns (uint256) {
//参见：https://github.com/OpenZeppelin/openzeppelin-solidity/pull/522
        if (a == 0) {
            return 0;
        }

        uint256 c = a * b;
        require(c / a == b);

        return c;
    }

……
    function div(uint256 a, uint256 b) internal pure returns (uint256) {
        // Solidity 会自动处理被 0 除的非正常情况
        require(b > 0);
        uint256 c = a / b;
        return c;
    }

……
    function sub(uint256 a, uint256 b) internal pure returns (uint256) {
        require(b <= a);
        uint256 c = a - b;

        return c;
    }

……
    function add(uint256 a, uint256 b) internal pure returns (uint256) {
        uint256 c = a + b;
        require(c >= a);

        return c;
    }
```

```
......
    function mod(uint256 a, uint256 b) internal pure returns (uint256) {
        require(b != 0);
        return a % b;
    }
}
```

（3）在 MyToken.sol 和 SafeMath.sol 的目录下，执行如下命令。

```
$ solcjs MyToken.sol SafeMath.sol --abi --bin -o ./
```

执行完成后，会发现该目录生成了 MyToken 合约的字节码文件 MyToken_sol_MyToken.bin 和 ABI 文件 MyToken_sol_MyToken.abi。

（4）继续执行如下命令。

```
$ web3j solidity generate -b MyToken_sol_MyToken.bin -a
MyToken_sol_MyToken.abi -o . -p c
om.fenghm.ethdapp.mytoken.contract
```

执行完成后，会发现在目录 com/fenghm/ethdapp/mytoken/contract 下生成了 Java Bean 文件 MyToken_sol_MyToken.java。

（5）把该 Java Bean 文件放入本章上述的项目内 mytoken/src/main/java/com/fenghm/ethdapp/mytoken/contract/MyToken_sol_MyToken.java。

17.2.13 改造 Service

（1）修改账户服务（Service）

mytoken/src/main/java/com/fenghm/ethDApp/mytoken/service/AccountService.java。

```
package com.fenghm.ethdapp.mytoken.service;

......

@Service
public class AccountService {

    // 注册账户
    public String register(String password) {
        // 创建以太坊账户文件
        String walletFileName = null;
        try {
            walletFileName = WalletUtils.generateNewWalletFile(password,
Constant.accountFolder.toFile());
```

```
        } catch (Exception e) {
            throw new RuntimeException(e);
        }

        // 把以太坊账户文件改为以账户地址命名
        String accountId = "0x"
                +
walletFileName.substring(walletFileName.lastIndexOf("--") + 2,
walletFileName.lastIndexOf("."));
        File walletFile =
Constant.accountFolder.resolve(walletFileName).toFile();
        File newWalletFile =
Constant.accountFolder.resolve(accountId).toFile();
        walletFile.renameTo(newWalletFile);

        // 用系统账户（即Geth的挖矿账户）转一笔以太币给新创建的账户，保证该新创建的账
        // 户能够顺利进行交易
        try {
            Transfer.sendFunds(Constant.admin,
Constant.systemCredentials, accountId, BigDecimal.valueOf(1L),
                    Convert.Unit.ETHER).send();
        } catch (Exception e) {
            throw new RuntimeException(e);
        }

        return accountId;
    }

}
```

注意，该注册账户的服务，会为每个新注册的账户分配一定的以太币，以保证后续该账户在太坊上可以正常地进行交易。

（2）修改代币服务

mytoken/src/main/java/com/fenghm/ethdapp/ mytoken/ service/MyTokenService.java。

```
package com.fenghm.ethdapp.mytoken.service;

......

@Service
public class MyTokenService {

    // 发布代币
    public String deploy(String accountId, String password, BigInteger
```

```java
balance) {
        // 从账户文件加载以太坊账户
        Credentials credentials = null;
        try {
            credentials = WalletUtils.loadCredentials(password,
Constant.accountFolder.resolve(accountId).toString());
        } catch (Exception e) {
            throw new RuntimeException(e);
        }

        // 发布代币
        MyToken_sol_MyToken myToken = null;
        try {
            myToken = MyToken_sol_MyToken.deploy(Constant.admin,
credentials, Constant.gasProvider, balance).send();
        } catch (Exception e) {
            throw new RuntimeException(e);
        }

        return myToken.getContractAddress();
    }

    // 转账代币
    public BigInteger transfer(String accountId, String password, String myTokenId, String to, BigInteger value) {
        // 从账户文件加载以太坊账户
        Credentials credentials = null;
        try {
            credentials = WalletUtils.loadCredentials(password,
Constant.accountFolder.resolve(accountId).toString());
        } catch (Exception e) {
            throw new RuntimeException(e);
        }

        // 根据合约地址定位以太坊中的智能合约
        MyToken_sol_MyToken myToken = MyToken_sol_MyToken.load(myTokenId,
Constant.admin, credentials,
                Constant.gasProvider);

        // 转账代币
        TransactionReceipt receipt = null;
        try {
            receipt = myToken.transfer(to, value).send();
        } catch (Exception e) {
            throw new RuntimeException(e);
```

```java
        }
        if (!receipt.isStatusOK()) {
            throw new RuntimeException("transfer error");
        }

        // 利用智能合约中的事件，查询账户转账后的余额
        List<RemainEventResponse> remainEventList =
myToken.getRemainEvents(receipt);
        RemainEventResponse remainEvent = remainEventList.get(0);
        BigInteger balance = remainEvent.amount;

        return balance;
    }

    // 查询代币
    public BigInteger balanceOf(String myTokenId, String accountId) {
        // 根据合约地址定位以太坊中的智能合约
        MyToken_sol_MyToken myToken = MyToken_sol_MyToken.load(myTokenId,
Constant.admin, Constant.systemCredentials,
                Constant.gasProvider);

        // 查询账户余额
        BigInteger balance = null;
        try {
            balance = myToken.balanceOf(accountId).send();
        } catch (Exception e) {
            throw new RuntimeException(e);
        }

        return balance;
    }

}
```

17.2.14 增加调度分配以太币

在新注册账户服务 AccountService.java 中，系统账户会为每个新注册的账户分配一些以太币。但随着该账户交易的不断发生，这个初始分配的以太币总会有消耗完的一天，所以还需要一个调度程序，按每天一次（凌晨零点）的频率为每个账户分配一定量的以太币。

编写调度程序

mytoken/src/main/java/com/fenghm/ethdapp/mytoken/schedule/ScheduledTasks.java。

```java
package com.fenghm.ethdapp.mytoken.schedule;

……

@Component
public class ScheduledTasks {

    @Scheduled(cron = "0 0 0 * * ?")
    public void allocateEth() {
        System.out.println("allocateEth begin");
        for (File file : Constant.accountFolder.toFile().listFiles()) {
            System.out.println("found file: " + file);
            if (!file.isFile()) {
                continue;
            }
            String accountId = file.getName();
            if (accountId.equals(Constant.systemAccountId)) {
                continue;
            }
            System.out.println("allocate eth to " + accountId);
            try {
                Transfer.sendFunds(Constant.admin,
Constant.systemCredentials, accountId, BigDecimal.valueOf(1L),
                        Convert.Unit.ETHER).send();
            } catch (Exception e) {
                e.printStackTrace();
                throw new RuntimeException(e);
            }

        }
        System.out.println("allocateEth finished");
    }

}
```

17.2.15 再运行看看

到这里，这个系统已经被改造成了一个基于以太坊的 DApp 系统，我们可以再运行看看效果。怎么运行呢？是按照之前的步骤用浏览器在同一个网站上注册、发布、查询、转账走一遍吗？不不不，如果跟之前一样运行，那就跟一个中心化应用系统没什么区别，我们的改造就没有意义了，所以我们要用另一种方式运行这个系统。

（1）分别启动两个 Geth 客户端，注意启动时要开启 RPC 端口，也就是在启动命令中要加上参数" --rpc --rpcapi "db,eth,net,web3,personal" --rpccorsdomain "*" --rpcport 8546"。对在同一台机器设备上启动的两个 Geth 客户端，还要注意区分启动的端口是否相同。

笔者这里第一个 Geth 客户端的启动命令为

```
$ geth --datadir data --networkid 20140628 --rpc --rpcapi "db,eth,net,web3,personal" --rpccorsdomain "*" --rpcaddr 0.0.0.0 --nodiscover --port 16333 --rpcport 8546 console
```

第二个 Geth 客户端在一台远程 IP 为"192.168.213.134"的机器上启动，启动命令为

```
$ geth --datadir data --networkid 20140628 --rpc --rpcapi "db,eth,net,web3,personal" --rpccorsdomain "*" --rpcaddr 0.0.0.0 --nodiscover --port 16333 --rpcport 8547 console
```

读者可以根据自己的实际情况进行参考。

（2）把这两个客户端连接组成一个区块链网络，这部分操作可以参考第 15 章。

（3）启动至少一个 Geth 客户端挖矿。

（4）准备两个 Web 应用的 Properties 参数。

笔者这里第一个 Web 应用实例的参数设置如下：

```
#geth 连接参数
geth.url=http://127.0.0.1:8546
gas.price=18000000000
gas.limit=4700000
account.folder=F:/credentials/credentials0
system.account.id=0xc93a95297d7d51e923ef04e108d88431adaddba1
system.account.password=123
```

第二个 Web 应用实例的参数设置如下：

```
#geth 连接参数
geth.url=http://192.168.213.134:8547
gas.price=18000000000
gas.limit=4700000
account.folder=F:/credentials/credentials1
system.account.id=0x090ae71ba33d7cb7210dd8cf52e61d6a0ab7b04f
system.account.password=123
```

其中需要特别注意的是，geth.url 决定了该 Web 应用端要连接不同的 Geth 客户端，account.folder 决定了该 Web 应用端要使用不同的账户文件目录，system.account.id 决定了该 Web 应用端要使用不同的系统账户文件——该文件是事先从所

连接的 Geth 客户端根据挖矿账户复制下来并重命名的。

（5）如果两个 Web 应用实例在同一台机器上启动，那么还需要注意使用不同的上下文根端口。

笔者这里第一个 Web 应用实例的参数设置如下：

```
#端口及上下文根
server.port=8088
server.context-path=/mytoken
```

第二个 Web 应用实例的参数设置如下：

```
#端口及上下文根
server.port=8089
server.context-path=/mytoken
```

（6）准备工作终于做完了，现在可以启动这两个 Web 应用实例了。

（7）分别在浏览器中输入"http://127.0.0.1:8088/mytoken/"和"http:// 127.0.0.1:8089/mytoken/"，登录两个 Web 应用实例的导航主页。

如图 17.21 所示，两个 Web 应用实例已经成功启动，它们拥有同样的功能，只是启动端口不一样（一个是 8088，另一个是 8089），接下来我们分别使用这两个 Web 应用实例模拟这两个不同的用户。

图 17.21　再运行看看——导航主页

（8）分别在两个 Web 应用上注册账户。

如图 17.22 所示，记下这两个账户 ID（笔者这里的账户 ID 分别为"0xd4ab72795b37b4187ab1498a6de090f8d02e95fb"和"0xc48ac04b8a5b87bf3ec30a153af3fc02069ee3e6"）。

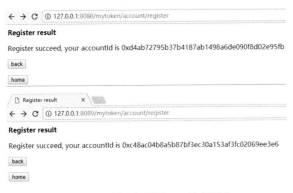

图 17.22 再运行看看——注册账户

（9）然后用其中一个账户在对应的 Web 应用上发布代币。如图 17.23 所示，记下已发布代币的代币 ID（笔者这里为："0x5732a5dd0ebcd8ea7ced92dfa2e2cdd2f6806683"）。

图 17.23 再运行看看——发布代币

（10）分别查看两个账户在该代币下的代币余额。

如图 17.24 所示，其中第一个账户有发布时的代币初始金额，而另一个账户是没有代币余额的。

图 17.24 再运行看看——代币初始余额

（11）在第一个 Web 应用上，从第一个账户对另一个账户进行转账。如图 17.25

所示，第一个账户对另一个账户进行了转账。

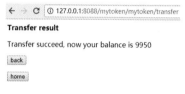

图17.25　再运行看看——转账代币

（12）再次查看两个账户在该代币下的代币余额。如图17.26所示，可以看到，在第一个Web应用上的转账操作，使得第二个Web应用上的账户也能收到对应的代币。实验成功！

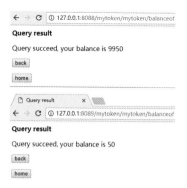

图17.26　再运行看看——转账后代币余额

17.2.16　还可以怎么优化

接下来，从易用性或者安全性等方面对这个系统进一步优化。

（1）目前标识一个账户或者一种代币，使用的是以"0x"开头的40个十六进制的字符串，该字符串就是以太坊里的账户地址，或者说是合约地址，它是由以太坊随机生成的。这种随机字符串，对于用户记忆来说，是非常不友好的，例如，用户发布一种代币之后，很难记住其ID来进行后续的相关查询或者转账操作。因此，读者可以尝试自己给某个账户或者某种代币起"别名"，再由MySQL数据库记录下"别名"与随机ID的映射关系，用户在进行操作时就只需要输入"别名"，再由系统转换成对应的随机ID来进行后续处理。这样，可以增加系统的用户友好度。

（2）经过前面章节的学习，我们已经知道在以太坊上进行交易需要消耗一定的以太币来购买Gas。在本次改造中，我们使用的以太币分配方式，一方面在账户创建时预分配了一些以太币，另一方面通过每天的调度再分配一些以太币。进一步优化这种分配方式，把以太币类比成这个系统的积分，用户在系统上的操作可以累积积分，更多积分意味着可以进行更多的操作。

（3）目前 Web 应用调用 Geth 客户端是通过 Web3j 进行同步调用的，即在 Service 层里是使用 send 函数进行调用的。这种调用方式会阻塞用户请求，使用户在页面单击提交请求后，需要等待相当长的时间，才能收到系统的返回，因为以太坊上的每一笔交易都需要通过挖矿来执行和确认。可以改为在 Service 层里使用 Web3j 的 sendAsync 函数来对 Geth 客户端进行异步调用，让请求马上应答用户，从而使用户操作更加流畅。

（4）目前该系统的前端页面是以 post 方式向后端提交请求的，在某些浏览器中进行动作刷新会重复提交请求，如可能会出现用户不知情的重复转账情况。当然，如果改为以 get 方式提交请求，那么把密码直接填写在 URL 上也不是很妥当，而且目前该 Web 应用的用户权限管理是直接使用以太坊的账户文件管理的。在前端页面直接输入以太坊账户文件的 keystore 文件密码，这种做法也不是很妥当，可以思考如何进一步优化以太坊 keystore 文件和系统用户权限与安全管理。

读者可以尝试对这个系统进行进一步优化，加深对以太坊 DApp 和 Web3j 的理解。

17.3 小结

本章开发了一个传统的基于关系数据库的 Web 应用系统，并在此基础上引入以太坊区块链，将其改造成一个去中心化、具有防篡改功能的分布式系统。具体的改造过程有以下几点。

- 数据存储位置：把数据从存储在关系数据库上，改为存储在区块链上，也就是让数据上链，这样可以达到防篡改的目的。
- 业务逻辑位置：原来的业务逻辑，例如，账户密码的判断，余额是否充足的判断，均书写在 Service 层中，而改造后，这些业务逻辑就书写在智能合约层（即示例中的 Solidity 代码）中，也就是让逻辑上链，这样可以达到公开透明的效果。
- 部署方式：原来是单节点部署启动，改造之后为多节点部署启动，在实际的应用中，应该把不同的节点部署到不同的利益相关方，这样一来可以进一步达到防篡改的目的，另外在某个节点数据丢失时，可以从另外的节点重新获取数据。

经过这些改造，读者应该能基本了解 DApp 与传统应用系统在开发上和功能上的不同。

第 18 章 共识算法

区块链是天然的冗余分布式系统,包含多个节点,并且每个节点在任何时刻,或者至少在较短延迟的时间段内,需要拥有相同的数据。要达成这个目标的解决方案就是制定一套共识算法。本章我们来看看区块链中常见的共识算法有哪些,而它们又是发挥怎样作用的。

18.1 什么是共识算法

18.1.1 状态机复制

在正式介绍什么是共识算法之前,我们先来看看,假如区块链中没有共识算法,会出现什么情况。

如图 18.1 所示,假设某个区块链网络内有 A、B、C 三个节点,里面都存储了一个数据 x,x 当前的值都为 5,那么我们说,这个区块链里当前所有节点的状态是保持一致的。

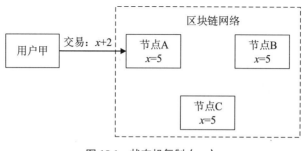

图 18.1 状态机复制(一)

现在有一用户甲，通过节点 A 向区块链发送一笔交易，该交易的内容为把 x 加上 2，那接下来区块链会发生什么变化呢？

如图 18.2 所示，节点 A 会把这笔交易广播到区块链中的其他节点，并且其他节点也会相互广播这笔交易。所以，所有节点都会收到这笔交易，并执行这笔交易，计算 5+2 得到 x 最新的值为 7。现在区块链中各个节点都达到了新的状态，即数据 x 都为 7，仍然是保持一致的。

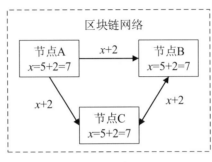

图 18.2　状态机复制（二）

在分布式系统中把各个节点，从某个一致的状态（$x=5$），通过分别执行相同的操作（x 加上 2），转换成另一个一致的状态（$x=7$），这种机制称为状态机复制（State Machine Replication）。

18.1.2　分布式的问题

那是不是只需要利用状态机复制，就可以让区块链中所有节点的状态保持一致呢？接下来看看下面这种情况。

如图 18.3 所示，接上面的例子，本来节点 A、B、C 的 x 的值都为 7，现在用户甲通过节点 A 发起交易，交易内容为 x 加上 3，而同时用户乙也通过节点 C 发起交易，交易内容则为 x 乘以 2。节点 A 先收到用户甲的交易，后收到用户乙的交易，所以先计算 7+3，把计算的结果再乘以 2，得到最终结果 $x=20$。而节点 C 正好相反，先收到用户乙的交易，再收到用户甲的交易，所以计算的顺序反过来，先计算 7×2，把计算的结果再加上 3，得到最终结果 $x=17$。另外，由于节点 B 的网络出现的问题，两笔交易都未能收到，并未做任何计算，x 仍然保持着原来的值 7。

可以看到，由于网络或者节点本身宕机的问题，区块链中某些节点可能因为没有执行某些交易，而跟其他节点的状态不一致。即使两个节点执行了同样的一些交易，也有可能因为执行的顺序不一样，导致执行结果不同，而拥有完全不同的状态。这个时候，共识算法就派上用场了。

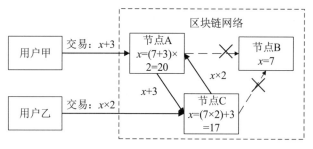

图 18.3　分布式的问题

所谓共识，简单理解就是指大家都达成一致。共识算法其实就是一个规则，区块链中每个节点都按照这个规则去确认各自的数据，使得最终所有节点，或者至少大部分节点，都能拥有相同的数据。

共识算法是一系列具有共识能力的算法的统称，包括 Paxos、RAFT、PBFT、PoW、PoS、DPoS 等，其中 PoW 机制已经在公有链中有所介绍，其他的算法也会在本章一一进行介绍。

共识算法第一个要解决的就是上述由于消息不可达、执行顺序不一致而造成的各节点最终状态不一致的问题。下一节我们来看看，共识算法中的 Paxos 算法是怎么解决这个问题的。

18.2* Paxos 算法

Paxos 算法是 Leslie Lamport 于 1990 年提出的一种基于消息传递且具有高度容错特性的一致性算法。

18.2.1　算法流程

Paxos 算法将分布式系统中的节点分为三种类型。

（1）提案者（Proposer）：每个提案者都分别向接收者提交一个值，等待接收者的返回，如果得到半数以上接收者的支持，则认为该值通过，这里的值是一个抽象的概念，不仅仅指某个数值，也可以是一个操作、一笔交易，在区块链里更是指一个区块，下文会讲到；提案者还有另一种"促成"作用，就是当发现网络中有一个比自己更新的提案时，会放弃自己原先的提案，帮助促成这个更新的提案。

（2）接收者（Acceptor）：负责对所有提案者提出的值达成共识，如果超过半数以上的接收者同时支持某个值，那么这个值就是本次共识的最终结果。

（3）学习者（Learner）：被告知共识结果，不直接参与共识过程，只需要对共识结果进行备份。

如图 18.4 所示，在一个使用 Paxos 的分布式网络中，会有多个提案者、多个接收者，或者多个学习者。提案者相互之间不会建立网络连接，接收者之间和学习者之间也是一样的。每个提案者都分别与各个接收者建立网络连接。三种节点的数据不一定相等，在实际使用的过程中，提案者的数量往往多于接收者，也可以没有学习者。

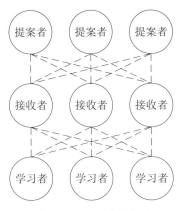

图 18.4　Paxos 节点类型

由于学习者不直接参与共识过程，所以我们只需要把提案者和接收者的行为逻辑搞清楚，就可以理解 Paxos 算法了。现在，我们假设网络中所有接收者的数目都是明确的，而且所有节点都是诚实的，只会按照约定的算法运行，那么它们是怎么达成一致的呢？

现在，我们先来定义每个提案者和每个接收者分别有如下内置变量。

每个提案者最初都是带着某个自己希望的值来参加共识的，这里我们称某个提案者希望的值为 $v0$。然后提案者以后每次对接收者发送请求都会带上一个版本号，我们称这个版本号为 n；

每个接收者都会时刻记录着 3 个要素：曾经收到过的最大版本号 $maxN$、当前认可的版本号 $acceptN$、当前认可的值 $acceptV$。

如图 18.5 所示，Paxos 算法原理基于如下几个阶段。

（1）初始化阶段

每个提案者的版本号 n，初始都设为 0。

一开始接收者都没有收到来自提案者的请求，也就没有认可任何的值，所以这时接收者会把 $maxN$ 初始化为 0，把 $acceptN$ 和 $acceptV$ 都初始化为 null（空）。

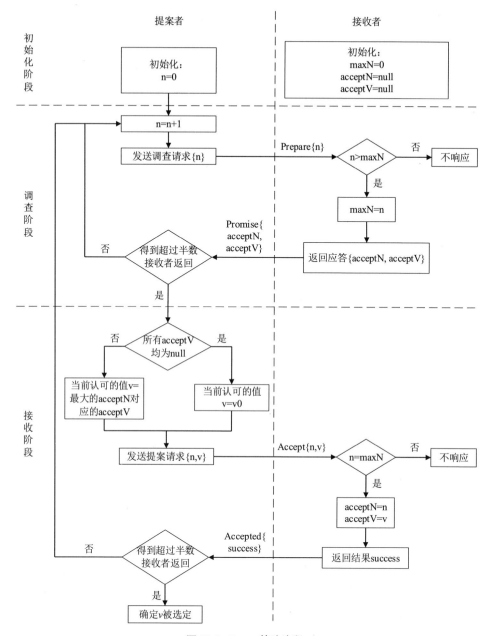

图 18.5 Paxos 算法流程

（2）调查阶段

步骤1：每个提案者都会将自己的 n 自增1，然后向所有接收者发送准备（Prepare）请求，请求的内容只包含 n。

步骤2：接收者收到某个提案者的准备请求和其中的 n 后，与自己的 maxN 进行比较，如果大于 maxN 则把 maxN 更新为 n，否则不响应。

步骤3：接收者把 acceptN 和 acceptV 作为应答（Promise）返回给提案者。

步骤4：如果提案者能收到半数以上的接收者的应答，则进入接收阶段，否则返回步骤 1。

（3）接收阶段

步骤5：提案者判断所有收到的接收者的应答 acceptV 是否都为 null，如果是，则当前认可的值 v 为自己最开始希望的值 $v0$，否则从那些不为 null 的 acceptN 和 acceptV 中找到最大的 acceptN 及对应的 acceptV 作为当前认可的值 v。

步骤6：提案者向所有接收者发送接收请求，内容包括 n 和 v。

步骤7：接收者收到某个提案者的接收请求及其中的 n 和 v，判断 n 与自己的 maxN 是否相等，如果相等就分别把 acceptN 更新为 n，acceptV 更新为 v，否则不响应。

步骤8：接收者返回成功。

步骤9：如果提案者能收到半数以上的接收者的应答，就认为 v 就是这次共识的最终结果，否则重新进入调查阶段的步骤 1。

18.2.2 算法要点

Paxos 算法是如何保证所有提案者的一致性的？要理解这个问题，只需把握以下几个要点即可。

（1）要点一：所有接收者的数目是明确的，否则步骤 4 和步骤 9 中的"半数以上"无法定义。另外，要保证整个网络所有节点都是诚实的，只按照以上算法运行，不会从中作梗。在这个网络中会出现的异常情况只可能是有些节点宕机，或者有些信息由于网络原因中途丢包。

（2）要点二：步骤 2 中把提案者的 n 与接收者的 maxN 进行比较，只有 n 大于 maxN，接收者才接收提案者的请求并把 maxN 更新为 n，这实际上就是提案者对所有接收者索要承诺的过程。如果得到某个接收者的承诺，在后面步骤 7 中出现 n 与 maxN 不相等的情况，则证明在提案者的两次请求期间，有其他的提案者以更大的 n 把接收者的 maxN 更新了——把该接收者弄失忆了，使他忘了对前一个提案者的承诺，重新答应本次提案者的承诺。

（3）要点三：步骤 4 中提案者只有收到超过半数的接收者的应答才会进入接收阶段，以此保证在这一时刻能进入接收阶段的提案者只有一个，并且那些没有收到其应答的接收者（如果有的话）的 acceptN，一定都小于当前提案者的 n。因为如果其他某个提案者要对接收者实行步骤 7 来更新接收者的 acceptN，就必然需要经历步骤 2 的索要承诺的过程得到超过半数的接收者的支持并更新其 maxN。如果存在没有收到其应答的接收者的 acceptN 大于或等于当前提案者的 n 的情况，那么必然有超过半数接收者的 maxN 大于或等于当前提案者的 n，这与当前提案者能得到超过半数接收者的应答是矛盾的。之所以当前提案者能得到超过半数接收者的应答，是因为当前提案者的 n 比这些接收者原来的 maxN 都要大。

（4）要点四：步骤 5 中提案者发现了至少有一个接收者已经接受了某个提案，则可以肯定的是曾经至少有半数以上的接收者承诺过接受这个提案，只是不知道最后这些承诺了的接收者是否都真的接受了，所以这个时候本提案者会放弃自己原来希望的提案，转而支持这个提案。

（5）要点五：步骤 9 中提案者能成功收到超过半数的接收者的返回，证明已经有半数以上的接收者的 acceptN 更新为提案者当前的 n 了，结合要点二的证明，说明本提案者收到的半数以上接收者更新的 acceptN，一定是当前所有接收者中的 acceptN 中最大的。当其他提案者进行到步骤 5 和步骤 7 时，会得到本提案者的 n 和 v 并更新给所有的接收者。所以，本提案者的 v 一定是最终的结果，之后也会被其他提案者认可。

18.2.3　算法与区块链

那么 Paxos 算法如何应用于区块链呢？

前面说到，每个提案者都分别向接收者提出一个值，这个值应用到区块链中，就是一个打包好交易并且把交易排好序的区块了。

如图 18.6 所示，在上述 Paxos 算法流程中，在区块链中的接收者，就是各个需要共识的区块链节点。接收者在区块链中，就需要额外添加的仲裁服务器，而提案者发给接收者的所谓的提案值 v，其实就是一个把交易打包好、排好序的区块。

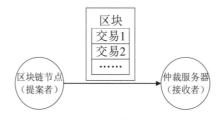

图 18.6　Paxos 算法与区块链

所以，Paxos 算法如果应用在区块链中，就是各个区块链节点商量到底以谁的区块为准（包含哪些交易，执行这些交易的顺序怎样）的过程。

但是，由于 Paxos 算法在实现上比较复杂，且提案者与接收者之间需要至少两轮交互，所以会有一定的网络开销和性能压力，并且还需要启动额外的服务器作为接收者，因此在实际应用中较少使用，一般会使用 Paxos 算法的简化版——RAFT 算法，这个将在下面讲解。

18.3* RAFT 算法

与 Paxos 算法一样，RAFT 算法也是在分布式系统中把多个节点的数据状态促成一致的共识算法，但与 Paxos 算法不同的是，RAFT 算法简化了系统内各节点的交互，降低了网络开销，并且不需要额外的节点（Paxos 算法中的接收者）作为辅助，现在我们来看看 RAFT 是如何做到的。

18.3.1 节点状态

在分布式系统中，使用 RAFT 算法的节点可能会经历三种状态，如下所述。

- 领导者（Leader）：负责接收客户端的请求，并将请求封装成区块，复制到其他节点。
- 跟随者（Follower）：被动地接收来自领导者或者候选者的请求，进行选举和应答。
- 候选者（Candidate）：跟随者到领导者之间的一个过渡状态。

之所以说这是三种节点状态，而不是三种节点类型，是因为每个节点都可以在这三种状态之间转换自己的角色身份。如图 18.7 所示，同一个节点在某些条件下，是可以从一种状态转化为另一种状态的。至于这个转化是如何完成的，我们需要看看 RAFT 算法是如何选举领导者的。

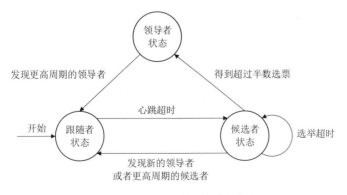

图 18.7 RAFT 算法的节点状态

18.3.2 选举领导者

在介绍各个节点选举领导者之前，我们先来了解一下各个节点的相关概念，如下。

- 心跳报文（Heartbeat）：领导者会每隔一段固定的时间向所有跟随者发送心跳报文。心跳报文的作用有两个：一是进行区块复制，这个后面介绍；二是告知所有跟随者"目前我还活着"，避免出现跟随者自动转化为候选者继而竞争成为新的领导者。
- 选举请求（Request）：候选者会发送选举请求给其他节点，请求其他节点认可自己作为最新的领导者。
- 超时时间（Timeout）：超时时间有两个作用。一是跟随者在超时时间内一直都没有收到领导者的心跳报文或者候选者的选举请求，会自动转化为候选者并开始竞争成为新的领导者，如果收到领导者的心跳报文或者候选者的选举请求，就会把超时时间重置，即重新开始超时时间的倒计时；二是候选者在发送完选举请求之后，会启动超时时间的倒计时，如果在这段时间内收到超过半数（包括自己）的认可，就会变成领导者，否则会进入下一个周期的选举。需要注意的是，超时时间不是固定的，每次重置都会在一定范围内随机设定，且必定大于领导者发送心跳报文的时间间隔。
- 节点状态（State）：描述了节点当前是属于领导者、候选者、跟随者中的哪一种状态。
- 选举周期（Term）：每一轮选举称为一个周期，可能在一个周期之内无法对谁是领导者得出结论，各个节点就会进入下一个周期，继续进行选举。
- 节点选择（Vote）：每个跟随者都会选择某个节点作为当前的领导者，而候选者默认选择自己作为当前的领导者。
- 得到的票数（Poll）：每个候选者得到的认可自己作为领导者的票数。

接下来，我们以五个节点为例，看看它们是怎样选举出领导者的。

如图 18.8 左所示，有节点 A、B、C、D、E，一开始各个节点的状态都为跟随者状态，周期都为第 0 个周期，当前都还没认可任何节点为领导者，因为心跳超时时间是在一定范围内随机设定的，所以它们当前的超时时间都不一样，而当前它们都处于跟随者状态，自然不会得到任何票数来支持自己成为领导者。

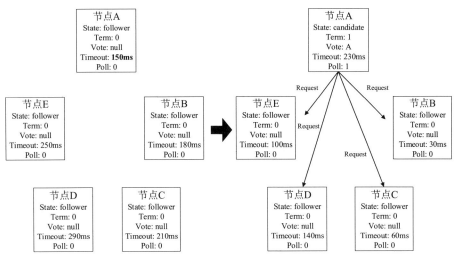

图 18.8 RAFT 选举领导者（一）

显然，这个系统内目前是不存在领导者的，没有领导者发送心跳报文，那么所有节点中肯定有某个节点最先把倒计时完成，超时时间从而变成候选者来竞争成为领导者，这里节点 A 拥有最小的超时时间，所以它会最先成为候选者。

如图 18.8 右所示，节点 A 的超时时间已经倒计时完成，其他节点的超时时间还未倒计时完成，仍然处于跟随者状态，而且周期仍然为 0 周期；而节点 A 就会从跟随者变为候选者，开始竞争成为领导者，并且会把周期加 1，马上选举自己作为领导者，得到了 1 票，然后向其他节点发送选举请求，请求其他节点也选择自己作为领导者。

如图 18.9 左所示，节点 B、C、D、E 在收到节点 A 的选举请求后，会马上重置自己的超时时间，由于节点 A 的周期比自己的周期大，它们知道自己当前处于的周期已经落后了，因此会马上同步自己的周期成为第 1 周期，而且自己在第 1 周期之前并未认可过任何节点作为领导者，现在就会答应节点 A 的请求，把自己在第 1 周期内的票额投给节点 A，对节点 A 返回"同意"应答。

如图 18.9 右所示，只要节点 A 得到超过半数的赞成票，就会从候选者状态变为领导者状态，在这个例子里，只要得到 3 票（3>5/2）就可以了。然后作为领导者的节点 A，就开始每隔一段时间向其他节点发送心跳报文，重置它们的超时时间，防止它们成为候选者。

至此，这个分布式系统内就竞选出了一位领导者。当然，这里列举的是最为理想的情况，因为只有一个节点成为候选者。如果有两个节点同时超时，那么会发生什么情况呢？

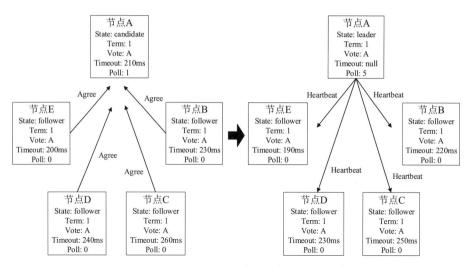

图 18.9 RAFT 选举领导者（二）

假如一开始节点 A 和节点 B 的超时时间就在随机分布下非常相近，甚至是完全一样的，那么它们很有可能会在超时后同时成为候选者。

如图 18.10 左所示，节点 A 和节点 B 在同时超时后，一起成为了候选者，都进入了周期 1，并把当前周期内的票额都投给了自己，认为自己才是领导者，并向其他节点发送选举请求。

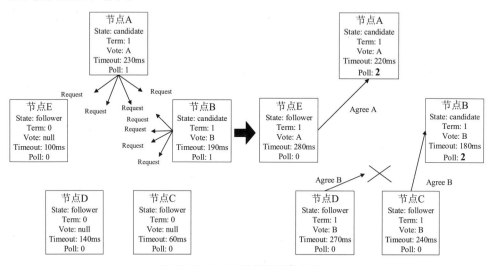

图 18.10 RAFT 选举领导者（三）

如图 18.10 右所示，节点 A 和节点 B 各自向其他节点发出选举请求后，就要比拼各自的网络传递速度了。现在我们假设节点 E 最先收到的是节点 A 的请求，而节点 C、D 最先收到的是节点 B 的请求。这样节点 E 会把票额投给节点 A，节点 A 收到 2 票，还未达到超过半数票数的要求；而节点 C、D 会把票额投给节点 B，节点 B 会收到 3 票，从而达到超过半数票数的要求，成为领导者。

为了进一步考验 RAFT 算法，我们假设这个时候节点 D 的网络出现了问题，节点 D 对节点 B 的"同意"应答未能传递给节点 B，节点 B 仍然认为自己只有 2 票，未能成为领导者。这时，这个分布式系统内继续存在着两个候选者，领导者还未被选出。

值得庆幸的是，每一次超时时间的重置都是随机的，这样节点 A 和节点 B 在周期 1 内的超时时间不一定相等，即使再次相等，大不了当前的情况再重现一次而已，而 RAFT 算法是有能力处理当前局面的。怎么处理呢？我们继续介绍。

如图 18.11 左所示，节点 B 的超时时间会最先倒计时完成，然后周期数会加 1，成为 2，从而进入下一个周期，在第 2 周期内，节点 B 只得到了自己的选票，然后向其他节点发送选举请求。

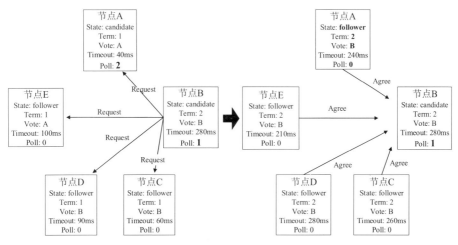

图 18.11　RAFT 选举领导者（四）

如图 18.11 右所示，节点 A、C、D、E 收到节点 B 的选举请求后，由于节点 B 的周期数比自己大，所以会更新周期数为 2，认可节点 B 并且应答。

这里我们重点观察节点 A，原来处于候选者状态的节点 A，因为收到了周期数比自己大的节点 B 的选举请求，会放弃领导者竞争，重新回到跟随者状态，把当前周期内的票额投给节点 B。

节点 B 一旦得到至少 3 票，就会成为领导者，继而发送心跳报文，阻止其他节点成为候选者。

现在，我们来总结一下，RAFT算法中各个节点选举领导者的算法要点。
- 要点一：谁的周期大，听谁的。
- 要点二：周期一样大的情况下，看谁的消息先到达。
- 要点三：超时时间随机不相同，总有一个能先跑完。

现在，领导者选好了，那么这位领导者需要负责什么样的工作，与区块链如何结合呢？这就是区块复制的。

18.3.3 区块复制

前面说到，心跳报文的其中一个作用就是区块复制，指的就是领导者把收到的交易排序并打包成区块，以区块为粒度传输给各个跟随者，并各自进行提交的操作。注意这里的"提交"与一般说的"提交交易"不同，指的是对区块中的交易按顺序逐笔执行并把执行结果持久化保存的操作，类似于数据库的commit（提交）。

承接上面的例子，讲接下来的故事。

如图18.12左所示，作为领导者的节点B在发送两次心跳报文的时间间隔之内，收到了来自客户端的两笔交易。那么节点B在下次发送心跳报文的时候，会把两次心跳报文的时间间隔之内的交易打包成一个新的区块——区块0，并且这些交易是排好顺序的，随心跳报文一起发送给其他节点。注意，在这个时候，这个新区块内的交易，即交易0和交易1都是未提交的，即还未把执行的结果持久化。

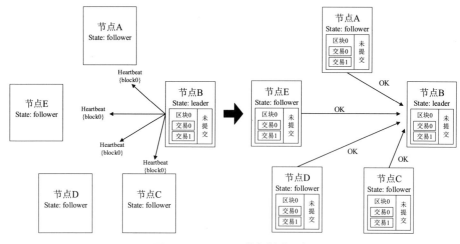

图 18.12　RAFT 区块复制（一）

如图18.12右所示，节点A、C、D、E收到节点B的携带区块0的心跳报文后，会把该区块记录下来，状态同样是未提交，然后答复节点B"我收到了"。

如图 18.13 左所示，节点 B 只要能收到超过半数节点（包括自己）的答复，即只要确定整个分布式系统内有超过半数的节点记录到该区块的存在——即使还未提交，节点 B 也会自己先行提交该区块，也就是按顺序执行该区块内的所有交易，并且把结果持久化。这个时候，节点 B 已经可以答复客户端关于该区块内的交易的执行结果了。而且，节点 B 还会向其他节点广播"已提交报文（Committed）"，意思是告诉其他节点"我已经提交了，你们也可以提交了"。

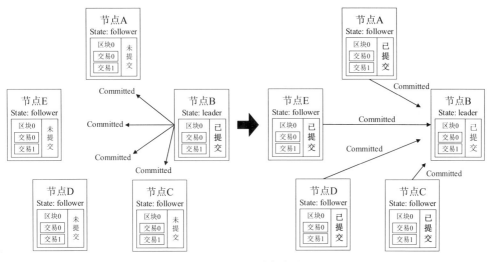

图 18.13　RAFT 区块复制（二）

如图 18.13 右所示，节点 A、C、D、E 收到节点 B 的已提交报文，会执行跟节点 B 一样的操作，提交区块 0，并且向节点 B 发送"已提交报文"，告诉节点 B "我也提交了区块 0"。这样，区块 0 就被整个区块链接受了。

现在正常的情况介绍完了，我们开始介绍异常的情况，假如在区块复制的过程中有两个跟随者节点挂掉，会发生什么事情呢？

如图 18.14 左所示，作为领导者的节点 B 在下一个心跳报文的间隔内又收到了一些交易，然后把这些交易打包成区块 1，并随心跳报文广播到其他节点。遗憾的是，这个时候节点 C 和节点 D 宕机了，无法收到节点 B 的心跳报文。

节点 A 和节点 E 收到节点 B 的携带区块 1 的心跳报文后，会把该区块记录下来，状态是未提交，然后答复节点 B "我收到了"。

即使节点 C 和节点 D 仍然处于宕机状态，但只要作为领导者的节点 B 能收到超过半数的节点（包括自己）对区块 1 的认可，节点 B 也足以提交该区块，并答复客户端，然后节点 B 向其他节点广播一个"已提交报文"。

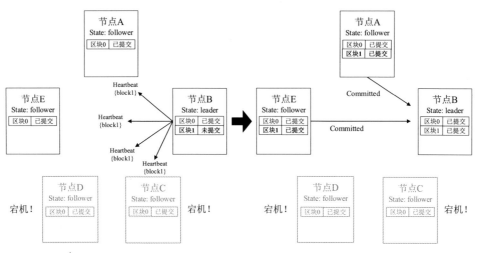

图 18.14　RAFT 区块复制（三）

如图 18.14 右所示，虽然节点 C 和节点 D 因为宕机而未能接收区块 1，但是仍然存活的节点 A 和节点 E 收到该报文后就可以提交区块 1，并答复节点 B "已提交报文"。到这里为止，区块 1 被整个网络内超过半数的节点提交了。

如图 18.15 左所示，因为节点 C 和节点 D 一直未应答节点 B 关于区块 1 的内容，作为领导者的节点 B 会维护一份未应答名单，里面记载着节点 C 和节点 D 仍未对已经被大多数节点认可的区块 1 做出应答。所以，之后节点 B 对节点 C 和节点 D 的心跳报文中，会一直携带区块 1 的内容。

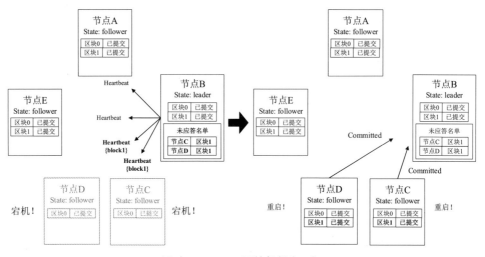

图 18.15　RAFT 区块复制（四）

如图 18.15 右所示，节点 C 和节点 D 重新启动后，当收到节点 B 发过来的携带区块 1 的心跳报文后，会马上同步区块 1 的内容，即执行区块 1 内的交易并持久化执行结果。然后节点 C 和节点 D 会应答节点 B"已提交报文"，告诉节点 B"我把区块 1 的内容接收了"。

节点 B 收到节点 C 和节点 D 的"已提交报文"后，会清空未应答名单，后续再向节点 C 和节点 D 发送心跳报文就转变为普通的心跳报文了。

至此，即使经历了一些节点宕机，但是区块 1 最终还是被所有节点提交了。

我们总结一下 RAFT 算法进行区块复制的算法要点。

- 要点一：领导者只能在确保半数以上节点收到区块后，才提交该区块；
- 要点二：允许系统中有部分节点宕机，只要有半数以上节点存活，仍然能达成共识；
- 要点三：宕机的节点复活后，能从存活的节点上同步已错过的区块。

到目前为止，我们所说的 Paxos 算法和 RAFT 算法，都基于同一个前提，就是整个网络中的所有节点都诚实地遵守算法运行，遇到特殊的情况会主动退让，放弃竞争。如果系统内出现了一些恶意节点那怎么办呢？下一节我们来看看 PBFT 算法是怎么解决这个问题的。

18.4* PBFT 算法

前面介绍的 Paxos 算法和 RAFT 算法，都是解决区块链网络中数据一致性的算法。使用这些算法的前提是对区块链网络中各个节点有较高的信任，不需要考虑存在故意作恶的节点的情况，因此比较适合在私有链中使用该类算法。但是，在联盟链甚至公有链环境中，可能有少部分节点为了自身利益，做出扰乱整个区块链网络达成一致的行为，这时共识算法不仅仅需要考虑维护区块链网络的一致性，还需要解决拜占庭将军问题。

18.4.1 拜占庭将军问题

拜占庭位于如今土耳其的伊斯坦布尔，是东罗马帝国的首都。由于当时拜占庭罗马帝国国土辽阔，为了达到防御目的，每个军队都分隔很远，将军与将军之间只能靠信差传递消息。在战争的时候，拜占庭军队内所有将军必须达成共识，判断有赢的机会才去攻打敌人。但是，在军队内有可能存在敌军的间谍，左右将军们的决定又扰乱整体军队的秩序。在达成共识时，结果并不代表大多数人的意见。这时候，在已知有成员谋反的情况下，忠诚的将军们在不受叛徒的影响下如何达成一致的协议，就是拜占庭将军问题。

区块链网络中的每个节点，就相当于每个将军，里面可能存在一部分叛徒——作恶节点。对于同一轮的表决，作恶节点可能跟一部分正常节点说"同意"，但跟另一部分正常节点说"不同意"，从而造成不同的正常节点对当前区块链网络的表决结果产生误判而导致分叉。如何在存在一定数量的恶意节点的网络里，无论这些恶意节点如何"使坏"，都不影响那些正常的节点达成一致？这正是 PBFT 算法所要解决的问题。

18.4.2 算法简介

PBFT（Practical Byzantine Fault Tolerance，实用拜占庭容错）算法是 Miguel Castro 和 Barbara Liskov 在 1999 年提出来的，解决了原始拜占庭容错算法效率不高的问题，算法的时间复杂度是 $O(n^2)$，可以在实际系统应用中解决拜占庭将军问题。在 IBM 主导的区块链超级账本项目 Hyperledger Fabric 中，PBFT 是一个可选的共识算法。

首先来了解一下 PBFT 算法中的重要概念。

- 视图（View）：是与 RAFT 的 Term 类似的选举周期，每个视图决定了谁是主节点。当前视图的主节点出现故障或恶意行为时，会触发视图切换。
- 视图编号 v：每个视图都有它的视图编号 v，随着切换到下一个视图，v 会加 1，最开始的 v 为 0。
- 节点（Replica）：即区块链网络中的每个节点，分别有自己的编号 ID，从 0 开始编排，如果区块链网络中一共有 4 个节点，那么 ID 就分别为 0、1、2 和 3。
- 节点数 N：区块链网络中所有节点的数目。
- 主节点（Leader）：负责把交易打包成区块并开启共识的节点，每个视图里有确定的唯一一个主节点，决定主节点的方程式为

$$\text{主节点 id} = v \bmod N$$

随着视图递增，每个节点轮番来做主节点。

- 从节点（Backup）：区块链网络中除主节点外的节点，注意主节点和从节点的角色是可以随着视图递增进行轮换的。
- 故障或者恶意节点数 f：在区块链网络中可以容忍最多出现 f 个故障或者恶意节点，f 和 N 需要满足关系：

$$N \geqslant 3f + 1$$

这个 f 和 N 的关系是怎么来的呢？

我们回顾一下 Paxos 算法和 RAFT 算法，它们都只要求每次投票能得到"超过半数"的应答，即共识达成。这是因为这两种算法都默认网络中的所有节点都是诚实的，会按照既定的算法运行，所以按照少数服从多数的原则，要达成共识只需超过半数即可。

而 PBFT 算法不同，除了要考虑因故障而没有响应的部分节点，还需要考虑网络中有不诚实的节点，这些不诚实的节点并不会完全按照既定的算法运行，所有行为都是不可预知的。而那些诚实的节点无法判断出在收到的响应和未收到的响应中，哪些是诚实的节点发出的，哪些是不诚实的节点发出的。

因此，我们考虑最坏的情况，当真的存在 f 个恶意节点时，由于到达顺序的问题，有可能 f 个恶意节点比 f 个诚实节点先返回消息，同时又要保证在收到的消息中，诚实的节点比恶意节点多，所以需要满足 $N-f-f>f$——左边第一个 f 的意思是未响应的节点，左边第二个 f 的意思是响应的节点中出现最坏的情况时有 f 个恶意节点，右边 f 的意思也是指响应中包含的 f 个恶意节点，即 $N>3f$，所以 N 至少为 $3f+1$ 个节点。

- 法定投票数 Quorum：区块链网络中至少需要 Quorum 个节点的应答，才算投票通过，方可进行下一阶段的共识，计算方法为

$$\text{Quorum} = \left\lfloor \frac{N-f}{2} \right\rfloor + 1 + f$$

即在应答的节点中，即使考虑最坏的情况有 f 个恶意节点，也仍然有超过半数的正常节点——$\left\lfloor \dfrac{N-f}{2} \right\rfloor + 1$，其中 $N-f$ 代表最坏情况下的诚实的节点数，除以 2 后取下限再加 1 代表超过半数的诚实节点数。

- 水位（Watermark）：在同一段时间内，区块链网络中的每个节点的区块高度，需要保持在同一区间内，这个区间由低水位 d 和高水位 H 控制，需要满足关系：

$$d < \text{区块高度} \leqslant H$$

此设计保证了即使不同节点的性能有所差异（区块增长的速度不一致），也仍然能够使节点之间的区块高度之差保持在一定的范围（H 减去 d）之内。我们不需要担心区块高度到达 H 之后就无法增长了，d 和 H 会随着检查点发生而向后移动，但 H 减去 d 的值保持不变。

概念介绍完，接下来就可以介绍 PBFT 的算法流程了。PBFT 算法由三部分组成，分别为一致性协议、检查点协议和视图切换协议。我们先从一致性协议讲起。

18.4.3 一致性协议

PBFT 算法的一致性协议，就是领导者把交易排好顺序，打包成区块，并达成共识的流程。一笔交易分为四个阶段：请求（Request）、预准备（PrePrepare）、准备（Prepare）、提交（Commit）。注意，对于不同交易来说，这四个阶段是可以并行存在的，即可能某一笔交易处于请求阶段，而另一笔交易却处于准备阶段。

我们假设以下区块链网络由 4 个节点组成，即 N 为 4，f 为 1，Quorum 为 3，当前主节点为节点 0。

如图 18.16 所示，所谓请求阶段，是指任意节点在收到交易请求后，都会广播到其他节点，使所有节点都得到这笔交易的信息。所有节点在收到这笔交易后，都会把这笔交易放到本节点的交易池里。另外，所有从节点都会启动一个定时器，在倒计时完成前，如果主节点仍然未发起预准备请求，那么本节点就会发起视图切换的请求。

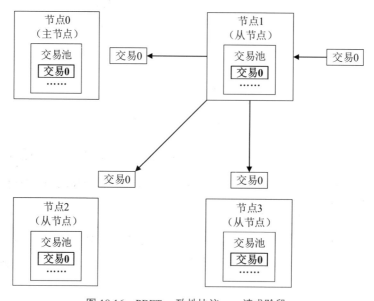

图 18.16　PBFT 一致性协议——请求阶段

如图 18.17 所示，所谓预准备阶段，是指主节点从交易池中取出若干交易，打包成处于预准备阶段的预区块，再以预准备报文广播到所有从节点的过程。之所以被称为"预"区块，是因为此时这个区块仍然在共识的途中，还未被执行，更未被追加到区块链上，还不是一个完整的区块。这个预区块被标明了区块号 n，以及所有交易的执行顺序。

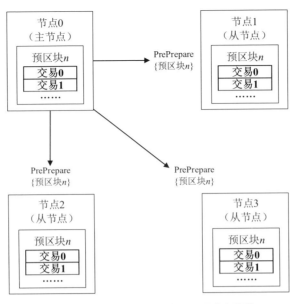

图 18.17　PBFT 一致性协议——预准备阶段

所有从节点在收到这个预区块后，会停止上述请求阶段设下的计时器。

所有节点还会校验区块号 n 是否满足条件 "$d < n \leqslant H$"，如果校验通过，那么就可以进入下一阶段了。

如图 18.18 所示，在准备阶段，所有从节点分别向所有节点（包括自己）广播预准备报文，因为现在所有节点都已经有预区块 n 的信息了，所以预准备报文里只需要包含预区块 n 的哈希值即可——用来指代这个预准备报文是针对哪一个预区块的，这样做的好处是可以减少报文的通信量。

所有节点会计算收到关于这个预区块 n 的预准备报文的次数，如果收到了 Quorum-1 次（包括自己发的），那么就可以继续下一阶段了。在这个例子里收到了 2 次预准备报文。

等等，前面不是说好了至少需要 Quorum 个节点的应答，才算投票通过，方可进行下一阶段的共识吗？为什么这里只需要收到 Quorum-1 个应答就可以了呢？这是因为准备阶段实际上只有从节点在广播信息，主节点只负责接收信息，而且关于这个预区块 n 的信息在预准备阶段主节点已经发过了，所以现在默认已经收到了主节点的信息，这里的减 1，减的正是主节点。

如图 18.19 所示，在提交阶段，所有节点都会广播（包括向自己）提交报文，然后每个节点只需要收到个数为 Quorum（包括自己发的）的关于预区块 n 的提交报文，那么这个预区块 n 就算共识通过了。共识通过后，所有节点分别单独按"顺序"

地执行预区块 n 里的每个交易，然后把预区块 n 插入本节点的区块链里，预区块 n 就变成真正的区块 n 了。

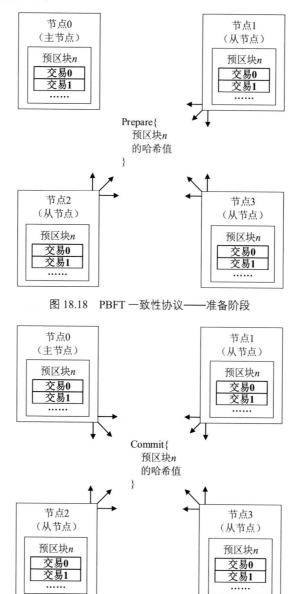

图 18.18　PBFT 一致性协议——准备阶段

图 18.19　PBFT 一致性协议——提交阶段

至此，PBFT 算法的一致性协议已经介绍完了。可能有读者会有疑惑，为什么需要这么多次各个节点之间的交互？下面再补充各个阶段的目的和意义。

- 请求阶段：为了把交易广播到所有节点，让每一个节点知道目前区块链网络中至少有一笔交易需要处理，防止主节点（如果是恶意节点）惰性地不发起共识；
- 预准备阶段：为了让主节点决定这笔交易到底应该安排在哪个区块中的哪个位置执行，并把这些信息告诉所有从节点；
- 准备阶段：为了让每个从节点知道，除了自己收到主节点的信息，其他从节点也收到了该信息，并且收到该信息的节点数达到了 Quorum 个；另外，也让主节点知道，从节点收到了这个信息，算上自己在内，当前同意这个信息的节点数达到了 Quorum 个；
- 提交阶段：为了让每个节点知道，在当前的区块链网络里，已经有 Quorum 个节点承认这个区块了，这个区块是一定会被执行的，这时可以放心地执行这个区块里的交易了。

对于以上几点，可能最难以理解的就是提交阶段了。的确，如果前面几个阶段一切顺利的话，那么在准备阶段，只要累计收到 Quorum 个信息，就足以证明区块链网络中已经有超过半数的诚实节点收到了这个预区块，直接执行就可以了。

但是，我们不得不考虑最坏的情况。试想，在上面的例子中，假如在三个从节点中，对于在准备阶段广播出来的报文，由于网络等原因，只有节点 0 和节点 2 收集到足够 Quorum 个报文，如果在节点 1 和节点 3 收集到足够 Quorum 个报文之前，提交阶段没有进一步确认，节点 0 和节点 2 直接执行了这个区块，这时就发生了视图切换。到下一个视图时，节点 0 和节点 2 的高度比节点 1 和节点 3 的高度多 1，各个节点高度不一致，就造成分叉了。

一种可能的解决办法是，节点 1 和节点 3 也跟着执行上一个视图里未完成的那个区块，执行完就可以跟节点 0 和节点 2 的高度一致了。但是当前网络里只有节点 0 和节点 2 这两个节点有这个区块的内容，节点个数未达到 Quorum 个，是不可信的。

所以，提交阶段就是要让每个节点都知道，当前区块链网络里已经有 Quorum 个节点承认了这个区块，这时即便只有自己一个节点执行了这个区块，发生视图切换，那么在下一个视图里，其他节点也会恢复这个区块的信息并且执行。

18.4.4 检查点协议

一致性协议描述了 PBFT 算法是怎么把区块链网络中的各个节点按一致性的顺序把交易打包成区块并执行的。但是随着交易量的增加，越来越多的交易和预区块被各个节点记下来——需要对是否达到 Quorum 进行计数，这样每个节点的资源将很快被耗尽。这时，PBFT 算法的检查点（CheckPoint）协议便派上用场了。

如图 18.20 所示，当所有节点执行完区块 n 后，把区块 n 的执行结果以 CheckPoint 报文进行广播（包括向自己）。每个节点只要收到 Quorum 个（包括自己发的）针对区块 n 的拥有相同执行结果的 CheckPoint 报文，就认为区块 n 已经被区块链网络中超过半数的诚实节点执行，并且执行结果一致。换言之，这个区块 n 在区块链网络中已经被"实锤"了。那么，就可以安心地删除掉跟区块 n 及其交易的一切缓存信息了，让每个节点都可以腾出空间接纳新的其他交易和预区块。

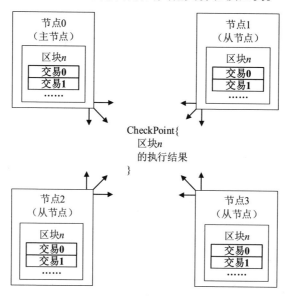

图 18.20　PBFT 检查点协议

另外，检查点协议还有另外一个用处，那便是水位线的移动。每个节点确认收到了 Quorum 个针对区块 n 的拥有相同执行结果的 CheckPoint 报文后，除了删除缓存，还会移动水位线。因为这 Quorum 个 CheckPoint 报文证明了区块 n 被"实锤"了，那么接下来主节点给新来的交易安排的区块号必然大于 n，所以低水位 d 可以增加到 n 的位置了，而 H 减去 d 是一个固定值，进而 H 也会相应增加。

如图 18.21 所示，在区块高度示意图中，灰色部分为已经被"实锤"的区块，白色部分是主节点仍然可以分配的区块号，低水位 d 从原来较低的位置，移动到了被"实锤"了的 n 的位置，高水位 H 也相应增加——保持 H 减去 d 的值不变。这样主节点就可以给新来的交易分配更大的区块号了。

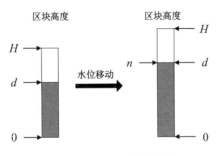

图 18.21 PBFT 水位移动

当然，考虑到性能的影响，不能每个区块执行完都要进行检查点协议，可以每隔一定的区块数（如 10 个）进行一次。

18.4.5 视图切换协议

最后，来说说 PBFT 算法的视图切换（View Change）协议，视图切换的主要意义在于每当视图编号 v 加 1，就可以切换到下一个节点来当主节点。

跟 RAFT 算法一样，PBFT 算法也需要考虑主节点宕机的情况，所以 PBFT 算法中主节点也要每隔一段时间向所有从节点发送心跳报文，当心跳报文不可送达时，从节点会发起视图切换的请求，这可能引发视图切换。

还有另一种触发视图切换的可能，那便是前述一致性协议中提到的，当某个从节点广播了一个交易请求时会启动定时器。如果主节点未能在时间倒计时完成前发起预准备请求，那么从节点就会认为主节点对当前区块链网络中的在途交易"无动于衷"，对于"尸位素餐"的主节点，从节点们会要求"改朝换代"。

如图 18.22 所示，当主节点失效时，所有从节点会把自己的视图编号 v 加 1，然后广播 ViewChange 报文（包括向自己），该报文包含新的视图编号。即使有部分从节点未发现主节点失效，但只要收到 $f+1$ 个同样的 ViewChange 报文，表明区块链网络中至少有一个诚实的节点认为应该换主节点了，那么自己也会跟着做视图编号 v 加 1 和广播 ViewChange 报文的操作。

如图 18.23 所示，当新的视图编号 v 对应的主节点（主节点 id = v mod N）——这个例子里的节点 1——收集到 Quorum 个（包括自己发的）ViewChange 报文后，可确认自己就是新的主节点，然后会把收集到的 ViewChange 报文作为证据（"你们看，这么多人认可我作为新的主节点"），封装成 NewView（新视图）报文告知其他从节点。其他从节点收到 NewView 报文后会验证里面的 ViewChange 报文数量是否已经达到 Quorum 个，如果是的话，就接受节点 1 为新的主节点。至于原来的主节点——节点 0，由于 NewView 报文里"证据确凿"而且视图编号 v 比自己的 v 大，也只好接受现实，自动降级为从节点。即使节点 0 故意不降级也没有用，因为其他从节点已经知道新主节点是节点 1，后面就不会再认节点 0 为主节点了。

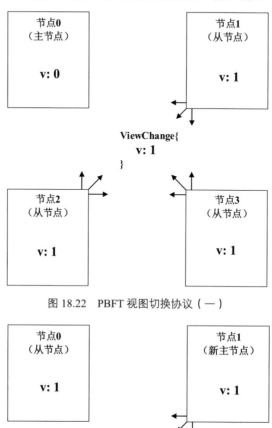

图 18.22　PBFT 视图切换协议（一）

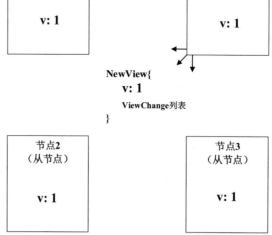

图 18.23　PBFT 视图切换协议（二）

然后，作为新主节点的节点 1，第一件要做的事情，就是先去看看上一个视图里是否有些区块已经进入提交阶段了，即针对该区块有 Quorum 个节点发起提交报文，如果是的话，现在就要使用一致性协议重放这些区块，好让在上一个视图里没来得及执行这个区块的节点来执行。对于这部分内容，读者可以联系前述一致性协议里需要提交阶段的原因，做进一步思考。

至此，这个区块链网络完成了视图切换——实则主节点切换。所有从节点在新主节点的领导下，可以继续执行一致性协议，生成新的区块了。

18.5* PoS 机制

前面介绍的 Paxos、RAFT、PBFT 算法，都需要在区块链节点之间相互发送消息，以达成共识的效果，只适合节点数量较少的区块链网络，即私有链或联盟链。接下来我们来了解一下适合公有链的共识算法。

18.5.1 PoW 的问题

说到公有链，我们首先会想到的是区块链的鼻祖——比特币，从前面的章节我们了解到，比特币使用的是 PoW（Proof of Work，工作量证明）算法。现在，我们尝试用简化后的数学公式，来回顾一下 PoW 机制中矿工解谜题的过程。

设有一约定的哈希函数 Hash 和固定的极大数 M，区块链当前最新区块为 h 和当前挖矿难度为 d，矿工 i 想要挖出下一个区块 b，就要找到幸运数 n，使其满足以下关系。

$$\text{hash}(h, b, i, n) < \frac{M}{d}$$

矿工之间比的就是，谁先找到这个 n（当然，因为不同矿工的 i 不一样，所以要找的 n 也不一样），谁就能成为 b 的出块者，从而获得相应的奖励。为此，矿工们通过不断地调整 n，进行多次 Hash 运算，直到满足上述关系式。

虽然 PoW 在比特币身上经历了多年的风雨洗礼，但并不是一个完美的算法，它有以下一些问题。

- 耗电量大：矿工们因为要不停地进行 Hash 运算，无论使用的是普通 CPU、GPU，还是专用的 ASIC 芯片，都会耗费大量的电力，这是 PoW 机制主要被诟病的地方。
- 来自链外的攻击：矿工要挖到更多的区块，就需要更大的算力。而更大的算力需要更强更多的物理设备，那么这些物理设备是怎么来的呢？就是矿工用现实世界的货币"真金白银"买来的。换而言之，拼挖矿其实就是拼谁在现实世界付出的钱多。再来看看比特币的市值，即使经过这几年的大热上升到了一个新的高度，但相对于全球股市而来说，是微不足道的。只要那些金融巨头愿意，他们随时可以购置大量的挖矿设备，对比特币或者一些使用 PoW 机制的小币种进行 51%攻击。也就是说，发动这种攻击所需要的资源，跟区块链本身无关，是可以从链外的世界获取的。

- 矿工非利益相关：想想看，在使用 PoW 机制的区块链里，矿工和持币者其实可以是两种角色，即持币者作为本应是最关心这条区块链安全的人（如果这条区块链发生安全攻击事故，那么币价自然会下跌，持币者会遭受最大的损失），他们的交易，甚至说他们的资产却要交给矿工来维护。而负责维护区块链安全的矿工，即使没有这条区块链的数据资产，也不妨碍他们进行挖矿操作。

那么，有没有一种新的适合公有链的共识算法，既可以降低资源消耗，又可以使区块链抵抗外来的攻击，还可以让持币者"当家作主"呢？此时 PoS 机制应运而生。

18.5.2　PoS 机制简介

PoS（Proof of Stake，权益证明）最早于 2012 年在点点币（PPCoin，简称 PPC）项目中被实现，类似现实生活中的股东机制，拥有股份越多的人越容易获取记账权。

与 PoW 不同，PoS 不再（至少大幅度降低）依赖硬件设备的稀缺性来争得出块机会，它主要依赖区块链自身里的数字货币。在 PoW 中，如果用户拿 1 万元来购买计算机，加入网络挖矿来产生新的区块从而获得奖励；而在 PoS 中，用户可以把这 1 万元用来购买等价值的数字货币，把这些数字货币当作押金放入 PoS 机制中，这样用户就有机会产生新的区块而获得奖励。在 PoW 中，如果用户拿 2 万元购买硬件设备，就会获得两倍算力挖矿从而获得两倍奖励。同样道理，在 PoS 中，用户投入两倍的数字货币作为押金，就有两倍的概率获得产生新区块的权利。这种利用区块链里的数字资产挖矿的方法，又叫虚拟挖矿（Virtual Mining）。

既然要比谁在现实世界里有更多的钱，为什么不直接比谁在区块链世界里有更多的数字货币呢？这正是 PoS 机制的理念。

PoS 机制与 PoW 机制相比有以下优势。

- 环保：矿工们挖矿不再需要昂贵的物理设备，更不需要消耗大量的电力，只需要一台普通的个人计算机，以及消耗维持运行这台机器基本要求的电力，就可以进行出块操作了，为现实世界节省了大量的资源，非常环保。

- 闭合价值回路：想要对 PoS 发起攻击，需要的资源无法从区块链外获得，只能从这条区块链的世界里获得。例如，想要发起 51%攻击，光有一半以上的算力是没用的，还需要拥有这条区块链的整个世界里一半以上的数字资产。
- 矿工与持币人身份统一：如果某个人在某条公有链里有大量的数字货币，处于这个世界的"富人阶层"，那么想必他比谁都不希望这个世界"垮掉"。因为只要这些"富人"作恶，这条公有链的数字货币的币价就会下跌，亏得最惨的还是他们，相信理性的他们不会"搬起石头砸自己的脚"。

说了那么多，好像还没正式介绍 PoS 机制的实现原理。其实 PoS 并不是一种固定的算法，这也是本书称它为"机制"而不是"算法"的原因。它有多个变种实现，每个变种往往会涉及区块链代币经济模型的改动，下面介绍一下它的各种实现原理。

18.5.3　PoW+PoS 机制

最早使用 PoS 的区块链项目点点币，是从原来比特币的 PoW 机制中优化而来的，仍然带有 PoW 机制的影子，不是纯粹 PoS 机制的共识算法，一般我们称之为"PoW+PoS"混合共识机制。

点点币引入了一个称之为币龄（Coin Age）的概念，字面意思就是币数量乘以天数。比如，你有 1 个数字货币，在你的区块链公钥地址上 3 天没有动，那么产生的币龄就是 3；如果你把这个地址上的这 1 个数字货币转移到其他地址（包括你自己的地址），那么数字货币的数量虽然还是 1 个，但是这 3 币龄就在转移过程中消失了，需要重新在时间上进行累积。币龄会被记录到区块链上，任何人都可以对其进行验证。币龄的作用就是会影响不同矿工之间的挖矿难度，如果你有 3 币龄，而别的矿工只有 1 币龄，那么你挖出下一个区块的难度就只有别的矿工的三分之一。

在 PoW+PoS 机制中，每个矿工挖矿的最终难度是不相等的，跟其拥有的币龄成反比。每个矿工的币龄 c 反映到上面介绍的 PoW 机制的数学公式中，有如下关系。

$$\text{hash}(h,b,i,n) < \frac{M}{d'} \cdot c$$

在哈希函数 Hash、固定的极大数 M、最新区块 h、当前挖矿最大难度 d'（不是最终难度）都相同的情况下，矿工 i 为了挖出下一个区块 b 而去找幸运数 n，会因为币龄 c 的不同，而拥有不同的机会。这个很好理解，假设 M 除以 d' 后为 1 000，而你有 3 币龄，那么不等式右边为 3 000，而如果其他矿工只有 1 币龄，那么不等式右边为 1 000。通过 Hash 运算，找到小于 3 000 的概率，自然是找到小于 1 000 的概率的 3 倍。

不过即使在原来的 PoW 机制上加入了 PoS 的思想，但它本质上仍然需要(物理)挖矿，即不停地进行 Hash 运算（虽然需要计算的次数大大减少了）。后来就有人提出纯 PoS 的共识机制。

18.5.4 纯 PoS 机制

PoS 不断发展，继点点币横空出世之后，纯 PoS 机制成为人们重点研究的方向，后续相继有未来币（NextCoin，简称 NXT）、黑币（BlackCoin，简称 BLK）等区块链使用纯 PoS 机制。

纯 PoS 机制（先确定出块人，由其出块，其他人验证）完全放弃了原来 PoW 机制（PoW 先不确定出块人，大家都可以出块参与竞争，再反过来知道胜出的块是谁出的），只使用持币者的股权比例来决定其获得出块权的概率，从而最终确定出块者。但它并不是按持有最多数字货币的人来出块这样的简单规则，如果真这样那岂不是一直出块的都是同一个人了。

如图 18.24 所示，纯 PoS 机制也有很多种不同的实现，但大概都遵循以下这些步骤。

（1）注册/质押（Stake）：希望成为出块者的持币者拿出一部分（甚至全部）数字货币作为押金，发送特殊的交易（不是用来转账的）到区块链网络中，注册成为验证人（Validator）。整个区块链网络会维护一张验证人列表，该列表中记录每个有资格出块的验证人及其质押的股份。注：从这点来看，纯 PoS 可视为动态联盟链，即验证人组成盟，而这个盟又是临时性的。

（2）选举出块者：区块链网络会从候选的验证人列表当中选出出块者。

（3）生成区块：被区块链网络选中的验证人作为出块者，打包交易生成区块，并附上自己的签名，把该区块广播到区块链网络中。

（4）取回押金和奖励：经历若干个区块之后，出块者可以取回他的押金，并获得相应奖励。

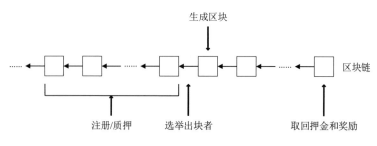

图 18.24　纯 PoS 机制

纯 PoS 机制最关键的地方在于第（2）步，如何"公平地"从候选的验证人列表当中选择出块者？

如图 18.25 所示，我们可以这样简单理解：把所有被质押的数字资产，划分成最小的单位，每单位作为一份，然后按所有者排成一个列表，再找到一个随机数，按总押金的份数取模，看落到哪一份上，那份的所有者便是出块者了。

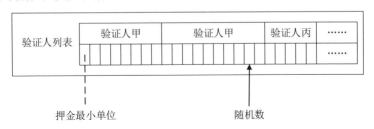

图 18.25 选举出块者

这个方法看上去好像挺公平，但还有一个地方留有展开研究的空间，即这个随机数是怎么来的呢？这个随机数是关键中的关键，为了让这个随机数不被一小部分人操控和预测，不同的区块链有不同的解决方案。

有一些 PoS 方案会尝试从现有的链上数据入手，例如，使用上一个区块的哈希值或时间戳等来作为随机数。但这样做会带来额外的安全风险，因为区块本身的信息就是出块者写进去的，然后他又要根据里面的信息来选举后续的出块者，这就存在循环论证的嫌疑，安全性并不好。

而艾达币（Cardano 区块链的数字货币，简称 ADA）则用了基于安全多方计算（Secure Multiparty Computation）的密码学手段来生成这个随机数。

如图 18.26 所示，这种方法大致可以分为以下这些阶段。

（1）提交阶段：每个验证人在自己本地生成一个随机数 r，然后根据该随机数生成哈希值 s，最后把 r 私下保存，再把 s 广播到区块链网络中，同时接收别的验证人广播出来的 s。

（2）打开阶段：每个验证人把私下保存的 r 广播到区块链网络中，同时接收别的验证人广播出来的 r，对 r 进行哈希运算得到 s'，验证与提交阶段收到的 s 是否一致。

（3）合成随机数：每个验证人把所有收到的 r 进行合成操作，如异或，便得到最终的随机数了。

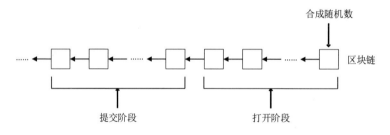

图 18.26　生成随机数

由于每一个验证人的行为都会对最终结果造成影响,所以没有任何人可以预测得到的最终的随机数是什么。

注:纯 PoS 机制的步骤流程和生成随机数的步骤流程,在区块链的增长过程中并无太大关联,两者可以并行进行。

18.5.5　新的挑战

虽然 PoS 解决了 PoW 中资源浪费大的问题,但 PoS 也引入了一些新的挑战。面对这些挑战,目前区块链业界也提出了一些解决方案,以下简单介绍一下。

(1)初始分发问题(Initial Distribution Problem)。

因为 PoS 机制使用数字货币来决定谁是出块者,那么问题来了,在区块链启动的初期,怎么才能把数字货币分发到用户手上呢?

如图 18.27 所示,可针对项目启动前的一定数量的区块,如创世区块之后的 10 000 个区块,区块链仍然使用 PoW 进行挖矿,使得数字货币分发到尽可能多的用户手上,之后再转为 PoS 机制进行出块。使用这种方法的有黑币、影子币等。

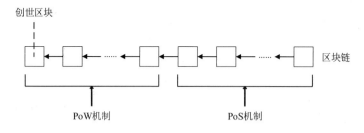

图 18.27　分阶段共识

(2)无成本利益问题(Nothing at Stake Problem)。

在网络延迟等原因造成区块链分叉的情况下,我们看看一个理性的节点会做出何种抉择。

如图 18.28 所示，如果区块链网络基于 PoW 机制达成共识，因为需要消耗物理世界的算力，所以一个理性的节点不可能在分叉的两头同时进行挖矿，那么会分散自己的算力，降低挖出区块的概率。但如果基于 PoS 机制达成共识，那么节点面对分叉时就没有什么顾虑了，可以同时在分叉的两头把数字货币进行质押参与竞争出块，将来无论哪个分叉胜出，节点都可能获得收益，至少并不会有什么坏处。

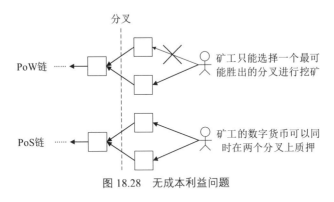

图 18.28　无成本利益问题

目前一般采用后置惩罚的措施来解决这个问题，例如，以太坊中的 Casper 协议规定，如果在当前链中发现某个矿工在另外的分叉上有出块行为，那么会把该矿工在当前链中质押的押金没收。

（3）长程攻击（Long Range Attack）。

在 PoS 链中，当用户把他的数字货币卖出后，那么控制他的账户的私钥就变得没有多少价值了，他可能由于疏忽或者故意卖出等原因，让私钥落入一些不怀好意的人的手上。

如图 18.29 所示，当攻击者收集到足够多的私钥，只要这些私钥在历史上某个区块高度控制的数字货币之和超过 50% 时，便可以在这个区块高度开始分叉进行 51% 的攻击，制造一条分叉链出来，并且 PoS 机制的出块不需要通过物理世界的算力进行挖矿，攻击者可以短时间内让重写历史的分叉链追赶上原本的主链。

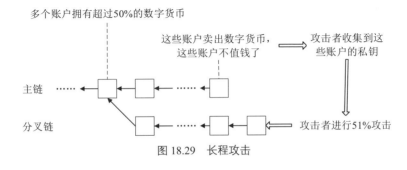

图 18.29　长程攻击

一般这种攻击都是从很久之前的历史区块开始分叉的，所以目前可能规避这种攻击的一种方法，就是需要节点周期性地检查最新的区块，并拒绝接收那些需要刷新过分久远历史的区块。

对于以上提到的这些 PoS 机制带来的问题，目前区块链业界已经有一些解决方案，但尚未经过长期实践验证，PoS 的路还很长，让我们拭目以待。

18.6* DPoS 机制

无论是 PoW、PoS 还是其两者的混合，仍然存在性能非常差的问题，每秒只能处理几笔到几十笔交易，作为公有链，根本无法满足成千上百万用户的需要。这也是比特币、以太坊等公有链无法被大规模使用的原因之一。为此，DPoS（Delegated Proof of Stake，委托权益证明）机制被提出。

18.6.1 DPoS 机制简介

DPoS 机制由 Daniel Larimer 提出，因为他在 GitHub 上的名字为 ByteMaster，又被区块链业界称为 BM。BM 将 DPoS 机制应用到 BitShares、Steemit 及大名鼎鼎的 EOS（Enterprise Operation System，商用操作系统）区块链上。

从名字我们可以看出，DPoS 机制其实是 PoS 机制的一个变种，那么它跟 PoS 又有什么不同呢？

如图 18.30 所示，在使用 DPoS 机制达成共识的区块链网络中，节点类型有普通节点、备选节点和超级节点。DPoS 与 PoS 的最大区别就是，普通节点不会通过质押数字货币而直接获得出块的权利，它通过以股权（数字货币）作为投票选举出超级节点和备选节点，再由超级节点行使出块的权利（当然也是义务）。当超级节点做出恶意行为时，损害的是数字货币持有者的利益，数字货币持有者可以通过更改投票取消作恶超级节点的地位，让备选节点成为新的超级节点。

超级节点在区块链网络中是举足轻重的，一般会由大型机构担任，承担以下职责：

- 提供服务器，保证节点的正常运行；
- 收集网络中的交易；
- 验证交易并把交易打包到区块；
- 广播区块给其他节点，其他节点会在区块验证通过后将其添加到本地区块链上；
- 保障并促进区块链项目的发展。

所以，DPoS 机制关键在于两点：选举超级节点和超级节点生成区块。

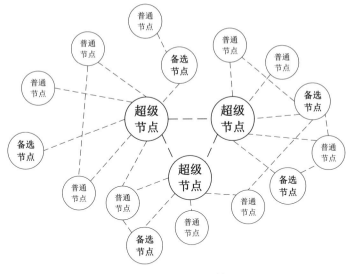

图 18.30　DPoS 网络

18.6.2　选举超级节点

以 EOS 为例，EOS 网络中存在 21 个超级节点和 49 个备选节点，投票选出这些特殊节点的逻辑，主要有以下几个步骤。

（1）希望成为超级节点的用户，会实名公开自己在 EOS 区块链上的账户地址，并在社区大力宣传自己，也就是拉票。

（2）数字货币持有者通过发送交易，把手中的数字货币质押到 EOS 区块链中。

（3）被质押的每个数字货币，可以兑换 30 张选票，这 30 张选票可以被投向同一个或者最多 30 个不同的节点。

（4）被质押的数字货币有 3 天的锁定期，到期后可以解除质押或者转投票给其他节点。

（5）得到票数最多的前 21 个节点作为超级节点，接下来的 49 个节点作为备选节点。

（6）每隔 252 个区块会对票数重新做一次排名，这时有些原来的超级节点可能会"出局"，而另外一些节点会"上任"成为新的超级节点。

18.6.3　生成区块

好了，既然超级节点已经选出来了，接下来就是生成区块了，我们继续以 EOS

为例，介绍超级节点是怎么生成区块的。

如图18.31所示，超级节点生成区块的逻辑，主要有以下几个步骤。

（1）每个超级节点会按顺序轮流得到生成区块的机会。

（2）当某个超级节点获得出块机会时，就会每0.5秒生成一个区块，连续生成6个区块。

（3）当所有超级节点完成一轮出块后，对下一轮各超级节点的出块顺序重新排序，开始新一轮的出块。

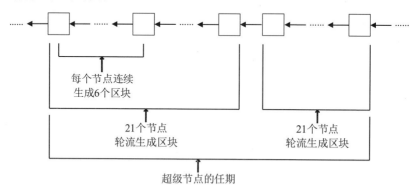

图 18.31　超级节点轮流出块

18.6.4　稳定运行

为了保证区块链网络有序运行，EOS区块链或者说DPoS机制，还约定了以下原则。

（1）经济激励：区块链网络每年都会增发一定比例的数字货币用于奖励，分为出块奖励和投票奖励。超级节点出块能获得出块奖励，出的块越多获得的奖励也越多。即使排名较低当不上超级节点，只要能成为备选节点也能获得投票奖励，得到的票数越多获得的奖励也越多。对于投票者来说，虽然没有直接获得奖励，但选出合格的超级节点，维护区块链网络的健康运行，对提升数字货币的价值也是有利的。当然还有一些超级节点会通过让利的方式，把一部分投票奖励回馈于投票给自己的用户。

（2）轮流出块：每一轮超级节点出块的顺序，都是在上一轮出块时，经过三分之二以上的超级节点商定的，当未轮到某个超级节点出块时，它生成的区块是无效的。基于这样的规则，在某一时刻，真正获得出块权利的超级节点只有一个，以此防止因为不同节点产生不同区块而出现的分叉。

（3）不可逆区块：在比特币中只要某个区块后跟着6个区块就认为该区块不可

逆，类似地，在 DPoS 机制中，只要某个区块生成后，后面跟着三分之二以上超级节点生成的区块，就认为该区块是不可逆的。

（4）最长链胜出：跟 PoW、PoS 一样，如果区块链网络中出现多条区块链，DPoS 机制也以最长的链为准。这样，即使出现少数恶意节点试图产生分叉的情况，但其产生的分叉无法超过诚实节点的最长链，最终还是会被作废的。

（5）备选替换：如果某个超级节点作恶，如一直不生成区块，或者一次生成多个同样高度的区块造成故意分叉，其他超级节点就可以通过投票取消作恶节点的地位；并且备选节点会一直监督超级节点的行为，一旦超级节点出现作恶行为，备选节点就可以通过吸引选票，替换作恶节点成为新的超级节点。

DPoS 机制通过以上原则，保护了区块链网络运行的稳定性。

18.6.5 高吞吐量

使用 DPoS 机制真正的优势在于性能，主要有以下原因。

（1）硬件设备：因为一般能被选上担任超级节点的，都是具有雄厚经济实力的大型机构，它们并不使用一般的家庭或个人计算机，而是使用昂贵的商用服务器来提供服务的，并且拥有强劲的带宽资源，所以 DPoS 机制在硬件设备的使用上具有天然优势。

（2）算法原理：不像 PoW 那样需要不停地进行无实际意义的 Hash 运算，也不像 PoS 那样需要随机挑选出块者，DPoS 中由哪个节点出块都是经过投票和商议确定的，超级节点只需要按照顺序轮流出块即可，减少了节点之间的竞争，集中硬件资源用作交易的验证。

（3）网络通信：因为限定了真正生成区块的节点的固定数量，只需要少部分节点达成共识即可，所以减少了共识的通信负担。

但是，凡事有利也有弊，DPoS 机制为了提高交易吞吐量，以牺牲去中心化为代价。我们可以看到，固定的那些出块节点，与其说是去中心化，不如说是多中心化。

18.7 各有千秋

18.7.1 CAP 定律

现在我们对区块链中可能用到的各种常见的共识算法有了大致的了解，可以发现其实并没有最优的共识算法，每种共识算法各有千秋。

在一般的分布式系统中存在着 CAP 定律，是指一致性（Consistency）、可用性

（Availability）和分区容错性（Partition Tolerance），三者不可同时兼得，最多只能同时满足其中的两者。三者详细解释如下。

（1）一致性：在同一时刻访问分布式系统中的任何节点，都得到同样的结果，即要求所有节点在任何时候都要有相同的数据副本；

（2）可用性：在一部分节点发生故障后，整个分布式系统是否还可以响应客户端的读写请求，即只要故障节点数不超过某个阈值，整个分布式系统仍然可以提供服务；

（3）分区容错性：不同的节点分布在不同的子网络，由于网络出现故障导致在不同子网络之间无法连通的情况下，分布式系统需要在一致性和可用性之间做出抉择。

例如，当分布式系统出现网络分区时，如果希望保证数据一致性，那么就需要放弃可用性，要求整个系统暂停服务直到网络恢复正常，反之如果此时系统仍然可用，也就可以分别对不同的子网络进行读写，那么数据就可能出现不一致的情况。所以CAP中，最多只能兼顾CA、AP、CP，不能同时满足CAP。

一般在区块链的共识算法中，会放弃的是一致性，即不要求各个节点时刻保持一致，只要求整个区块链网络仍然可用，即使偶尔发生分叉，最终也会殊途同归，保持一致。

18.7.2 不可能三角

区块链作为一种特殊的分布式系统，业界还提出了另一种不可能三角理论，即可扩展性（Scalability）、去中心化（Decentralization）和安全性（Security），三者最多只能取其二。这个理论是基于极端的情况的，即完全的可扩展性、完全的去中心化、完全的安全性，不考虑到中间情况，例如，可以在其中两者中各放弃一半，从而达到第三者的要求。

现在，让我们从实例出发，简单比较一下上述提到共识算法是如何对这三种特性取舍的，如表18.1所示。

表18.1 共识算法比较

比较项	Paxos	RAFT	PBFT	PoW	PoS	DPoS
适用范围	私有链	私有链	联盟链	公有链	公有链	公有链
应用例子	-	-	Hyperledger Fabric	比特币、现阶段的以太坊	艾达币、未来的以太坊	BitShares、Steemit、EOS

续表

是否需要数字货币	否	否	否	是	是	是
防拜占庭将军问题	否	否	是	是	是	是
可扩展性	高	高	高	低	中	高
去中心化	低	低	低	高	高	中
安全性	中	中	高	高	中	中

然而，区块链不可能三角理论并未被证明完全不可以突破，目前业界也正在做该方面的研究。例如，图灵奖得主 Silvio Micali 发表了 Algorand 共识算法，宣称比起 PoW、PoS 等，Algorand 共识算法拥有更安全、几乎不分叉、更高效等特性，具体落地情况如何，值得我们期待。

18.8 小结

本章解释了共识算法的概念和在区块链中的作用，并介绍了 Paxos、RAFT、PBFT、PoW、PoS、DPoS 等的基本原理，以及其在不可能三角中的取舍，主要有如下内容：

（1）基于状态机复制原理，区块链中的各个节点，从某个一致的状态，通过分别执行相同的操作，转换成另一个一致的状态。

（2）共识算法必须要解决的是交易顺序一致性问题，如果区块链网络中存在恶意节点，还需要考虑拜占庭将军问题。

（3）本章介绍的共识算法里，Paxos 和 RAFT 只可解决交易顺序一致性问题，因此只适用于私有链。（注：私有链与联盟链都是由多个节点组成的，其区别在于后者要考虑有作恶节点的情况。然而，在现实项目实施中，并不严格做这样的区分，常常是看组织形态，如跨国公司的链即使按私有链共识算法部署，也视为联盟链。）

（4）PBFT、PoW、PoS、DPoS 可以同时解决交易顺序一致性问题和拜占庭将军问题，其中 PBFT 因为对节点数量存在限制，所以只适合在联盟链里使用。

（5）PoW、PoS、DPoS 对节点数量没有限制，因此适合在公有链中使用。

（6）每种共识算法有适用场景，需要在可扩展性、去中心化、安全性三者之间平衡。

反侵权盗版声明

电子工业出版社依法对本作品享有专有出版权。任何未经权利人书面许可，复制、销售或通过信息网络传播本作品的行为；歪曲、篡改、剽窃本作品的行为，均违反《中华人民共和国著作权法》，其行为人应承担相应的民事责任和行政责任，构成犯罪的，将被依法追究刑事责任。

为了维护市场秩序，保护权利人的合法权益，我社将依法查处和打击侵权盗版的单位和个人。欢迎社会各界人士积极举报侵权盗版行为，本社将奖励举报有功人员，并保证举报人的信息不被泄露。

举报电话：（010）88254396；（010）88258888

传　　真：（010）88254397

E-mail：dbqq@phei.com.cn

通信地址：北京市万寿路173信箱　电子工业出版社总编办公室

邮　　编：100036